高等职业教育测绘地理信息类规划教材

测量误差与数据处理（第二版）

主　编　刘仁钊

副主编　徐卫国　崔红超　钱伶俐　张慧慧　李嘉豪

WUHAN UNIVERSITY PRESS
武汉大学出版社

图书在版编目(CIP)数据

测量误差与数据处理 / 刘仁钊主编. --2 版. --武汉 ：武汉大学出版社, 2024. 8. --高等职业教育测绘地理信息类规划教材. --ISBN 978-7-307-24516-7

Ⅰ. P207

中国国家版本馆 CIP 数据核字第 2024RB0895 号

责任编辑:史永霞　　　责任校对:鄢春梅　　　版式设计:马　佳

出版发行:**武汉大学出版社**　(430072　武昌　珞珈山)

(电子邮箱:cbs22@ whu.edu.cn 网址:www.wdp.com.cn)

印刷:湖北金海印务有限公司

开本:787×1092　1/16　印张:15.25　字数:378 千字　插页:1

版次:2013 年 2 月第 1 版　2024 年 8 月第 2 版

2024 年 8 月第 2 版第 1 次印刷

ISBN 978-7-307-24516-7　　定价:46.00 元

第二版前言

本书的第一版是在教育部高等学校高职高专测绘类专业教学指导委员会的指导下，按照《高职高专测绘类专业“十二五”规划教材·规范版》研讨会(昆明)上制定的“测量误差与数据处理”课程标准大纲的要求编写完成的，并在各高职院校作为专业教材使用，质量上得到了广大师生的认可。此次第二版是为适应高职高专测绘类专业测量数据处理课程“教、学、做一体化”教学改革需要编写。本书按项目组织教学内容，体现工作过程；在内容和知识结构上，增加了测量有效数字、外业观测精度和条件闭合差与限差计算等内容，首次将条件平差和间接平差原理融入高程网和导线网。与第一版相比较，本次修订有三个特点：一是将内容项目任务化，采用“项目导向＋任务驱动”编写体系，注重“教中学”和“学中做”的衔接，突出技能的重要性；二是适应行业发展，增加“项目5　GNSS网数据处理”，丰富数据处理内容；三是在部分项目小结中汇集了主要计算公式和平差计算步骤，方便读者学习和总结。

全书共分为7个相对独立的项目，每个项目按数据处理流程或作业过程分为若干个任务，便于学习和掌握。主要内容有：测量误差与精度指标、误差传播律与最小二乘法原理、高程网数据处理、平面网数据处理、GNSS网数据处理、误差椭圆、测量平差软件应用等基本理论和方法。考虑到学习上的需要，附录A介绍了MATLAB在测量平差中的应用，附录B给出了“测量误差与数据处理学习领域(课程)标准”，可供教学和学习参考。

本书由刘仁钊任主编，徐卫国、崔红超、钱伶俐、张慧慧、李嘉豪任副主编。编写分工：刘仁钊编写项目1，杨峰编写项目2的任务2.1～任务2.3，王新鹏编写项目2的任务2.4～任务2.6，燕志明编写项目3的任务3.1～任务3.3，徐卫国编写项目3的任务3.4～任务3.6，张本平编写项目4的任务4.1～任务4.3，张慧慧编写项目4的任务4.4～任务4.6，崔红超编写项目5的任务5.1～任务5.3，李嘉豪编写项目5的任务5.4～任务5.6，钱伶俐编写项目6，毕婧编写项目7，肖灌编写附录A和附录B。李梦静担任了部分书稿的录入、校对以及插图的描绘工作。全书最后由刘仁钊统一修改定稿。

武汉大学测绘学院陶本藻教授和姚宜斌教授、同济大学伍吉仓教授对本书提出了许多宝贵意见,在此对各位专家表示感谢!本书在编写过程中,参考并引用了一些同类教材,还得到了软件提供方技术人员的帮助,在此我们深表感谢!同时,对武汉大学出版社为本书顺利出版给予的大力支持表示感谢。

本书可作为高职高专测绘类专业"十四五"规划规范教材,供高等职业教育测绘类专业使用。

由于编者水平有限,书中错误和不足之处在所难免,恳请广大读者批评指正。

编　者

2024 年 4 月

目　录

项目 1　观测误差与精度指标

学习目标

(1)理解观测值、观测误差、偶然误差和系统误差、必要观测和多余观测、精度与中误差、有效数字等重要概念;

(2)掌握观测误差产生的原因和对测量结果的影响性质,以及同精度观测中误差的计算、测量有效数字及舍入规则;

(3)初步具有分析误差和处理误差的能力;

(4)了解测量平差的研究对象和任务,初步建立测量平差的概念。

任务 1.1　观测值与观测误差

1.1.1　观测值

使用一定的测量仪器、工具、传感器或其他手段获取的反映地球与其他实体的有关空间分布信息的数据,通常称为**观测值**或**测量值**,测量上常用符号 L 表示。采用一定的作业方法和程序,在一定的环境条件下获取测量数据的活动过程称为**测量**或**观测**。在采集数据活动过程中,当被观测量相对测量仪器处于静止状态时称为**静态观测**;相反,当被观测量相对测量仪器处于运动状态时则称为**动态观测**。

实践表明,无论是静态观测还是动态观测,其观测值总是包含信息和干扰两部分。采集数据就是为了获取有用的信息,干扰实质上就是误差,是除信息以外的部分,要设法予以排除或减弱其影响。

1. 直接观测值和间接观测值

从数据的获取途径和过程来看,观测值可分为**直接观测值**和**间接观测值**。直接观测值是指直接从仪器、工具、传感器或其他手段获取的数据,也称为原始测量值。测量上传统的直接测量数据为距离、角度和高差,而诸如坐标、高程等这类数据则要通过相应的公式(函数)计算才能得到,通常是经过某种变换后的结果,这类数据称为间接观测值,是直接观测值的函数。当然,随着测绘仪器的不断发展,全站仪、GPS 接收机等仪器的芯片中已植入相应的数据处理程序,坐标和高程这类间接数据也可以直接得到。

2. 同精度观测值和不同精度观测值

如果从观测条件来看,观测值可以分为**同精度观测值**和**不同精度观测值**,有时也称为等精度观测值和不等精度观测值。同精度观测值是指在相同观测条件下观测得到的观测值,不同精度观测值则是指在不同的观测条件下观测得到的观测值。这里所指的观测条件就是后面要讲的由测量仪器、观测者、外界条件三方面因素组成的观测环境。由于数据处理的准则与观测值的精度相关,因此观测值的精度不同,相应的改正数也就不一样。

3. 独立观测值和相关观测值

从观测数据之间的相关性来看,观测值可以分为**独立观测值**和**相关观测值**。容易理解,独立观测值就是指观测值之间相互独立,不存在任何关联;相关观测值则是指观测值之间存在某种函数关系,某个观测值的变化会导致另一个或几个观测值变化。由于相关观测值的误差估计和数据平差比独立观测值的复杂得多,因此测量上总是尽可能地获取独立观测值。有些情况下,采用独立观测值和相关观测值两者处理的结果相差不大,因而一些要求不严的测量往往也将相关观测值当作独立观测值处理。

1.1.2 观测误差的含义

大量的实践表明,当对某个量进行重复观测时就会发现,这些观测值之间往往存在一些差异。例如,对同一段距离重复丈量若干次,量得的长度通常是互有差异的。另外,观测一个平面三角形的三个内角,就会发现其观测值之和不等于180°。这种在同一个量的各观测值之间,或在各观测值与其理论上的应有值之间存在的偏差称为**观测误差**。在后续内容中,我们将观测值(L)与其真值($\widetilde{L}$)之间的偏差定义为观测值的真误差,并用符号Δ表示。

任何观测值均含有误差,通过某种最优估计法则对含有误差的观测值进行处理得到的最优估值,称为观测值的**平差值**(常用$\hat{L}$表示),有时也称为最或然值、最或是值或最可靠值。平差值与观测值之间的偏差称为观测值的**改正数**,也叫最或然误差,用符号V表示。显然,改正数就是真误差的估计值,其绝对值大小反映了观测值质量的高低,是评定平差结果质量的重要依据。

1.1.3 观测误差产生的原因

观测误差产生的原因是多种多样的,但由于任何观测值在获取过程中都离不开测量仪器、观测者和外界条件这三种要素,所以观测误差产生的原因概括起来有以下三个方面:

1. 测量仪器

所谓测量仪器,是指采集数据所采用的任何工具和手段。测量上常用的仪器设备主要有经纬仪、水准仪、全站仪、GNSS接收机等。由于每一种仪器都具有一定限度的准确度,由此观测得到的数据必然带有误差。例如，在用只刻有厘米分划的普通水准尺进行水准测量时，就难以保证估读厘米以下的尾数正确无误。同时仪器本身在设计、制造、安装、校正等方面也存在一定的误差，如水准仪的视准轴不平行于水准轴等。此外，各类数据处理模型不完善也会导致采集数据存在仪器误差，如在地图数字化中采用的数字化仪或扫描仪，在定位测量中使用的全站仪、GNSS 接收机等。

2. 观测者

观测者就是直接操作仪器的作业员。观测者的感觉器官的鉴别能力有一定的局限性，所以在仪器的操作过程中也会产生误差。同时，观测者的技术水平和工作态度，也是对观测数据质量有直接影响的重要因素。

3. 外界条件

测量时所处的外界条件，如温度、湿度、风力、大气折光等因素及其变化都会对观测数据产生直接影响。特别是高精度测量，更要重视外界条件产生的观测误差。例如，GNSS 接收机所接收的是来自 20000km 高空的卫星信号，它们经过电离层、大气层时都会发生信号延迟而产生误差等。

上述测量仪器、观测者、外界条件三方面的因素是引起误差的主要来源，因此，我们把这三方面的因素综合起来称为**观测条件**。不难想象，观测条件的好坏与观测成果的质量有着密切的联系。当观测条件好一些时，观测中所产生的误差平均来说就可能相应地小一些，因而观测成果的质量就会高一些。反之，观测条件差一些时，观测成果的质量就会低一些。如果观测条件相同，观测成果的质量也就可以说是相同的。因此，观测成果的质量高低也就客观地反映了观测条件的优劣。

但是，不管观测条件如何，在整个观测过程中，由于受到上述种种因素的影响，观测的结果就会产生这样或那样的误差。从这一意义上来说，在测量中产生误差是不可避免的。当然，在客观条件允许的限度内，测量工作者可以而且必须确保观测成果具有较高的质量。

1.1.4　观测误差分类

观测误差根据其对测量结果的影响性质，可分为偶然误差、系统误差和粗差三类。

1. 偶然误差

在相同的观测条件下作一系列观测，如果误差在大小和符号上都表现出偶然性，即从单个误差看，该列误差的大小和符号没有规律性，但就大量误差的总体而言，具有一定的统计规律，这种误差称为**偶然误差**。

例如，仪器没有严格照准目标，估读水准尺上毫米数不准，测量时气候变化对观测数据产生微小变化等，都属于偶然误差。此外，如果观测数据的误差是许多微小偶然误差项的总和，则其总和也是偶然误差。例如测角误差可能是照准误差、读数误差、外界条件变化和仪器本身不完善等多项误差的代数和，因此，测角误差实际上是许许多多微小误差项的总和。而每项微小误差又随着偶然因素的影响不断变化,其数值忽大忽小,其符号或正或负,这样,由它们所构成的总和,就其个体而言,无论是数值的大小或符号的正负都是不能事先预知的,这种误差也是偶然误差。这是观测数据中存在偶然误差最普遍的情况。

根据概率统计理论可知,如果各个误差项对其总和的影响都是均匀地小,即其中没有一项比其他项的影响占绝对优势,那么它们的总和将是服从或近似地服从正态分布的随机变量。因此,偶然误差就其总体而言,都具有一定的统计规律性,故有时又把偶然误差称为随机误差。

2. 系统误差

在相同的观测条件下作一系列的观测,如果误差在大小、符号上表现出系统性,或者在观测过程中按一定的规律变化,或者为某一常数,那么,这种误差就称为**系统误差**。

例如,用具有某一尺长误差的钢尺量距时,由尺长误差所引起的距离误差与所测距离的长度成正比地增加,距离愈长,所积累的误差也愈大,这种误差属于系统误差。每一把钢尺的尺长误差是一个常数,这种系统误差称为常值系统误差(简称常系差),而对于全长的影响,则为线性项误差。在定点垂直形变测量中,在两固定点间每天重复进行水准测量,就会发现由于温度等外界因素变化而产生以年为周期的周期性误差,这种具有线性项、周期性现象等有规律的系统误差是一种规律性系统误差。

系统误差与偶然误差在观测过程中总是同时发生的。当观测中有显著的系统误差时,偶然误差就处于次要地位,观测误差就呈现出系统的性质;反之,则呈现出偶然的性质。

系统误差对于观测结果的影响一般具有累积的作用,它对成果质量的影响也特别显著。在实际工作中,应该采用各种方法来消除或减弱其影响,达到实际上可以忽略不计的程度。所谓忽略不计的程度,是指残余的系统误差小于或至多等于偶然误差的量级。

如果观测列中已经排除了系统误差的影响,或者与偶然误差相比已处于次要地位,则该观测列就可认为是带有偶然误差的观测列。

3. 粗差

在数据采集过程中,其误差比在正常观测条件下可能出现的最大误差还要大的误差,称为**粗差**。通俗地说,粗差要比偶然误差大上好几倍。观测数据中存在粗差,将严重地损害观测成果的质量,因此在测量成果中不允许存在粗差,应设法避免出现粗差。

传统的处理粗差的措施通常是采用 3σ(3 倍中误差)准则。由误差理论知,当观测误差的绝对值大于 3σ 时,其概率为 0.3%,是小概率事件,在一次观测中可认为是不可能发生的事件。因此,视 3σ 为极限误差,超过极限误差的数据认为含有粗差,应当剔除。此外,观测时观测者的粗心大意读错、计算机输入数据错误、航测相片判读错误、控制网起始数据错误等,这些错误或粗差,可以通过重复观测、数据核对、闭合差验算等方法发现并消除。当然,测量工作者应具有高度的责任心,树立质量第一的理念,尽量避免错误出现。

在使用现今的高新测量技术如全球定位系统(GPS)、地理信息系统(GIS)、遥感(RS)以及其他高精度的自动化数据采集中,粗差经常混入信息之中,识别粗差源并不简单,需要通过稳健估计理论的数据处理方法进行识别和消除其影响,这部分内容仍在发展之中。

1.1.5　误差处理方法

根据观测误差对测量结果的影响性质，以及不同性质误差呈现的特点和规律，可以采取一定的方法和措施减弱或者消除其对测量结果的影响。

1. 偶然误差处理方法

由于偶然误差的特性，其误差不能消除，只能降低其误差大小。在测量工作中，人们采取的方法和措施主要有：

①尽可能地在良好的气象条件下进行测量；②使用精度高、稳定性好的测量仪器；③严格遵守作业规程，采用规定的观测方法，增加多余观测数。上述措施，可以最大限度地减弱偶然误差对测量成果的影响，将偶然误差降低到最小。

2. 系统误差处理方法

采用一定的观测方法和观测程序可以消除或减小系统误差对测量成果的影响。采取的主要方法和措施：

①采用规定的作业程序和特定的观测方法。例如：进行水准测量时，使前后视距相等，以消除视准轴不平行于水准轴（i 角误差）对观测高差所引起的系统误差；在水平角观测中，总是进行盘左和盘右观测，以消除 2C 误差。②找出产生系统误差的原因和规律，对观测值进行系统误差的改正。例如，对量距用的钢尺预先检定，求出尺长误差大小，对所量的距离进行改正，减弱尺长系统误差对所量距离的影响等。③在数据处理中，将系统误差作为待估参数，可以消除系统误差的影响。

3. 粗差处理方法

粗差虽然严重损害观测成果的质量，但可以通过提高控制网可靠性设计、几何图形条件验算、选择稳健的估计方法、提高作业者的职业素养等手段和方法进行避免。采取的方法和措施：

①提高控制网可靠性设计，增加多余观测数，形成较多的几何条件；②数据处理过程中引入粗差估计方法，排除误差较大的观测值；③严守职业道德操守，提高职业技能水平。

无论何种性质的误差，测量工作期间均应加强仪器设备的保养和维护，按要求对仪器进行定期检核，确保仪器处于良好工作状态。

任务 1.2　偶然误差的统计规律

任何一个观测量，理论上总存在一个能代表其真正大小的数值，这个数值就称为该观测量的真值。对于某一观测量，若设观测值为 L，其真值为 $\widetilde{L}$，则真误差定义为：

$$\Delta=\widetilde{L}-L \tag{1.1}$$

式中：Δ 称为观测值 L 的**真误差**，简称**误差**。

说明:对于某一确定的观测量,可以有多个不同的观测值,但真值只有一个;此外,绝大多数观测量的真值是不知道的,测量上只能通过多次观测求出其估值。

研究 Δ 的性质及其概率特性是概率论的内容,测量平差研究的对象是一系列含有偶然误差的观测值。因此,这里的 Δ 仅指测量中的偶然误差。下面将对偶然误差的性质进行分析,看看偶然误差的统计规律。

1.2.1 偶然误差的统计分析

设有一组观测值 $L_1,L_2,\cdots,L_n$,其相应的真值为 $\widetilde{L}_1,\widetilde{L}_2,\cdots,\widetilde{L}_n$,真误差为 $\Delta_1,\Delta_2,\cdots,\Delta_n$。为了揭示偶然误差的规律性,将该误差按照以下三种方法进行分析。

1. 统计分析

在相同观测条件下,独立地观测了某测区 162 个三角形的全部内角。由于观测中含有观测误差,因此每个三角形的三个内角之和一般不会等于 180°。由式(1.1)可求出 162 个三角形内角和的真误差为:

$$\Delta_i = 180° - (L_1 + L_2 + L_3)_i \ (i = 1,2,\cdots,162)$$

式中:下标 i 表示第 i 个三角形。由于三角形各内角均为独立观测值,因此三角形内角和真误差 Δ_i 是互相独立的偶然误差。所谓**独立**,是反映各个误差在数值的大小和符号上互不影响,与这一组误差相对应的观测值称为互相独立的观测值。

现将全部误差按其正负分成两组,并将每组中的真误差按绝对值从小到大排列,以误差区间 $d\Delta = 0.2''$ 统计出误差落入各个区间内的个数 μ_i,计算出误差出现在各个区间的频率 f_i,其计算公式为:

$$f_i = \frac{\mu_i}{n} \tag{1.2}$$

式中:n 为误差的总个数。现将计算结果列于表 1.1 中。

表 1.1 三角形内角和真误差统计表

误差区间 $d\Delta$	Δ 为负值		Δ 为正值	
	个数 μ	频率 $\frac{\mu_i}{n}$	个数 μ	频率 $\frac{\mu_i}{n}$
0.0″～0.2″	21	0.130	21	0.130
0.2″～0.4″	19	0.117	19	0.117
0.4″～0.6″	12	0.074	15	0.093
0.6″～0.8″	11	0.068	9	0.056
0.8″～1.0″	8	0.049	9	0.056
1.0″～1.2″	6	0.037	5	0.031
1.2″～1.4″	3	0.019	1	0.006
1.4″～1.6″	2	0.012	1	0.006
1.6″以上	0	0	0	0
总和	82	0.506	80	0.494

从表中可以看出，该组误差表现出这样的分布规律：绝对值较小的误差比绝对值较大的误差多；绝对值相等的正误差个数与负误差个数相近；误差的绝对值有一定限度，最大不超过 1.6″。

大量的统计实践告诉我们，在其他测量结果中，偶然误差也都显示出上述同样的规律。因此，上述闭合差的分布规律，实际上就是偶然误差所具有的统计规律性。

2. 频率直方图分析

为了形象地表示偶然误差的分布规律，还可以利用频率直方图来表示误差分布情况。根据表 1.1 中的数据，以误差 Δ 的数值为横坐标、以 $\frac{\mu_i/n}{\mathrm{d}\Delta}$ 为纵坐标可绘制出频率直方图，如图 1.1 所示。每一误差区间上的长方形面积表示误差在该区间出现的相对个数(频率)。误差较小的长方形较高，其面积 $\left(S=\frac{\mu_i/n}{\mathrm{d}\Delta}\times \mathrm{d}\Delta=\frac{\mu_i}{n}=f_i\right)$ 较大，即误差的相对个数较多；反之，误差较大的长方形较矮，其面积较小，即误差的相对个数较小。所有长方形基本上对称于纵坐标轴，这说明绝对值相等的正误差和负误差出现的相对个数很接近。误差绝对值大于 1.6″的长方形没有，表明其面积为零，即出现的相对个数为零，亦即不会出现。我们还注意到，所有长方形面积之和等于 1，即 $\sum_{i=1}^{n} f_i=\frac{1}{n}\sum_{i=1}^{n}\mu_i=1$。

3. 正态分布密度函数

由于误差的取值是连续的，故当误差个数 n 无限增多，并无限缩小误差区间时，可以想象图中各个小长方形条顶边的折线就变成一条光滑的曲线。如图 1.2 所示，我们称这条曲线为误差分布的**概率密度曲线**或**误差分布密度曲线**，简称为**误差曲线**。误差曲线上任一点的纵坐标 $f(\Delta)$ 与误差区间 $\mathrm{d}\Delta$ 的乘积，即是误差区间内长方形的面积，就是误差出现在该区间内的实际频率。

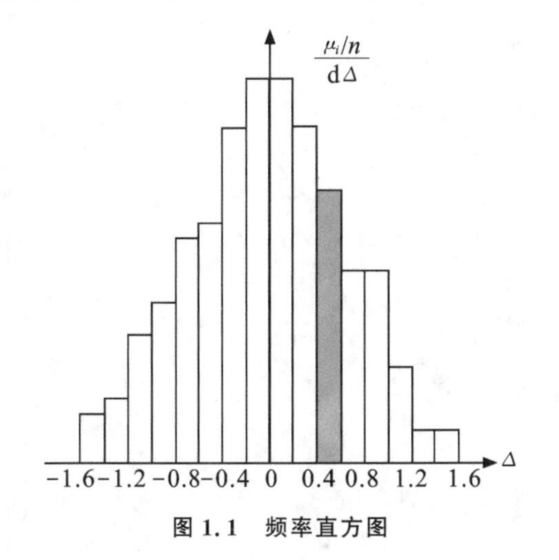

图 1.1　频率直方图

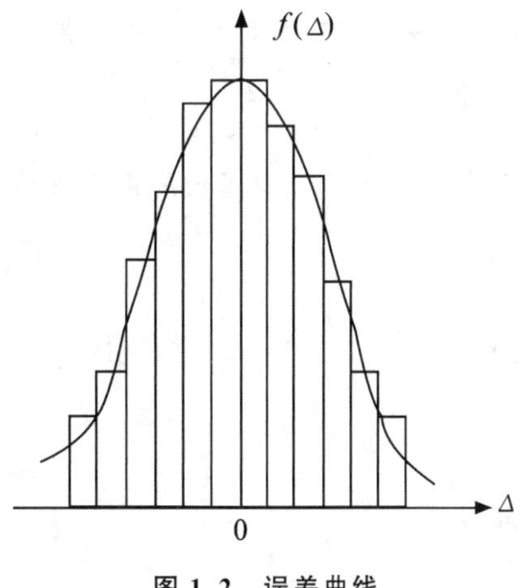

图 1.2　误差曲线

显然当误差个数 $n\to\infty$ 时,误差区间 $\mathrm{d}\Delta$ 逐渐缩小,实际频率将逐渐趋于理论频率,也就是误差出现在该区间内的概率,即:

$$P(\Delta)=f(\Delta)\mathrm{d}\Delta \tag{1.3}$$

式中:$f(\Delta)$通常称为 Δ 的**密度函数**。

由此可以看出,偶然误差的分布随着 n 的无限增大是以正态分布为其极限分布的。根据高斯(德国数学家和测量学家,1809 年)的推论,偶然误差 Δ 是服从均值为零的正态分布的随机变量,其密度函数的具体形式为:

$$f(\Delta)=\frac{1}{\sqrt{2\pi}\sigma}\mathrm{e}^{-\frac{\Delta^2}{2\sigma^2}} \tag{1.4}$$

式中:σ 为**均方差**,是随机变量的一个重要统计量,也是测量中的一个重要精度指标。

根据概率论中对正态分布的讨论可知,密度函数及误差曲线具有如下特点:

(1)$f(\Delta)$恒大于零,即误差曲线图像全部位于横轴上方。

(2)$f(\Delta)$是偶函数,即误差曲线图像关于纵轴对称。

(3)参数 σ 的取值不同,曲线的形状也不相同。图 1.3 分别给出了 σ 为 2.5 和 0.4 的两条曲线。σ 越大,曲线越“矮胖”;反之,越“高瘦”。

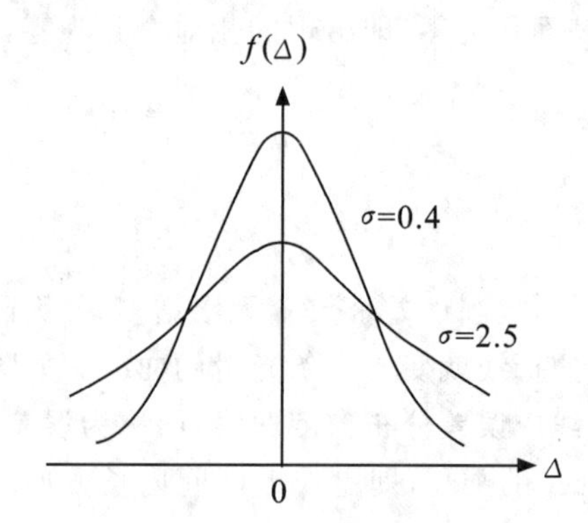

图 1.3 $\sigma=2.5$ 和 $\sigma=0.4$ 的误差曲线

(4)对 $f(\Delta)$求一阶导数,并令其等于零,则有:

$$f'(\Delta)=\frac{1}{\sqrt{2\pi}\sigma}\mathrm{e}^{-\frac{\Delta^2}{2\sigma^2}}\left(-\frac{2\Delta}{2\sigma^2}\right)=0$$

解上式可得 $\Delta=0$,故函数的最大值为:

$$f(0)=\frac{1}{\sqrt{2\pi}\sigma} \tag{1.5}$$

(5)对 $f(\Delta)$求二阶导数,并令其等于零,则有:

$$f''(\Delta)=\frac{1}{\sqrt{2\pi}\sigma^3}\mathrm{e}^{-\frac{\Delta^2}{2\sigma^2}}\left(1-\frac{\Delta}{\sigma^2}\right)=0$$

由此可得:

$$\Delta=\pm\sigma \tag{1.6}$$

上式说明,σ 为误差曲线拐点的横坐标。

1.2.2　偶然误差的分布特性

通过以上分析，偶然误差的概率特性可阐述如下：

(1)在一定的观测条件下，误差的绝对值不会超过一定的限值，或偶然误差的绝对值大于某个值的概率为零，或观测误差的绝对值小于某个值的概率恒等于1，该特性称为偶然误差的**有界性**。

$$P(|\Delta_i|>\Delta_M)=0 \tag{1.7}$$

或

$$P(|\Delta_i|<\Delta_M)=\int_{-\Delta_M}^{+\Delta_M} f(\Delta)\,\mathrm{d}\Delta=1 \tag{1.8}$$

(2)绝对值较小的误差比绝对值较大的误差出现的概率要大，该特性称为偶然误差的**聚中性**。若$|\Delta_1|<|\Delta_2|$，则有$f(\Delta_1)>f(\Delta_2)$。

(3)绝对值相等的正负误差出现的概率相等，该特性称为偶然误差的**对称性**。由于$-f(\Delta_i)=f(\Delta_i)$，故其概率必有$f(-\Delta)\mathrm{d}\Delta=f(\Delta)\mathrm{d}\Delta$。

(4)偶然误差的数学期望或误差的算术平均值的极限值为0，该特性称为偶然误差的**抵偿性**。

$$E(\Delta)=\lim_{n\to\infty}\frac{[\Delta]}{n}=0 \tag{1.9}$$

式中：$E(\Delta)$为偶然误差Δ的数学期望值(理论均值)，它描述了随机变量的取值中心。符号“[ ]”是测量平差教材和其他相关文献中的一个惯用符号，与数学中的“$\sum$”读音和意义相同，表示方括号中表达式的所有项求和，以下相同。

任务1.3　衡量精度的指标

1.3.1　观测值的数学期望与方差

由概率论可知，在一定范围内能以一定的概率随机地取得各种不同数值的量，称为**随机变量**，描述随机变量的变化特征常用数学期望和方差。测量工作中，只含有偶然误差的观测值也是随机变量。因此，为了描述观测值的变化特征，我们很自然地引入观测值的数学期望与方差。

1.观测值的数学期望

设有一组同精度的独立观测值$L_1,L_2,\cdots,L_n$，定义这组观测值的理论平均值为该组观测值的**数学期望**，常用$E(L)$表示，其定义如下：

$$E(L)=\lim_{n\to\infty}\frac{L_1+L_2+\cdots+L_n}{n}=\lim_{n\to\infty}\frac{[L]}{n} \tag{1.10}$$

可见,数学期望就是观测值所有可能取值的算术平均值的极限值,它描述了一组同精度观测值中心位置的情况。

2. 数学期望与真值

将式(1.1)代入式(1.9),有:

$$E(\Delta)=E(\widetilde{L})-E(L)=0$$

考虑到 $E(\widetilde{L})=\widetilde{L}$,则有

$$E(L)=\widetilde{L} \tag{1.11}$$

上式表明:①当观测值中只包含偶然误差时,观测值的数学期望就等于其真值;②随着观测次数的增多,观测值的平均值将更接近真值。

3. 观测值的方差

设有一组同精度的独立观测值,其相应的一组真误差为 $\Delta_1,\Delta_2,\cdots,\Delta_n$,定义这组独立真误差 Δ_i 平方的数学期望为该组观测值的方差,用符号 $D(L)$、D_L 或 σ^2 表示,其定义如下:

$$D(L)=E(\Delta^2)=\lim_{n\to\infty}\frac{[\Delta\Delta]}{n} \tag{1.12}$$

方差是随机变量的一个很重要的特征统计量,它描述了观测值偏离中心位置的程度,即反映了观测值的离散程度。因此,测量上将其作为一个很重要的精度指标。

特别说明:由于观测误差中只包含偶然误差,这种情形下观测值的方差与观测误差的方差相等,即 $D(L)=D(\Delta)$。因此,今后涉及方差时不再特别指出是观测值的方差还是观测误差的方差。

1.3.2 精度、准确度、精确度

为了表现测量成果的可靠性,精度就成为测量成果表现的一个重要内容,因此正确地理解精度的含义并准确地评定观测结果的精度是非常重要的。

1. 精度

由 1.2 节知道,在一定的观测条件下进行的一组观测,对应着一种确定不变的误差分布。如果观测过程中小误差出现的个数较多,误差曲线较陡峭,即误差分布较为密集,则表示该组观测质量较好,也就是说,这一组观测精度较高;反之,如果误差曲线较平坦,分布较为离散,则表示该组观测质量较差,也就是说,这一组观测精度较低。

由此可见,所谓**精度**,就是反映一组独立误差分布的密集或离散的程度,它直观地反映了对某一个量的多次观测中,各观测值之间的离散程度。倘若两组观测成果的误差分布相同,我们可以说两组观测成果的精度相同;反之,若误差分布不同,则精度也就不同。

精度总是对于一组观测而言的。在相同的观测条件下所进行的一组观测,由于它是对

应着同一种误差分布，因此这一组中的每一个观测值都称为同精度观测值。例如，在表1.1中，所列162个三角形的真误差中，尽管真误差有大有小，有的为0.1″，有的为1.5″，但由于它们所对应的误差分布相同，故这些结果彼此是同精度的。

说明：精度是对于一组观测值而言的，与单个观测值的误差是两个不同的概念，不要混淆。

上述定义的精度实际上反映的是该观测值与其数学期望的接近程度。由于观测值仅含偶然误差时，其数学期望就是它的真值，因此在这种情况下，精度是衡量偶然误差大小程度的指标。然而，当观测值中含有系统误差时，其数学期望就与真值不同，这就需要用准确度来衡量。

2. 准确度

准确度是指观测值 L 的真值 $\widetilde{L}$ 与其数学期望 $E(L)$ 之差，即 $E(L)$ 的真误差。准确度表征了观测结果中系统误差大小的程度，是衡量系统误差大小程度的指标。准确度高，表明观测值的理论平均值与真值偏差较小，即测量中的系统误差较小。

3. 精确度

精确度是精度和准确度的合成，是指观测值与其真值的接近程度，包括观测结果与其数学期望接近程度和数学期望与其真值的偏差。因此，精确度反映了偶然误差和系统误差联合影响的大小程度。当不存在系统误差时，精确度就是精度，精确度是一个全面衡量观测质量的指标。

上述三个概念之间的区别可以通过打靶实验来形象地说明。图1.4中的(a)、(b)和(c)分别是甲、乙和丙3人对靶心进行一组射击的结果。图1.4(a)中甲的弹着点比较密集，但都偏离了靶心(可能准星没有校正，造成朝一个方向偏离)，说明甲射击的精度比较高，但准确度低；图1.4(b)中乙的射击相对比较集中靶心，但弹着点比较离散(可能紧张或经验不足，造成瞄准不稳定)，说明乙的准确度较高，但精度低；图1.4(c)中丙的弹着点密集，而且集中靶心，说明丙射击的精度和准确度都较高，也就是精确度高。

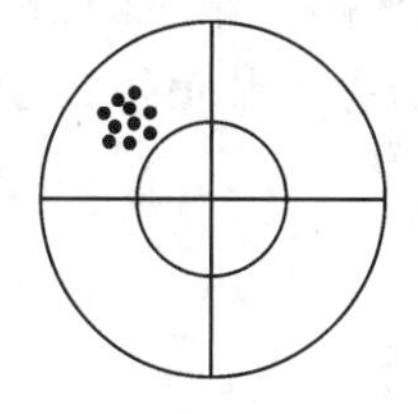

(a) 甲射击结果图

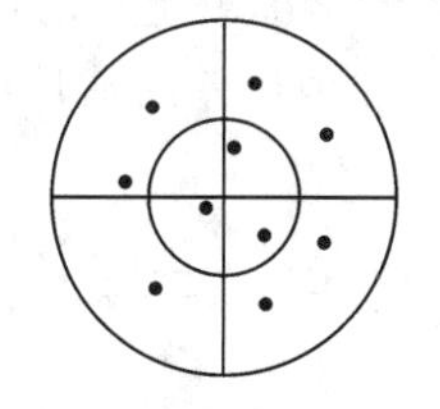

(b) 乙射击结果图

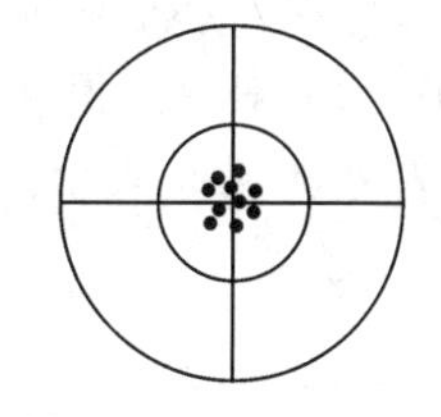

(c) 丙射击结果图

图1.4　精度、准确度与精确度示意图

需要指出的是，本书只讨论观测值中仅含偶然误差的情况，这也是测量中的普遍情形，即认为真值 $\widetilde{L}$ 与其数学期望 $E(L)$ 相等，因此在这种情况下精度与精确度就不加区分了。

1.3.3 衡量精度的指标

为了衡量观测值的精度高低,可以按1.2节所述的三种方法,把一组相同条件下得到的误差,用误差分布表、绘成直方图或绘出误差分布曲线的方法来比较。但在实际工作中,这样做既不方便,有时甚至很困难。人们自然希望对精度有一个数字概念,且能用它来反映误差分布的密集或离散程度,并用该数字作为衡量精度的指标,定量地反映观测成果的好坏。

如何通过一组误差的某种形式来定义精度指标呢?前已提及,精度是指一组误差的分布密集或离散的程度。分布愈密集,则表明在该组误差中,绝对值较小的误差所占的相对个数愈大。在这种情况下,该组误差绝对值的平均值就一定小。由此可见,精度虽然不代表个别误差的大小,但是,它与这一组误差绝对值的平均大小显然有着直接关系。因此,用一组误差的平均大小作为衡量精度高低的指标,是完全合理的。

事实上,测量工作正是基于这种考虑来衡量精度指标的。反映一组误差平均值大小的方法有很多,下面介绍测量中常用的几种精度指标。

1. 方差与中误差

根据1.3.1小节知,方差是一组独立真误差 Δ_i 平方的数学期望,其定义式为(1.12),即 $\sigma^2 = E[\Delta^2] = \lim\limits_{n \to \infty} \frac{[\Delta\Delta]}{n}$,我们把方差的算术平方根称为**均方差**(或**标准差**),测量中称为**中误差**,用 σ 表示,即:

$$\sigma = \sqrt{E[\Delta^2]} = \lim_{n \to \infty} \sqrt{\frac{[\Delta\Delta]}{n}} \tag{1.13}$$

式中:σ 恒取正值。

说明:上式中的 Δ 既可以是同一个量的观测值的真误差,也可以不是同一个量的观测值的真误差,但必须都是同精度且同类性质观测量的真误差,就是在相同条件下得到的观测值,n 是 Δ 的个数。

上述方差及中误差都是在 $n \to \infty$ 的情况下定义的,但在实际工作中,观测次数不可能无限多,总是有限的,一般只能得到方差和中误差的估计值。方差的估值用符号 $\hat{\sigma}^2$ 表示,中误差 σ 的估值用符号 $\hat{\sigma}$ 或 m 表示。

$$\hat{\sigma}^2 = \frac{[\Delta\Delta]}{n} \tag{1.14}$$

$$\hat{\sigma} = m = \sqrt{\frac{[\Delta\Delta]}{n}} \tag{1.15}$$

由于分别采用了不同的符号区别方差和中误差的理论值和估值,在没有特别说明的情况下,以后就不再强调“估值”的意义,并将“中误差的估值”简称为“中误差”。

2. 平均误差

在相同的观测条件下,一组独立的观测误差绝对值的数学期望(或误差绝对值的理论平均值)，称为该组误差(或该组观测值)的**平均误差**，记为：

$$\theta=\lim_{n\to\infty}\frac{[|\Delta|]}{n}=E(|\Delta|)=\int_{-\infty}^{+\infty}|\Delta|f(\Delta)\mathrm{d}\Delta \tag{1.16}$$

将式(1.4)代入上式求定积分：

$$\theta=2\int_{0}^{\infty}\Delta\frac{1}{\sqrt{2\pi}\sigma}\mathrm{e}^{-\frac{\Delta^2}{2\sigma^2}}\mathrm{d}\Delta=\frac{2}{\sqrt{2\pi}}\int_{0}^{\infty}\left(-\sigma\mathrm{d}\mathrm{e}^{-\frac{\Delta^2}{2\sigma^2}}\right)=\frac{2\sigma}{\sqrt{2\pi}}\left[-\mathrm{e}^{-\frac{\Delta^2}{2\sigma^2}}\right]_{0}^{\infty}=\sigma\sqrt{\frac{2}{\pi}}$$

于是，平均误差 θ 与相应的中误差 σ 之间存在以下理论关系式：

$$\theta=\sigma\sqrt{\frac{2}{\pi}}\approx0.7979\sigma\approx\frac{4}{5}\sigma \tag{1.17}$$

或

$$\sigma=\theta\sqrt{\frac{\pi}{2}}\approx1.253\theta\approx\frac{5}{4}\theta$$

由上式可以看到：不同大小的 θ，对应着不同的 σ，其误差分布曲线也一一对应。因此，可以用平均误差 θ 作为衡量精度的指标。同样地，由于实际工作中观测值的个数 n 总是有限数，因此常用有限个观测误差来计算平均误差的估值。

$$\hat{\theta}=\frac{[|\Delta|]}{n}\approx\frac{4}{5}m \tag{1.18}$$

3. 或然误差

或然误差 ρ 又称为**概率误差**。其定义是：在一定的观测条件下，大于 $-\rho$ 与小于 ρ 的观测误差绝对值出现的概率各为一半，也就是误差落入区间 $(-\rho,+\rho)$ 的概率等于1/2，即：

$$P(-\rho<\Delta<+\rho)=\int_{-\rho}^{+\rho}f(\Delta)\mathrm{d}\Delta=\frac{1}{2} \tag{1.19}$$

将式(1.4)代入上式，并作变量代换，令 $\frac{\Delta}{\sigma}=t$，于是 $\Delta=\sigma t$，$\mathrm{d}\Delta=\sigma\mathrm{d}t$，则有

$$\int_{-\rho}^{+\rho}f(\Delta)\mathrm{d}\Delta=2\int_{0}^{\frac{\rho}{\sigma}}\frac{1}{\sqrt{2\pi}}\mathrm{e}^{-\frac{t^2}{2}}\mathrm{d}t=\frac{1}{2}$$

由概率积分表查得，当概率为1/2时，积分限为0.6745，即得：

$$\rho\approx0.6745\sigma\approx\frac{2}{3}\sigma \tag{1.20}$$

或

$$\sigma\approx1.4826\rho\approx\frac{3}{2}\rho$$

由上式可以看到：不同大小的 ρ，对应着不同的 σ，因此，也可以用或然误差 ρ 作为衡量精度的指标。同样地，由于实际工作中观测值的个数 n 总是有限数，因此常用有限个观测误差来计算或然误差的估值 $\hat{\rho}$。

$\hat{\rho}$ 的具体计算方法：将 n 个观测误差按绝对值的大小排序，当 n 为奇数时，取中间的一个误差值作为 $\hat{\rho}$；当 n 为偶数时，则取中间的两个误差的平均值作为 $\hat{\rho}$。

4. 极限误差

前已述及，观测必然要产生误差，那么，多大的误差算是正常情况下出现的偶然误差

呢？这里必须要有一个判定标准，超过这个标准的误差就认为含有粗差，相应的观测值应予剔除或返工重测，这个标准就是极限误差。所谓极限误差就是测量中允许的最大偶然误差。

由偶然误差的特性可知，在一定条件下，偶然误差不会超过一个界值，这个界值就是所说的极限误差，但这个界值很难确定，只能用概率来表示。

由概率论可知，某个误差在某一范围内出现的概率可通过概率公式进行计算。反过来说，若给定误差的概率，也可求出误差的区间，即误差的界限。例如当$\sigma=1$时，某一误差出现的概率为 0.955，则可按 $P(\Delta)=\int_{-\Delta_M}^{+\Delta_M} f(\Delta)\mathrm{d}\Delta=0.995$ 查表计算，求得误差的界限为 $\Delta_M=2$。

由上可知，极限误差是根据误差出现在某一范围内概率的大小，即误差 Δ 出现在$(-k\sigma,+k\sigma)$内的概率确定的。经计算，误差出现在区间$(-\sigma,+\sigma)$，$(-2\sigma,+2\sigma)$，$(-3\sigma,+3\sigma)$内的概率分别为 68.3%、95.5%、99.7%。可见，大于三倍中误差，其出现的概率只有 0.3%，是小概率事件，在一次观测中，可认为是不可能发生的事件。因此，可规定三倍中误差为极限误差，即：

$$\Delta_{限}=3\sigma \tag{1.21}$$

若对观测要求较严，也可规定两倍中误差为极限误差，即：

$$\Delta_{限}=2\sigma \tag{1.22}$$

5. 相对误差

对于某些结果，单靠中误差还不能完全表达观测质量的好坏。例如，在同一观测条件下，用尺子丈量了两段距离，一段为 500m，一段为 1000m，这两段距离的中误差均为 2.0cm，虽然二者中误差相同，但由于不同的距离长度，丈量的尺段数不同，就同一单位长度而言，二者精度并不相同，显然，后者的单位长度的精度比前者高。我们把这种衡量单位长度的精度称为**相对精度**。它是观测值的某种误差与观测值的比值，用公式表示为：

$$\frac{1}{N}=\frac{m_s}{S} \tag{1.23}$$

相对精度包括相对真误差、相对中误差、相对极限误差，它们分别是真误差、中误差和极限误差与其观测值之比。

相对误差是一个无名数，在测量中经常将分子化为 1，分母化为整数 N，即用$\frac{1}{N}$表示。一般来说，当观测误差随着观测的大小而变化时，用相对误差来描述其精度。为了与相对误差相区别，真误差、中误差和极限误差均称为绝对误差。

【例 1.1】 为了检定一台经纬仪的测角精度，现对某一精确测定的水平角($\beta=78°42'35''$)作了 24 次观测，结果列于表 1.2 中。试计算观测值的方差、中误差、平均误差和或然误差。

表 1.2　水平角观测及真误差计算表

观测值	Δ	观测值	Δ	观测值	Δ
78°42′33.7″	+1.3	78°42′33.0″	+2.0	78°42′32.5″	+2.5
36.1	−1.1	35.8	−0.8	35.7	−0.7
36.2	−1.2	34.5	+0.5	33.8	+1.2
36.0	−1.0	33.7	+1.3	36.3	−1.3
37.0	−2.0	34.4	+0.6	33.2	+1.8
34.8	+0.2	35.3	−0.3	35.5	−0.5
34.4	+0.6	37.0	−2.0	35.7	−0.7
36.2	−1.2	34.2	+0.8	34.2	+0.8

解　先根据 $\Delta_i=\tilde{\beta}_i-\beta_i$ 计算出各个观测值的真误差，并将它们对应填在表 1.2 中，然后根据表中的数据可算得：

$$\hat{\sigma}^2=m^2=\frac{[\Delta\Delta]}{n}=\frac{37.34}{24}=1.56$$

$$\hat{\sigma}=m=\sqrt{\frac{[\Delta\Delta]}{n}}=\sqrt{1.56}=1.25''$$

$$\hat{\theta}=\frac{[|\Delta|]}{n}=\frac{26.4}{24}=1.10''$$

$$\hat{\rho}=1.05''$$

说明：

(1)虽然理论上 $\hat{\sigma}$、$\hat{\theta}$ 和 $\hat{\rho}$ 满足一定的关系，但由于观测值个数的有限性，这种关系在实际中有一定的差异，因此在具体计算时应注意。当然，随着 n 值愈大，这一差异愈小。

(2)当 n 不大时，由它们的定义可知，中误差比平均误差和或然误差更能反映大的真误差的影响。因此，世界各国通常采用中误差作为衡量精度的指标，我国也采用中误差作为衡量精度的指标。

任务 1.4　有效数字及取位规则

1.4.1　有效数字

1. 有效数字的概念

任何一个物理量，其测量结果必然存在误差。因此，表示一个物理量测量结果的数字取值是有限的。我们把测量结果中可靠的几位数字，加上可疑的一位数字，统称为测量结果的有效数字，两者个数的和称为有效数字的位数。例如图 1.5 所示，用光学水准仪照准区格式标尺，读数为 1.794，其有效数字是四位。1.79 是直接从标尺刻划上读取的，是可靠数

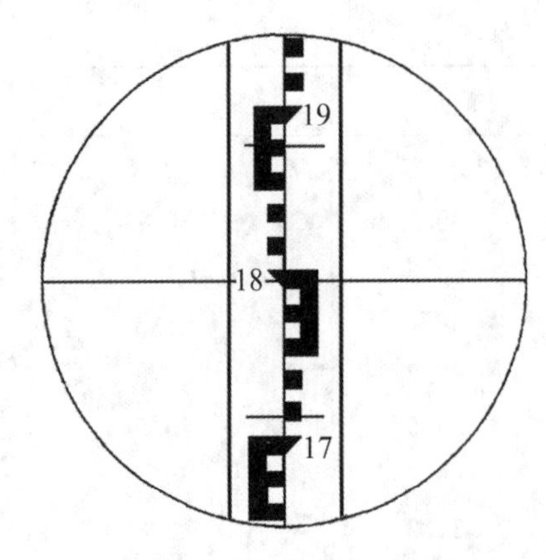

图1.5　水准标尺读数

字,尾位“4”是在标尺最小分划间估读的,是可疑数字,这一位数字虽然是可疑的,但它却反映了测量结果的实际精度,因此它也是有效的。

2. 确定测量结果有效数字的基本方法

(1)测量仪器的正确读取。在测量工作中,有效数字就是仪器能测量到的数字,其位数是根据测量仪器和观察的准确度确定的。测量仪器正确测读的原则是:先读出有效数字中的可靠数字部分(这部分数字由所用仪器的最小分划来决定,直接从仪器的刻度上读出),然后在所用仪器的最小分划之间估读出一位可疑数字,显然估读的这一位是有误差的。

测量中有很多例子。例如,用分度值为1mm的钢尺来进行测量,我们只能准确到毫米,估读到0.1mm。又如,我们用J6型光学经纬仪测量一角度时,也只能准确到分,估读到0.1′。这里准确的数字部分就是可靠的测量数值,而估读的一位则是可疑数值,这个可疑数值要靠我们仔细观察才能读“准确”。

(2)测量结果的有效数字由误差确定。不论是直接测量还是间接测量,其结果的误差一般只取一位。因此,在表示测量结果和误差时,应将测量结果有效数字的最后一位与误差所在的一位对齐。如J6型光学经纬仪测量的角度 $L=183°24'36''\pm 6''$。

3. 关于“0”的问题

有效数字的位数与十进制的单位变换无关。末位“0”和数字中间的“0”均属于有效数字。如123.205m、210.247m等,其中出现的“0”都是有效数字。

小数点前面出现的“0”和它之后紧接着的“0”都不是有效数字。如0.25 cm或0.045 kg中的“0”都不是有效数字,这两个数值都只有两位有效数字。

4. 数值表示的标准形式

数值表示的标准形式是用10的方幂来表示其数量级。前面的数字是测得的有效数字,并只保留一位数在小数点的前面,如 3.3×10^{5} m、8.25×10^{-3} kg等。

1.4.2　有效数字运算规则

在有效数字的运算过程中,为了不致因运算而引起误差或损失有效数字,影响测量结果的精确度,并尽可能地简化运算过程,先要明确下述运算约定原则:

(1)有效数字相互运算后的结果仍为有效数字,且仅有最后一位为可疑数字,而且其他各位数均为可靠数字;

(2)可疑数字与可疑数字相互运算后仍为可疑数字,但进位数则视为可靠数字;

(3)可疑数字与可靠数字进行运算后仍为可疑数字;

(4)可靠数字与可靠数字进行运算后仍为可靠数字；

(5)尾数遵照舍入原则。

有效数字运算规则举例如下(例中加横线的数字代表可疑数字)。

1. 有效数字的加减

例如，$43.\overline{7}+8.42\overline{4}=52.\overline{124}$。由于第一个数值的可疑数字位于小数点后第一位，因此，在这个结果中，小数点后的三位数值$\overline{124}$均是可疑数字，只需保留小数点后一位即可，结果为$52.\overline{1}$。

又例如，$51.\overline{68}-4.\overline{3}=47.\overline{38}$。同样，由于第二个数值的可疑数字位于小数点后第一位，因此，在这个结果中，小数点后的二位数值$\overline{38}$均是可疑数字，只需保留小数点后一位即可，结果为$47.\overline{4}$。

在上面两例中，我们按数值的大小对齐后相加或相减，并以其中可疑位数最靠前的为基准对结果进行取舍。当然也可先进行取舍，取齐诸数的可疑位数，然后加、减，则运算简便，结果相同。

结论：几个数相加或相减时，所得结果的小数点后面的位数应与各加减数中小数点后位数最小者相同。

2. 有效数字的乘除

例如，$5.12\overline{6}\times0.4\overline{2}=2.1\overline{5292}$。在这个结果中，$\overline{5292}$均是可疑数字，只需保留一位可疑数字即可，结果为$2.1\overline{5}$。

又例如，$4.5\overline{2}\div5.47\overline{2}=0.8\overline{26}$。同样，在这个结果中，二位数字$\overline{26}$是可疑数字，只需保留一位可疑数字，结果为$0.8\overline{3}$。

结论：在乘除法中，所得结果的有效数字位数应与各数值中最少的有效数字(即准确度最小、相对误差最大的那位数)的位数相同，而与小数点位置无关。在计算过程中，可暂时多保留一位数字，得到最后结果时，再弃去多余的数字。

提示：由于计算上的原因，最末位的可疑数字允许有所不同。

3. 有效数字的乘方和开方

有效数字在乘方和开方时，运算结果的有效数字位数与其底的有效数字的位数相同。例如：

$12.\overline{5}^2=15\overline{6.25}\Rightarrow12.\overline{5}^2=15\overline{6}$；

$\sqrt{43.\overline{2}}=6.5\overline{73}\Rightarrow\sqrt{43.\overline{2}}=6.5\overline{7}$。

1.4.3　有效数字尾数的舍入规则

现在通用的法则是“四舍六入五留双”，即尾数小于 5 则舍，大于 5 则入，等于 5 则把尾数凑成偶数。这种舍入法则的依据是尾数入与舍的概率相等。

(1)若舍去部分的数值小于所保留末位数的1/2,末位数不变。

例 2.749→2.7。

(2)若舍去部分的数值大于所保留末位数的1/2,末位数加1。

例 32.551→32.6。

(3)若舍去部分数值恰好等于所保留末位数的1/2:当末位数为偶数时,保持不变;当末位数为奇数时,末位数加1。

例 5.7850→5.78;6.5750→6.58。

1.4.4 测量中的有效数字及取位要求

测量上的有效数字是指在测量工作过程中用仪器或工具能测量到的有实际意义的数字,是仪器或工具上最小分划读数与相邻最小分划间的估读数之和。测量上的有效数字有两方面的含义:一是代表了数值本身大小,二是反映了测量精确的程度。

测量外业数据采集包含距离测量数据、角度(方向)测量数据和高差测量数据,这类数据的有效数字位数在表达上与测量的等级和所使用的仪器工具有关,体现在相关记录手簿或表格中不同。例如:二等水准外业观测数据,其有效数字位数比三等水准的多一位;同样,用J6经纬仪得到的外业观测数据,其有效数字位数比J2经纬仪的有效数字位数少一位。

此外,测量成果总是表达为平面坐标数据和高程数据,这类数据是经过各种改正值改正后并通过相关平差计算出来的,是保证有效数字位数不被损失的关键。由于当今数据处理都是在计算器和电子计算机中进行的,计算器中数据都是按十位有效数字参与运算的,计算机平差软件设计时取双精度16位有效数字,因此有效数字的精度是能够得到保证的。如何体现数据在表达上的一致性,各类测量技术规范对内外业取位要求均作了统一规定。表1.3和表1.4摘自《城市测量规范》(CJJ/T 8—2011)。

表1.3 平面控制测量的内业计算数字取位要求

等级	方向观测值及各项改正数(″)	边长观测值及各项改正数(m)	边长与坐标(m)	方位角(″)
二等	0.01	0.0001	0.001	0.01
三、四等	0.1	0.001	0.001	0.1
四等以下	1	0.001	0.001	1

表1.4 水准测量计算的数字取位要求

等级	往(返)测距离总和(km)	往返测距离中数(km)	各测站高差(mm)	往(返)测高差总和(mm)	往返测高差中数(mm)	高程(mm)
二等	0.01	0.1	0.01	0.01	0.1	0.1
三、四等	0.01	0.1	0.1	1.0	1.0	1.0

续表

等级	往(返)测距离总和(km)	往返测距离中数(km)	各测站高差(mm)	往(返)测高差总和(mm)	往返测高差中数(mm)	高程(mm)
四等以下	0.01	0.1	1.0	1.0	1.0	1.0

表1.5摘自《工程测量标准》(GB 50026—2020)。

表1.5 图根控制测量内业计算和成果的取位要求

各项计算修正值(″或mm)	方位角计算值(″)	边长及坐标计算值(m)	高程计算值(m)	坐标成果(m)	高程成果(m)
1	1	0.001	0.001	0.01	0.01

任务1.5 测量平差的研究对象和任务

1.5.1 测量平差的研究对象

测绘学科中测量数据处理是指对获取的测量数据,通过一定的方法和手段进行分析和检验,然后根据一定的模型和准则求出需要的结果数据的一门学科。

测量平差是测量数据处理方面最重要的组成部分,是根据最小二乘原理,由一系列带有观测误差的测量数据,求出未知量的最佳估值及精度。由于观测结果不可避免地存在误差,因此,如何处理带有误差的观测值,找出待求量(以下称未知量)的最佳估值,是测量数据处理学科研究的主要内容。

在测绘工程和其他工程领域中,只带有偶然误差的观测列占大多数,是比较普遍的情形,它是测量数据处理学科研究的基础内容,也是应用最广和理论研究中最重要的基础部分。本书主要学习基本的测量平差原理和方法,其对象是只带有偶然误差的观测值。

1.5.2 必要观测与多余观测

测量工作的主要目的就是要确定地面点的几何位置,为此需要建立地面控制网。测量平差学科中将各种不同类型的测量控制网称为几何模型,而将构成几何模型的不同类型的几何量,如角度、距离、高差等,称为**元素**。理论研究表明,确定一个几何模型,并不需要知道该模型中所有元素的大小,而只需要知道其中部分元素的大小就行了。我们把能够唯一确定一个几何模型所必要的元素,称为**必要元素**,对必要元素的观测称为**必要观测**。必要元素的个数,或者必要观测的个数称为**必要观测数**(通常用t表示)。很显然,超过必要的观测就称为**多余观测**,多余观测的个数称为**多余观测数**(通常用r表示)。如果未知量观测总数为n,必要观测数为t,则多余观测数$r=n-t$。

例如,为了测定一条边长,必须对其丈量一次才能得出长度,这样的必须“丈量”就是必要观测,相应的“一次”就是必要观测数 t,也就是必要观测的个数,它等于未知量(边长)的个数。

对于上述测量一条边而言,如果只观测了一次,虽然知道了边长的结果,但是并不知道测量误差的大小,也就不存在数据处理问题。但如果对该边丈量 n 次,就会得到 n 个观测边长值,我们可以取其平均值为该边长的最后长度。此时偶然误差影响得到消除或减弱,既提高了边长的精度,又可检查观测值是否有错误存在,这就是多测 $n-1$ 次所得到的效益。取平均值就是一种带有偶然观测列的数据处理方法。多测的 $n-1$ 次观测就是多余观测,其多余观测数 $r=n-1$。

后面将要说明,必要观测数 t 只与控制网本身有关,是控制网的固有属性。也就是说,对于某个具体的控制网,其必要观测数是确定的。不难理解,只有控制网观测总数等于或者大于网中必要观测数,才能确定控制网中的未知量。为了提高观测成果质量和可靠性,测量工作中总是设法使观测总数大于网中必要观测数。

1.5.3 测量平差的任务

上述提到,在测量工作中,为了提高成果质量和检查发现错误常作多余观测。当观测中进行了多余观测时,由于每个观测值带有偶然误差,就会产生一定的问题,如确定一个平面三角形的形状,只要测定其中两个内角就够了,现观测三个内角,三个内角观测值之和就不会等于 180°,这就产生了闭合差或不符值。如何处理多余观测值之间的闭合差或不符值,求出未知量的最佳估值并评定结果的精度是测量平差的基本任务。

综上所述,测量平差的任务是:

(1)对一系列带有偶然误差的观测值,按最小二乘原理,消除各观测值之间的不符值,合理地配赋误差,求出未知量的最可靠值;

(2)运用合理的方法来评定测量成果的精度。

项目小结

一、主要知识点

(1)重要概念:观测值、观测误差、方差与中误差、精度、有效数字、必要观测和多余观测。

(2)误差产生的原因:仪器、观测者、外界条件。

(3)偶然误差和系统误差的性质和处理方法。

(4)主要精度指标:方差与中误差、极限误差、相对误差。

(5)测量上的有效数字及测量中数据的取位。

(6)测量平差的研究对象和任务。

二、主要计算公式

1. 真误差与改正数

$$\Delta=\widetilde{L}-L,\quad V=\hat{L}-L$$

2. 误差函数

$$f(\Delta)=\frac{1}{\sqrt{2\pi}\sigma}e^{-\frac{\Delta^2}{2\sigma^2}}$$

3. 主要精度指标

(1)方差与中误差：

$$\hat{\sigma}^2=\frac{[\Delta\Delta]}{n}$$

$$\hat{\sigma}=m=\sqrt{\frac{[\Delta\Delta]}{n}}$$

(2)极限误差：

$$\Delta_{限}=3\sigma \quad 或 \quad \Delta_{限}=2\sigma$$

(3)相对误差：

相对真误差：

$$\frac{1}{N}=\frac{\Delta}{S}$$

相对极限误差：

$$\frac{1}{N}=\frac{\Delta_{极}}{S}$$

相对中误差：

$$\frac{1}{N}=\frac{m_s}{S}$$

思考与训练题

1. 什么叫观测误差？产生观测误差的原因主要有哪几个方面？

2. 观测条件是由哪些因素构成的？观测条件相同，其精度一定相同吗？

3. 根据观测误差对观测结果影响的不同，观测误差分为哪几类？

4. 测量工作中如何消除或减弱观测误差对测量成果的影响？

5. 在相同的观测条件下，大量的偶然误差呈现什么样的规律性？

6. 观测条件与误差分布之间有何关系？

7. 在相同的观测条件下，对同一个量进行了若干次观测，这些观测值的精度是否相同？能否理解为误差小的观测值一定比误差大的观测值精度高，为什么？

8. 在相同的观测条件下，绝对值小的误差出现的概率比绝对值大的误差出现的概率大，那么，误差为零的观测值出现的概率是不是最大，你怎么理解？

9. 在角度测量中，总是用正倒镜观测；在水准测量中，总是尽量使前后视距相等。这些规定都是为了消除什么误差?

10.用钢尺丈量距离,下列几种情况会使测量结果中含有误差,试分别判定误差的性质:

(1)刻画不准确;

(2)尺不水平;

(3)估读小数不准确;

(4)尺垂曲;

(5)尺端稍偏直线方向(定线不准确)。

11.在水准测量中,有下列几种情况使水准尺读数带有误差,试判断误差的性质:

(1)视准轴与水准轴不平行;

(2)仪器下沉;

(3)读数时估读不准确;

(4)水准尺下沉。

12.何谓精度?衡量精度的指标有哪些?在实际中为什么常用中误差作为其标准?

13.何谓测量上的有效数字?有效数字尾数的舍入规则是什么?

14.何谓必要观测和多余观测?为什么在测量中常常要进行多余观测?

15.数据处理的主要内容有哪些?测量平差的任务是什么?

16.为了鉴定经纬仪的精度,对已知的水平角 α($\alpha=45°00'03.0''$)作了 12 次观测,其结果见表 1.6,假设 α 无误差,试求观测值的中误差。

表 1.6　角度测量值表

序号	角度测量值(° ′ ″)	序号	角度测量值(° ′ ″)	序号	角度测量值(° ′ ″)	序号	角度测量值(° ′ ″)
1	45 00 06	4	45 00 04	7	45 00 00	10	45 00 06
2	44 59 55	5	45 00 03	8	44 59 58	11	44 59 59
3	44 59 58	6	45 00 04	9	44 59 59	12	45 00 03

项目 2　误差传播与最小二乘法原理

学习目标

误差理论是测量平差的理论基础，最小二乘法原理是测量平差的准则。

(1)掌握并理解方差、协方差、权、协因数、最小二乘法等重要概念；

(2)掌握协方差和协因数传播律应用、由真误差计算中误差等基本技能；

(3)学会测量中常用定权方法和协方差、协因数在测量中的应用；

(4)初步掌握使用 MATLAB 软件进行矩阵计算的基本方法，以及最小二乘法原理基本应用方法。

任务 2.1　方差与协方差传播律

前述项目已经阐述了衡量一组观测值质量的精度指标，并已指出，通常采用的精度指标是中误差。但在实际工作中，往往还会遇到某些量不是直接测定的，而是由观测值通过一定的函数关系计算出来的，这就是我们在前面提到的**间接观测值**。例如，在三角形角度测量任务中，观测了一个三角形的全部内角 L_1，L_2 和 L_3，将计算得出的闭合差 W 反号后平均分配到各个角上，改正后的三角形内角的角度值和三角形内角和闭合差分别为：

$$\hat{L}_i = L_i - \frac{W}{3} \quad (i = 1,2,3)$$

$$W = L_1 + L_2 + L_3 - 180°$$

式中：$\hat{L}$ 是经闭合差分配改正后的角度。这里的 W、$\hat{L}$ 就是观测值 L_i 的函数。

又如，已知水平距离 D，垂直角观测值 α，则由三角高程测量计算高差公式为：

$$h = D\tan\alpha$$

式中：高差 h 就是观测值 D 和 α 的函数。

现在的问题是，在已知观测值方差的情况下，如何求得这些观测值函数的方差？观测值的方差与其函数的方差之间有着怎样的关系？阐述这种关系的公式就是协方差传播律。

为了讨论方便，下面首先说明协方差与协方差阵的概念，再推导协方差传播律。

2.1.1　随机变量间的协方差

由概率论可知，在一定范围内能以一定的概率随机地取得各种不同数值的量，称为**随机变量**。在测量工作中，**观测误差和观测值都是随机变量**。描述单个独立随机变量的变化情况可用其数学期望(真值)和方差,有关方差的定义已在前面作过介绍。但当讨论两个或两个以上随机变量时,就要考虑描述它们之间相互关系的数字特征——**协方差**。

设有随机变量 x 和 y,则它们的协方差定义为:

$$\sigma_{xy}=E\{(x-E(x))(y-E(y))\}=\lim_{n\to\infty}\frac{[\Delta_x\Delta_y]}{n} \tag{2.1}$$

式中:$\Delta_x=x-E(x)$,$\Delta_y=y-E(y)$,它们分别为 x 和 y 的真误差。

可见,协方差是两种真误差所有可能取值的乘积的理论平均值。显然,协方差描述了两个随机变量之间的关系。

由于测量上所涉及的观测值和观测误差都是服从正态分布的随机变量,故:$\sigma_{xy}=0$,就表示 x 和 y 这两个随机变量的误差是不相关的,或者说 x 和 y 是相互独立的两个随机变量;$\sigma_{xy}\neq 0$,则表示它们的误差是相关的,即 x 和 y 是相关的,是不独立的随机变量。

实际工作中,n 的个数总是有限的,所以只能求得协方差的估值,并记为:

$$\hat{\sigma}_{xy}=m_{xy}=\frac{[\Delta_x\Delta_y]}{n} \tag{2.2}$$

2.1.2 随机向量及其协方差阵

1. n 维随机向量

将两个随机变量进行推广:设有 n 个随机变量 $x_1,x_2,\cdots,x_n$,其 $n\times 1$ 阶列向量表示方式为 $\boldsymbol{X}=(x_1\quad x_2\quad \cdots\quad x_n)^{\mathrm{T}}$,则 $\boldsymbol{X}$ 称为 **n 维随机向量**,其相应的数学期望(真值)向量为 $E(\boldsymbol{X})=[E(x_1)\quad E(x_2)\quad \cdots\quad E(x_n)]^{\mathrm{T}}$。

2. 方差-协方差阵

根据式(2.1),可以类似写出随机向量的方差计算公式为:

$$D_{\boldsymbol{XX}}=E\{(\boldsymbol{X}-E(\boldsymbol{X}))(\boldsymbol{X}-E(\boldsymbol{X}))^{\mathrm{T}}\} \tag{2.3}$$

将随机向量及其数学期望的定义式代入上式,展开后得:

$$\underset{n\times n}{\boldsymbol{D}_{\boldsymbol{XX}}}=\begin{bmatrix}\sigma_1^2 & \sigma_{12} & \cdots & \sigma_{1n}\\ \sigma_{21} & \sigma_2^2 & \cdots & \sigma_{2n}\\ \vdots & \vdots & & \vdots\\ \sigma_{n1} & \sigma_{n2} & \cdots & \sigma_n^2\end{bmatrix} \tag{2.4}$$

该矩阵为一个 $n\times n$ 阶的对称方阵,$\boldsymbol{D}_{\boldsymbol{XX}}$ 称为随机向量的**方差-协方差阵**,简称**方差阵**或**自协方差阵**。矩阵中主对角线上的元素为各观测值的方差,表示其精度;非对角线上的元素为两观测量之间的协方差,表示观测值误差之间的相关关系。

式中:$\sigma_{ij}=E\{(x_i-E(x_i))(x_j-E(x_j))\}=E(\Delta_i\Delta_j)$ 为观测值 x_i 和 x_j 之间的协方差,不难看出,有 $\sigma_{ij}=\sigma_{ji}$。

如果随机向量中各 x_i 相互间均不相关,即相互独立,则所有非对角线元素 $\sigma_{ij}=0$,$\boldsymbol{D}_{\boldsymbol{XX}}$

变为对角阵，即：

$$\underset{n\times n}{\boldsymbol{D}_{XX}}=\begin{pmatrix}\sigma_1^2 & 0 & \cdots & 0\\ 0 & \sigma_2^2 & \cdots & 0\\ \vdots & \vdots & & \vdots\\ 0 & 0 & \cdots & \sigma_n^2\end{pmatrix} \tag{2.5}$$

进一步，当随机向量 $\boldsymbol{X}$ 中的变量不仅两两独立，且所有的随机量均为等精度观测，即当 $\sigma_1=\sigma_2=\cdots=\sigma_n=\sigma$ 时，随机向量的方差阵为一纯量阵。通常同一等级的测角网的观测向量方差阵为一纯量阵，而其他如导线网、高程网则不一定为纯量阵。

3. 互协方差阵

现设另一个随机向量 $\boldsymbol{Y}=(y_1\quad y_2\quad\cdots\quad y_m)^{\mathrm{T}}$，$E(\boldsymbol{Y})=(E(y_1)\quad E(y_2)\quad\cdots\quad E(y_m))^{\mathrm{T}}$ 为数学期望，参照式(2.3)，可得随机向量 $\boldsymbol{Y}$ 的 $m\times m$ 阶方差-协方差阵为：

$$\boldsymbol{D}_{YY}=E\{(\boldsymbol{Y}-E(\boldsymbol{Y}))(\boldsymbol{Y}-E(\boldsymbol{Y}))^{\mathrm{T}}\}$$

$$=\begin{pmatrix}\sigma_1^2 & \sigma_{12} & \cdots & \sigma_{1m}\\ \sigma_{21} & \sigma_2^2 & \cdots & \sigma_{2m}\\ \vdots & \vdots & & \vdots\\ \sigma_{m1} & \sigma_{m2} & \cdots & \sigma_m^2\end{pmatrix}$$

将两个随机变量间的协方差 σ_{xy} 进行扩展，于是对于随机向量 $\boldsymbol{X}$ 和随机向量 $\boldsymbol{Y}$，参照式(2.1)，可定义随机向量 $\boldsymbol{Y}$ 关于向量 $\boldsymbol{X}$ 的互协方差阵 $\boldsymbol{D}_{XY}$ 为：

$$\boldsymbol{D}_{XY}=E\{(\boldsymbol{X}-E(\boldsymbol{X}))(\boldsymbol{Y}-E(\boldsymbol{Y}))^{\mathrm{T}}\}=\boldsymbol{D}_{YX}^{\mathrm{T}}$$

$$=\begin{pmatrix}\sigma_{x_1y_1} & \sigma_{x_1y_2} & \cdots & \sigma_{x_1y_m}\\ \sigma_{x_2y_1} & \sigma_{x_2y_2} & \cdots & \sigma_{x_2y_m}\\ \vdots & \vdots & & \vdots\\ \sigma_{x_ny_1} & \sigma_{x_ny_2} & \cdots & \sigma_{x_ny_m}\end{pmatrix} \tag{2.6}$$

可见，互协方差阵 $\boldsymbol{D}_{XY}$ 中的元素是 $\boldsymbol{X}$ 和 $\boldsymbol{Y}$ 这两个随机向量中两两随机变量的协方差。当 $\boldsymbol{X}$ 和 $\boldsymbol{Y}$ 的维数 $m=n=1$ 时，即得式(2.1)。若 $\boldsymbol{D}_{XY}=\boldsymbol{0}$，它表示向量 $\boldsymbol{X}$ 与向量 $\boldsymbol{Y}$ 是相互独立的两个向量。

2.1.3　协方差传播律

1. 观测值线性函数的方差

设因变量 z 为 n 个随机变量 x_i 的线性函数，其数学表示形式为：

$$z=k_1x_1+k_2x_2+\cdots+k_nx_n+k_0 \tag{2.7}$$

式中：k 为没有误差的常数，x 为观测值。

现用行向量 $\boldsymbol{K}=(k_1\quad k_2\quad\cdots\quad k_n)$ 和列向量 $\boldsymbol{X}=(x_1\quad x_2\quad\cdots\quad x_n)^{\mathrm{T}}$ 来表示，则上式

的矩阵形式为：

$$\underset{1\times1}{z}=\underset{1\times n}{K}\underset{n\times1}{X}+\underset{1\times1}{k_0} \tag{2.8}$$

现在由方差的定义求变量 z 的方差为：

$$\underset{1\times1}{D_{zz}}=\sigma_Z^2=E\{(z-E(z))(z-E(z))^{\mathrm{T}}\} \tag{2.9}$$

根据随机向量数学期望的三个主要性质：

(1)$E(\boldsymbol{K})=\boldsymbol{K}$，

(2)$E(\boldsymbol{KX})=\boldsymbol{K}E(\boldsymbol{X})$，

(3)$E(\boldsymbol{AX}+\boldsymbol{BY})=\boldsymbol{A}E(\boldsymbol{X})+\boldsymbol{B}E(\boldsymbol{Y})$，

式中：$\boldsymbol{K}$、$\boldsymbol{A}$ 和 $\boldsymbol{B}$ 均为常量或常量矩阵。则将 $E(z)=E(\boldsymbol{KX}+\boldsymbol{k}_0)=\boldsymbol{K}E(\boldsymbol{X})+\boldsymbol{k}_0$ 代入式(2.9)并整理有：

$$\begin{aligned}\underset{1\times1}{D_{zz}}&=E\{(\boldsymbol{KX}-\boldsymbol{K}E(\boldsymbol{X}))(\boldsymbol{KX}-\boldsymbol{K}E(\boldsymbol{X}))^{\mathrm{T}}\}=E\{\boldsymbol{K}(\boldsymbol{X}-E(\boldsymbol{X}))(\boldsymbol{X}-E(\boldsymbol{X}))^{\mathrm{T}}\boldsymbol{K}^{\mathrm{T}}\}\\&=\boldsymbol{K}E\{(\boldsymbol{X}-E(\boldsymbol{X}))(\boldsymbol{X}-E(\boldsymbol{X}))^{\mathrm{T}}\}\boldsymbol{K}^{\mathrm{T}}=\boldsymbol{K}\boldsymbol{D}_{XX}\boldsymbol{K}^{\mathrm{T}}\end{aligned} \tag{2.10}$$

将行向量 $\boldsymbol{K}$ 和方差阵 $\boldsymbol{D}_{XX}$ 关系式代入上式，得方差 $\boldsymbol{D}_{zz}$ 的纯量展开式：

$$\begin{aligned}\sigma_z^2=&k_1^2\sigma_1^2+2k_1k_2\sigma_{12}+2k_1k_3\sigma_{13}+\cdots+2k_1k_n\sigma_{1n}\\&+k_2^2\sigma_2^2+2k_2k_3\sigma_{23}+2k_2k_4\sigma_{24}+\cdots+2k_2k_n\sigma_{2n}\\&\ddots\\&+k_{n-1}^2\sigma_{n-1}^2+2k_{n-1}k_n\sigma_{n-1n}\\&+k_n^2\sigma_n^2\end{aligned} \tag{2.11}$$

特例 1 当随机向量 $\boldsymbol{X}$ 中的各个分量 x_i 两两相互独立时，它们之间的协方差为 0，方差阵为对角阵，此时 Z 的方差由上式变为：

$$\sigma_z^2=k_1^2\sigma_1^2+k_2^2\sigma_2^2+\cdots+k_n^2\sigma_n^2 \tag{2.12}$$

即多个独立观测值的代数和的方差，等于各个观测值方差之和。

特例 2 在上述情况下，当各观测值的精度相同，且系数均为 1 时，若设中误差为 σ，则

$$\sigma_z^2=\sigma_1^2+\sigma_2^2+\cdots+\sigma_n^2=n\sigma^2 \tag{2.13}$$

☞ **【例 2.1】** 用长度为 L 的钢尺量距，连续丈量了 N 个尺段。已知每一尺段的距离都是独立观测值，且其中误差均为 m，求全长 S 的中误差。

解 由于共丈量了 N 个尺段，故全长

$$S=L_1+L_2+\cdots+L_N$$

由式(2.13)知，

$$m_S^2=Nm^2$$

或

$$m_S=\sqrt{N}m$$

☞ **【例 2.2】** 设有观测值 L_1、L_2 和 L_3 的函数 $F=L_1+2L_2-3L_3$，已知其方差分别为 $\sigma_1^2=4$，$\sigma_2^2=2$，$\sigma_3^2=3$，两两之间的协方差分别为 $\sigma_{12}=0$，$\sigma_{13}=1$，$\sigma_{23}=0$，求函数 F 的方差。

解 由方差阵的定义知，观测值的方差阵为：

$$\boldsymbol{D}_{LL}=\begin{pmatrix}4&0&1\\0&2&0\\1&0&3\end{pmatrix}$$

函数 F 可表示为：

$$F=L_1+2L_2-3L_3=(1\quad 2\quad -3)\begin{pmatrix}L_1\\L_2\\L_3\end{pmatrix}=\boldsymbol{KL}$$

由式(2.10)有

$$\boldsymbol{D}_{FF}=\boldsymbol{K}\boldsymbol{D}_{LL}\boldsymbol{K}^{\mathrm{T}}=(1\quad 2\quad -3)\begin{pmatrix}4&0&1\\0&2&0\\1&0&3\end{pmatrix}\begin{pmatrix}1\\2\\-3\end{pmatrix}=33$$

2. 多个观测值线性函数的协方差

上面讨论了随机向量 $\boldsymbol{X}$ 的一个线性函数的方差计算问题，现设有随机向量 $\boldsymbol{X}$ 的 t 个线性函数形式如下：

$$\begin{cases}z_1=k_{11}x_1+k_{12}x_2+\cdots+k_{1n}x_n+k_{10}\\z_2=k_{21}x_1+k_{22}x_2+\cdots+k_{2n}x_n+k_{20}\\\quad\vdots\\z_t=k_{t1}x_1+k_{t2}x_2+\cdots+k_{tn}x_n+k_{t0}\end{cases}\tag{2.14}$$

若记 $\boldsymbol{Z}=\begin{pmatrix}z_1\\z_2\\\vdots\\z_t\end{pmatrix}$，$\boldsymbol{K}=\begin{pmatrix}k_{11}&k_{12}&\cdots&k_{1n}\\k_{21}&k_{22}&\cdots&k_{2n}\\\vdots&\vdots&&\vdots\\k_{t1}&k_{t2}&\cdots&k_{tn}\end{pmatrix}$，$\boldsymbol{X}=\begin{pmatrix}x_1\\x_2\\\vdots\\x_n\end{pmatrix}$，$\boldsymbol{K}_0=\begin{pmatrix}k_{10}\\k_{20}\\\vdots\\k_{t0}\end{pmatrix}$，则上式可表示为：

$$\underset{t\times1}{\boldsymbol{Z}}=\underset{t\times n}{\boldsymbol{K}}\,\underset{n\times1}{\boldsymbol{X}}+\underset{t\times1}{\boldsymbol{K}_0}\tag{2.15}$$

根据式(2.10)的思路推导，向量 $\boldsymbol{Z}$ 的方差为：

$$\underset{t\times t}{\boldsymbol{D}_{ZZ}}=E\{(\boldsymbol{Z}-E(\boldsymbol{Z}))(\boldsymbol{Z}-E(\boldsymbol{Z}))^{\mathrm{T}}\}$$

考虑到随机向量 $\boldsymbol{Z}$ 的数学期望 $E(\boldsymbol{Z})=E(\boldsymbol{KX}+\boldsymbol{K}_0)=\boldsymbol{K}E(\boldsymbol{X})+\boldsymbol{K}_0$，于是，

$$\underset{t\times t}{\boldsymbol{D}_{ZZ}}=E\{\boldsymbol{K}(\boldsymbol{X}-E(\boldsymbol{X}))(\boldsymbol{X}-E(\boldsymbol{X}))^{\mathrm{T}}\boldsymbol{K}^{\mathrm{T}}\}=\boldsymbol{K}\boldsymbol{D}_{XX}\boldsymbol{K}^{\mathrm{T}}\tag{2.16}$$

说明：随机向量 $\boldsymbol{X}$ 的一个线性函数与多个线性函数的方差公式，在形式上完全是一样的，只是维数不同而已。不难看出，式(2.10)是式(2.16)在 $t=1$ 时的特例。

设有另一随机向量 $\boldsymbol{X}$ 的 s 个线性函数 $\boldsymbol{Y}$ 如下：

$$\underset{s\times1}{\boldsymbol{Y}}=\underset{s\times n}{\boldsymbol{A}}\,\underset{n\times1}{\boldsymbol{X}}+\underset{s\times1}{\boldsymbol{A}_0}\tag{2.17}$$

则向量 $\boldsymbol{Y}$ 的方差，以及与 $\boldsymbol{Z}$ 之间的协方差阵(推证从略)为：

$$\begin{cases}\underset{s\times s}{\boldsymbol{D}_{YY}}=E\{(\boldsymbol{Y}-E(\boldsymbol{Y}))(\boldsymbol{Y}-E(\boldsymbol{Y}))^{\mathrm{T}}\}=\boldsymbol{A}\boldsymbol{D}_{XX}\boldsymbol{A}^{\mathrm{T}}\\\underset{s\times t}{\boldsymbol{D}_{YZ}}=E\{(\boldsymbol{Y}-E(\boldsymbol{Y}))(\boldsymbol{Z}-E(\boldsymbol{Z}))^{\mathrm{T}}\}=\boldsymbol{A}\boldsymbol{D}_{XX}\boldsymbol{K}^{\mathrm{T}}\\\underset{t\times s}{\boldsymbol{D}_{ZY}}=E\{(\boldsymbol{Z}-E(\boldsymbol{Z}))(\boldsymbol{Y}-E(\boldsymbol{Y}))^{\mathrm{T}}\}=\boldsymbol{K}\boldsymbol{D}_{XX}\boldsymbol{A}^{\mathrm{T}}\end{cases}\tag{2.18}$$

通常将式(2.10)、式(2.16)和式(2.18)统称为**方差-协方差传播律**。

☞ **【例 2.3】** 以等精度观测了三角形的三个内角 L_1、L_2 和 L_3，其方差都是 σ^2，设

观测值间是相互独立的,将闭合差反号平均分配到各观测角,试求分配之后的三角形三个内角 $\hat{L}_1$,$\hat{L}_2$ 和 $\hat{L}_3$ 的方差。

解 计算三角形闭合差为

$$W=L_1+L_2+L_3-180^\circ$$

反号平均分配闭合差之后三角形三个内角:

$$\hat{L}_1=L_1-\frac{W}{3}=\frac{1}{3}(2L_1-L_2-L_3)+60^\circ$$

$$\hat{L}_2=L_2-\frac{W}{3}=\frac{1}{3}(-L_1+2L_2-L_3)+60^\circ$$

$$\hat{L}_3=L_3-\frac{W}{3}=\frac{1}{3}(-L_1-L_2+2L_3)+60^\circ$$

上式的矩阵表示形式为:

$$\underset{3\times1}{\hat{\boldsymbol{L}}}=\underset{3\times3}{\boldsymbol{A}}\,\underset{3\times1}{\boldsymbol{L}}+\underset{3\times1}{\boldsymbol{A}_0}$$

式中:$\hat{\boldsymbol{L}}=\begin{pmatrix}\hat{L}_1\\ \hat{L}_2\\ \hat{L}_3\end{pmatrix}$,$\boldsymbol{A}=\frac{1}{3}\begin{pmatrix}2&-1&-1\\-1&2&-1\\-1&-1&2\end{pmatrix}$,$\boldsymbol{A}_0=\begin{pmatrix}60^\circ\\60^\circ\\60^\circ\end{pmatrix}$,$\boldsymbol{L}=\begin{pmatrix}L_1\\L_2\\L_3\end{pmatrix}$。

由题意知,$\boldsymbol{D}_{LL}=\begin{pmatrix}\sigma^2&0&0\\0&\sigma^2&0\\0&0&\sigma^2\end{pmatrix}$,应用协方差传播律得:

$$\boldsymbol{D}_{\hat{L}\hat{L}}=\begin{pmatrix}\sigma_{\hat{L}1}^2&\sigma_{\hat{L}1\hat{L}2}&\sigma_{\hat{L}1\hat{L}3}\\ \sigma_{\hat{L}2\hat{L}1}&\sigma_{\hat{L}2}^2&\sigma_{\hat{L}2\hat{L}3}\\ \sigma_{\hat{L}3\hat{L}1}&\sigma_{\hat{L}3\hat{L}2}&\sigma_{\hat{L}3}^2\end{pmatrix}=\boldsymbol{A}\boldsymbol{D}_{LL}\boldsymbol{A}^{\mathrm{T}}$$

$$=\frac{1}{9}\begin{pmatrix}2&-1&-1\\-1&2&-1\\-1&-1&2\end{pmatrix}\begin{pmatrix}\sigma^2&0&0\\0&\sigma^2&0\\0&0&\sigma^2\end{pmatrix}\begin{pmatrix}2&-1&-1\\-1&2&-1\\-1&-1&2\end{pmatrix}$$

$$=\frac{\sigma^2}{3}\begin{pmatrix}2&-1&-1\\-1&2&-1\\-1&-1&2\end{pmatrix}$$

说明:原先观测值的方差为$\boldsymbol{\sigma}^2$,经过闭合差平均分配之后,其角度的方差变为$\frac{2}{3}\boldsymbol{\sigma}^2$,表明分配之后的角度的精度较分配之前角度的精度提高了;另外,原先的独立观测值,在平均分配之后其角度变为两两相关的,即不独立。

3. 非线性函数情况下的协方差传播律

前面在讨论协方差传播时,都是从线性函数入手的,但在测量工作中经常遇到一些非线性函数。设随机向量 $\boldsymbol{X}$ 的非线性函数一般形式为：

$$Z=f(\boldsymbol{X})=f(x_1,x_2,\cdots,x_n) \tag{2.19}$$

对于这类函数，如何根据已知 $\underset{n\times 1}{\boldsymbol{X}}$ 的协方差阵 $\boldsymbol{D}_{XX}$，求 Z 的协方差阵 $\boldsymbol{D}_{ZZ}$ 呢？

我们仍然可仿照线性函数的方法进行讨论。当然只有将它们线性化后，才能应用上述协方差传播律。

为了将上式线性化，根据泰勒公式，将函数 Z 在观测值 $\underset{n\times 1}{\boldsymbol{X}}$ 的近似值 $x_1^0,x_2^0,\cdots,x_n^0$ 附近进行展开，仅取一次项，则有：

$$Z=f(x_1^0,x_2^0,\cdots,x_n^0)+\left(\frac{\partial f}{\partial x_1}\right)_0(x_1-x_1^0)+\left(\frac{\partial f}{\partial x_2}\right)_0(x_2-x_2^0)+\cdots+\left(\frac{\partial f}{\partial x_n}\right)_0(x_n-x_n^0) \tag{2.20}$$

式中：$\left(\frac{\partial f}{\partial x_i}\right)_0$ 是函数对各个变量的一阶偏导数，并以近似值 x^0 代入所算得的数值，它们都是常数。

令 $k_i=\left(\frac{\partial f}{\partial x_i}\right)_0$，$k_0=f(x_1^0,x_2^0,\cdots,x_n^0)-\sum\limits_{i=1}^{n}(\frac{\partial f}{\partial x_i})_0 x_i^0$，则：

$$Z=k_1x_1+k_2x_2+\cdots+k_nx_n+k_0 \tag{2.21}$$

其矩阵形式为：

$$\underset{1\times 1}{\boldsymbol{Z}}=\underset{1\times n}{\boldsymbol{K}}\underset{n\times 1}{\boldsymbol{X}}+\underset{1\times 1}{\boldsymbol{k}_0}$$

这样就将非线性函数(2.19)化成了线性函数(2.21)，可按式(2.10)求得 $\boldsymbol{Z}$ 的方差 $\boldsymbol{D}_{ZZ}$ 为

$$\underset{1\times 1}{\boldsymbol{D}_{ZZ}}=\boldsymbol{K}\boldsymbol{D}_{XX}\boldsymbol{K}^{\mathrm{T}} \tag{2.22}$$

非线性函数式(2.19)的全微分

$$\mathrm{d}Z=\left(\frac{\partial f}{\partial x_1}\right)_0\mathrm{d}x_1+\left(\frac{\partial f}{\partial x_2}\right)_0\mathrm{d}x_2+\cdots+\left(\frac{\partial f}{\partial x_n}\right)_0\mathrm{d}x_n \tag{2.23}$$

可写成如下形式：

$$\mathrm{d}Z=k_1\mathrm{d}x_1+k_2\mathrm{d}x_2+\cdots+k_n\mathrm{d}x_n=\boldsymbol{K}\mathrm{d}\boldsymbol{X} \tag{2.24}$$

由于 $\mathrm{d}x_i=x_i-x_i^0$，即 x 与 $\mathrm{d}x$ 具有相同的方差，因此有 $\boldsymbol{D}_{ZZ}=\boldsymbol{K}\boldsymbol{D}_{XX}\boldsymbol{K}^{\mathrm{T}}$。可见使用全微分与按泰勒级数展开求非线性函数的方差完全相同。

说明：求非线性函数的方差，可以先列出函数式，然后求全微分，再应用协方差传播律求其方差。如果要求随机向量 $\boldsymbol{X}$ 的 t 个非线性函数的协方差，应先对 t 个函数求全微分，再应用协方差传播律求其协方差。

☞ **【例 2.4】** 设有观测向量 $\underset{3\times 1}{\boldsymbol{L}}$，已知其方差阵为 $\underset{3\times 1}{\boldsymbol{D}_{LL}}=\begin{pmatrix}4 & -1 & -1\\ -1 & 2 & 0\\ -1 & 0 & 2\end{pmatrix}$，求 L 的函数 $F=L_1^2+2L_2+L_3^{0.5}$，当 $L_1=2,L_2=3,L_3=4$ 时的方差。

解 因函数 F 是个非线性函数，先求其全微分：

$$\mathrm{d}F=2L_1\mathrm{d}L_1+2\mathrm{d}L_2+0.5L_3^{-0.5}\mathrm{d}L_3=(4\quad 2\quad 0.25)\begin{pmatrix}\mathrm{d}L_1\\ \mathrm{d}L_2\\ \mathrm{d}L_3\end{pmatrix}$$

根据方差传播律有：

$$D_{FF}=(4\quad 2\quad 0.25)\begin{pmatrix}4 & -1 & -1\\ -1 & 2 & 0\\ -1 & 0 & 2\end{pmatrix}\begin{pmatrix}4\\ 2\\ 0.25\end{pmatrix}=54.125$$

根据以上讨论可以看出,应用协方差传播律求解观测值函数的方差步骤如下：

(1)根据要求写出函数式；

(2)若是非线性函数,需要对函数求全微分；

(3)将线性函数或微分式写成矩阵形式,即 $\boldsymbol{Z}=\boldsymbol{K}\boldsymbol{X}$ 或 $\boldsymbol{Z}=\boldsymbol{K}\mathrm{d}\boldsymbol{X}$ 形式；

(4)应用协方差传播律,求函数的方差或协方差阵。

【例 2.5】 设有一导线支点,在已知点 A 上测得点 A 到支点 P 的水平距离为 800.000m,与一已知方向之间的水平角为 80°33′28″。已知测角方差为 6.25(″2),测边方差为 1.0cm^2。试求点 P 的点位方差。

解 (1)设已知点 A 的坐标为(x_A,y_A),已知方位为 T_A,则点 P 的坐标计算式为：

$$\begin{cases}x_P=x_A+s\cos(T_A+\beta)\\ y_P=y_A+s\sin(T_A+\beta)\end{cases}$$

上述非线性函数的全微分

$$\begin{pmatrix}\mathrm{d}x_P\\ \mathrm{d}y_P\end{pmatrix}=\begin{bmatrix}\cos(T_A+\beta) & -\dfrac{s}{\rho}\sin(T_A+\beta)\\ \sin(T_A+\beta) & \dfrac{s}{\rho}\cos(T_A+\beta)\end{bmatrix}\begin{pmatrix}\mathrm{d}s\\ \mathrm{d}\beta\end{pmatrix}$$

(2)用协方差传播律得

$$\begin{pmatrix}\sigma_{xx}^2 & \sigma_{xy}\\ \sigma_{yx} & \sigma_{yy}^2\end{pmatrix}_P=\begin{bmatrix}\cos(T_A+\beta) & -\dfrac{s}{\rho}\sin(T_A+\beta)\\ \sin(T_A+\beta) & \dfrac{s}{\rho}\cos(T_A+\beta)\end{bmatrix}\begin{pmatrix}\sigma_s^2 & 0\\ 0 & \sigma_\beta^2\end{pmatrix}\begin{pmatrix}\cos(T_A+\beta) & \sin(T_A+\beta)\\ -\dfrac{s}{\rho}\sin(T_A+\beta) & \dfrac{s}{\rho}\cos(T_A+\beta)\end{pmatrix}$$

展开上式,得

$$\begin{cases}\sigma_{xP}^2=\cos^2(T_A+\beta)\sigma_s^2+\left(\dfrac{s\sin(T_A+\beta)}{\rho}\right)^2\sigma_\beta^2\\ \sigma_{yP}^2=\sin^2(T_A+\beta)\sigma_s^2+\left(\dfrac{s\cos(T_A+\beta)}{\rho}\right)^2\sigma_\beta^2\end{cases}$$

(3)由上式,并将已知数据代入,得点位中误差

$$\begin{aligned}\sigma_P&=\sqrt{\sigma_{xP}^2+\sigma_{yP}^2}=\sqrt{\sigma_s^2+\frac{s^2}{\rho^2}\sigma_\beta^2}\\ &=\sqrt{1.0+\frac{800^2}{2062.65^2}\times 6.25}\ \mathrm{cm}=1.39\mathrm{cm}\end{aligned}\tag{2.25}$$

2.1.4　误差传播律在测量中的应用

1. 水准测量的精度

图 2.1 中，设从 A 到 B 经过 N 个测站，测定两水准点间的高差，且第 i 站的观测高差为 h_i，于是，A、B 两点间的总高差 h_{AB} 为：

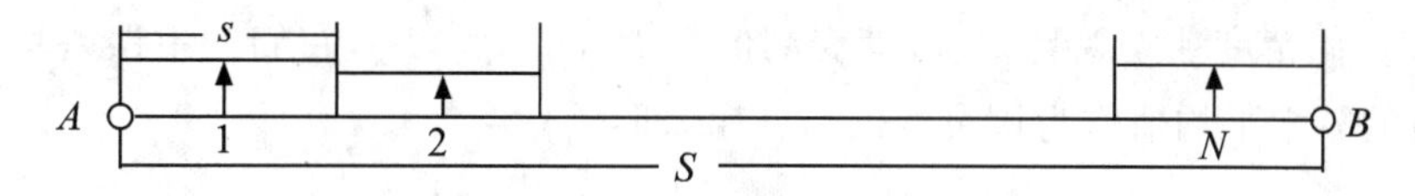

图 2.1　水准测量示意图

$$h_{AB}=h_1+h_2+\cdots+h_N$$

各测站观测高差的精度相同，其中误差为 $\sigma_{站}$，根据式(2.13)，可得 h_{AB} 的中误差为：

$$\sigma_{h_{AB}}=\sqrt{N}\sigma_{站} \tag{2.26}$$

若水准路线布设在平坦地区，则各测站的距离 s 大致相等，令 A、B 两点之间的距离为 S，则测站数 $N=S/s$，代入式(2.26)得：

$$\sigma_{h_{AB}}=\sqrt{\frac{S}{s}}\sigma_{站} \tag{2.27}$$

如果 S 及 s 均以千米为单位，则 $1/s$ 表示单位距离(1km)的测站数，相应的中误差就是单位距离观测高差的中误差。令

$$\sigma_{km}=\sqrt{\frac{1}{s}}\sigma_{站} \tag{2.28}$$

则

$$\sigma_{h_{AB}}=\sqrt{S}\sigma_{km} \tag{2.29}$$

式(2.26)和式(2.29)是水准测量中计算高差中误差的基本公式。

由以上两式可以看出：当各测站高差的观测精度相同时，水准测量中高差的中误差与测站数的平方根成正比；当各测站的距离大致相等时，水准测量中高差的中误差与距离的平方根成正比。

2. 导线方位角的精度

如图 2.2 所示的支导线，以同样的精度测得 n 个转折角(左角)$\beta_1,\beta_2,\cdots,\beta_n$，它们的中误差均为 σ_β。第 n 条导线边的坐标方位角为：

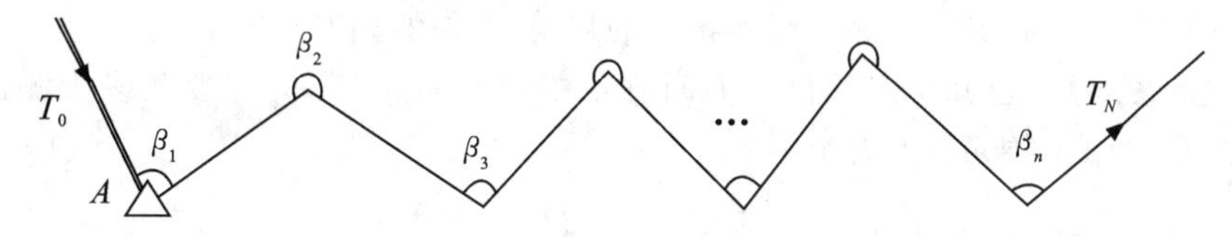

图 2.2　导线测量

$$T_N = T_0 + \beta_1 + \beta_2 + \cdots + \beta_n \pm n \times 180^\circ$$

式中:T_0 为已知坐标方位角,设为无误差,则第 n 条边的坐标方位角的中误差为:

$$\sigma_{T_N} = \sqrt{n}\sigma_\beta \tag{2.30}$$

式(2.30)表明,支导线中第 n 条导线边的坐标方位角的中误差,等于各转折角之中误差的 $\sqrt{n}$ 倍,n 为转折角的个数。

3. 同精度独立观测值的算术平均值的精度

设对某量同精度独立观测 n 次,其观测值为 $L_1, L_2, \cdots, L_n$,它们的中误差均等于 σ,取 n 个观测值的算术平均值作为该量的最后结果,即:

$$X = \frac{[L]}{n} = \frac{1}{n}L_1 + \frac{1}{n}L_2 + \cdots + \frac{1}{n}L_n \tag{2.31}$$

由方差传播律公式知:

$$\sigma_X^2 = n \times \frac{1}{n^2}\sigma^2 = \frac{1}{n}\sigma^2$$

故

$$\sigma_X = \frac{\sigma}{\sqrt{n}} \tag{2.32}$$

即 n 个同精度观测值的算术平均值的中误差等于各观测值的中误差除以 $\sqrt{n}$。

4. 若干个独立误差的联合影响

测量工作中经常会遇到这种情况:一个观测结果同时受到许多独立误差的联合影响。例如角度观测会受到整平误差、对中误差、照准误差、读数误差等的影响。在这种情况下,观测结果的真误差可以看成各个独立误差的代数和,即:

$$\Delta_Z = \Delta_1 + \Delta_2 + \cdots + \Delta_n \tag{2.33}$$

由于这些真误差是相互独立的,故各种误差的出现具有偶然性质。由误差传播律可以得出:

$$\sigma_Z^2 = \sigma_1^2 + \sigma_2^2 + \cdots + \sigma_n^2 \tag{2.34}$$

即观测结果的中误差的平方等于各独立误差所对应的中误差的平方和。这就是若干个独立误差的联合影响。

5. 确定部分观测值的精度

误差传播律是用来确定观测值及其函数间的精度关系的。一般情况下的应用是已知观测值的精度,来求观测值函数的精度。但在测量实际工作中,经常会出现为了使观测值函数的精度达到某一预定值的要求,反推观测值应具有的精度,即已知观测值函数的精度,求部分观测精度。在制定有关测量观测精度的规范中常用这种方法。

☞ **【例 2.6】** 已知某经纬仪一测回测角中误差 $m_\beta = 3''$,问需要测多少测回才能满足角度平均值的中误差 m_X 不大于 $1''$?

解 设需要 n 个测回,由式(2.32)知 $m_X = \frac{m_\beta}{\sqrt{n}}$,于是

$$n=\frac{m_{\beta}^{2}}{m_{X}^{2}}=\frac{3^{2}}{1^{2}}=9$$

即至少需要观测9个测回，才能满足角度平均值的中误差不大于1″的要求。

任务2.2　权与定权的常用方法

一定的观测条件对应着一定的误差分布，而一定的误差分布就对应着一个确定的方差（或中误差）。因此，方差是表征精度的一个绝对的数字指标。为了比较各观测值之间的精度，除可以应用方差之外，还可以通过方差之间的比例关系来衡量观测值之间的精度的高低。这种表示各观测值方差之间比例关系的数字特征称为**权**。所以，权是表征精度的相对的数字指标。

在实际测量工作中，平差计算之前，精度的绝对数字指标（方差）往往是不知道的，而精度的相对的数字指标（权）却可以根据事先给定的条件予以确定，然后根据平差的结果进而求出表征精度的绝对的数字指标（方差）。因此，权在平差计算中将起着很重要的作用。

2.2.1　权的定义

设有观测值 $L_i(i=1,2,\cdots,n)$，它们的方差为 $\sigma_i^2(i=1,2,\cdots,n)$，选定任一不等于零的常数 σ_0，则定义

$$p_i=\frac{\sigma_0^2}{\sigma_i^2} \tag{2.35}$$

称 p_i 为观测值 L_i 的**权**。

由权的定义式可以看出，观测值的权 p_i 与方差 σ_i^2 成反比。方差（或中误差）越小，其权越大，或者说，精度越高，其权越大。所以，权的大小也可以衡量观测值本身精度的高低。但由于 σ_0 可以任意选定，故观测值的权不是唯一的，是随着 σ_0 的不同而异的。就是说，选定了一个 σ_0，就有一组对应的权。

由定义不难看出各观测值的权之间的比例关系为：

$$p_1:p_2:\cdots:p_n=\frac{\sigma_0^2}{\sigma_1^2}:\frac{\sigma_0^2}{\sigma_2^2}:\cdots:\frac{\sigma_0^2}{\sigma_n^2}=\frac{1}{\sigma_1^2}:\frac{1}{\sigma_2^2}:\cdots:\frac{1}{\sigma_n^2} \tag{2.36}$$

上式表明，对于一组观测值，其权之比等于相应方差的倒数之比，与常数 σ_0 无关。这进一步说明，虽然权的大小与 σ_0 的选取有关，但权比却不变。权的意义就在于这种相对性，它的作用是衡量观测值之间的相对精度。因此，常称观测值的权为观测值的相对精度指标，而称观测值的方差为绝对精度指标。

提示：式中的方差 σ_i^2 可以是同一个量的观测值的方差，也可以是不同量的观测值的方差。就是说，用权来比较各观测值之间的精度高低，不限于对同一量的观测值，同样也适用于对不同量的观测值。

在式(2.35)中，σ_0 是可以任意选定的常数。例如在图2.3的水准路线网（简称水准网）中，已知各条路线的距离分别为：

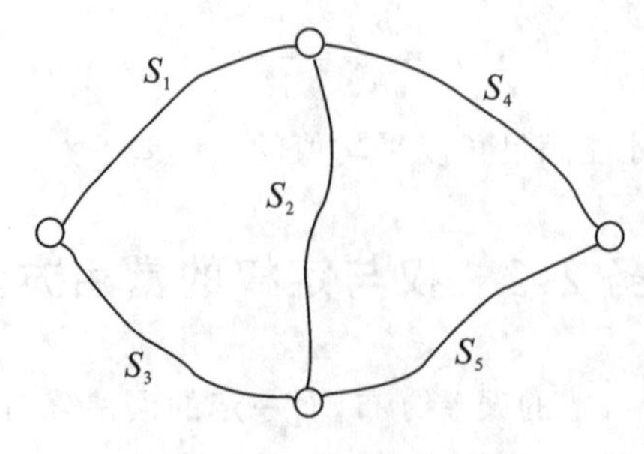

图 2.3　水准路线网

$$S_1=1.5\text{km},S_2=2.5\text{km},S_3=2.0\text{km},S_4=4.0\text{km},S_5=3.0\text{km}$$

在水准网中,如果我们并不知道每千米观测高差中误差的具体数值,而只知道每千米观测高差的精度相同。例如,水准网中的所有水准路线都是按同一等级的水准测量规范的技术要求进行观测的,那么,一般就可认为每千米观测高差是同精度的。此时若假定每千米观测高差的中误差为 σ_{km},则根据协方差传播律可知,各线路观测高差的中误差为:

$$\sigma_1=\sqrt{1.5}\sigma_{\text{km}},\sigma_2=\sqrt{2.5}\sigma_{\text{km}},\sigma_3=\sqrt{2.0}\sigma_{\text{km}},\sigma_4=\sqrt{4.0}\sigma_{\text{km}},\sigma_5=\sqrt{3.0}\sigma_{\text{km}}$$

如令 $\sigma_0=\sigma_5=\sqrt{3.0}\sigma_{\text{km}}$,则得

$$p_1=2.0,p_2=1.2,p_3=1.5,p_4=0.75,p_5=1.0$$

可以看出,在上述事先给定的条件(即每千米观测高差的精度相同,各线路的距离不等)之下,由于 $\sigma_i=\sqrt{S_i}\sigma_{\text{km}}$,其中 σ_{km} 是一个定值,S_i 为第 i 条线路的千米数,当 S_i 愈短,则 σ_i 愈小,而其对应的权则愈大,反之亦然。所以,权的大小可以反映各观测高差的精度高低。

若另选 $\sigma'_0=\sigma_1=\sqrt{1.5}\sigma_{\text{km}}$,则得

$$p'_1=1.0,\ p'_2=0.6,\ p'_3=0.75,\ p'_4=0.375,\ p'_5=0.5$$

这一组权虽然由于所取的 σ_0 值不同,其大小与前一组不同,但它们同样能反映各观测高差间的精度高低。

由以上例子可知,对于一组已知中误差的观测值而言:

(1)选定了一个 σ_0 值,即有一组对应的权;或者说,有一组权,必有一个对应的 σ_0 值。

(2)一组观测值的权,其大小是随 σ_0 的不同而异的,但不论 σ_0 选用何值,权之间的比例关系始终不变。如果设观测值 $L_i\ (i=1,2,\cdots,n)$ 对于选定的 σ_0 和 σ'_0 的权分别为 p_i 和 $p'_i\ (i=1,2,\cdots,n)$,则有关系式 $p_1:p_2:\cdots:p_n=p'_1:p'_2:\cdots:p'_n$。

例如,前述的两组权之比为

$$2.0:1.2:1.5:0.75:1.0=1.0:0.6:0.75:0.375:0.5$$

(3)为了使权能起到比较精度高低的作用,在同一问题中只能选定一个 σ_0 值,不能同时选用几个不同的 σ_0 值,否则就破坏了权之间的比例关系。

(4)只要事先给定了一定的条件,例如,已知每千米观测高差的精度相同和各水准线路的千米数,则不一定要知道每千米观测高差精度的具体数值,就可以确定出权的数值。

由以上讨论可知,方差是用来反映观测值的绝对精度的,而权仅是用来比较各观测值相互之间精度高低的比例数。因而,权的意义,不在它们本身数值的大小,而重要的是它们

之间所存在的比例关系。

2.2.2　单位权中误差

从以上所述来看，σ_0 只起着一个比例常数的作用，而 σ_0 值一经选定，它还有着具体的含义。下面阐述 σ_0 的具体内容和含义。

在上述水准网前一组权 p_i 的定义中，因令 $\sigma_0=\sigma_5$，实际上就是以 h_s 的精度作为标准，其他观测高差的精度都和它进行比较。打个比方：我们做一杆秤，需要一个秤砣来称其他物体的重量一样，这里的砣就是这杆秤的单位重量标准，显然不同的砣就有了不同的单位标准。这里相当于把 σ_5 作为"秤砣"，它是衡量精度的单位标准。因此，h_s 的权 $p_s=1$，而其他的观测高差的权，则是以 p_s 作为单位而确定出来的。同样，在后一组权 p'_1 的定义中，因令 $\sigma_0=\sigma_1$，故 $p'_1=1$，其他观测高差的权，就是以 p'_1 作为单位而确定出来的。

由此可见，凡是中误差等于 σ_0 的观测值，其权必然等于1；或者说，权为1的观测值的中误差必然等于 σ_0。因此，通常称 σ_0 为**单位权中误差**，而 σ_0^2 称为**单位权方差或方差因子**，把权等于1的观测值，称为**单位权观测值**。

在上例中，前一组权中的 $p_s=1$，此时是令 $\sigma_0=\sigma_5$，所以 σ_5 就是单位权中误差，h_5 就是单位权观测值；而后一组中的 $p'_1=1$，此时是令 $\sigma_0=\sigma_1$，所以 σ_1 就是单位权中误差，h_1 就是单位权观测值。

因为 σ_0 可以是任意选定的某一常数，故所选定的 σ_0 也可能不等于某一个具体观测值的中误差。例如，对于上述水准网，若选定 $\sigma_0=\sqrt{6.0}\sigma_{km}$，则可求得一组权为：

$$p_1''=4.0, p_2''=2.4, p_3''=3.0, p_4''=1.5, p_5''=2.0$$

这时，σ_0 不再是五个观测值中某一个的中误差。因而，也就不出现数值为1的权。为了实际的需要或计算上的方便，可以选取某一假定的观测值作为单位权观测值，以这个假定观测值的中误差作为单位权中误差。如这里选 $\sigma_0=\sqrt{6.0}\sigma_{km}$，它是代表路线长度为6km的观测高差的中误差，因此，路线长度为6km的观测高差就是单位权观测值，它的中误差就是单位权中误差。

在确定一组同类元素的观测值的权时，所选取的单位权中误差 σ_0 的单位，一般是与观测值中误差的单位相同的。由于权是单位权中误差平方与观测值中误差平方之比，所以，权一般是一组无量纲的数值，也就是说，在这种情况下权是没有单位的。但如果需要确定权的观测值（或它们的函数）包含两种以上的不同类型元素时，情况就不同了。例如，要确定其权的观测值（或它们的函数）包含角度和长度，它们的中误差的单位分别为"秒"和"毫米"，若选取的单位权中误差的单位是秒，即与角度观测值之中误差单位相同，那么，各个角度观测值的权是无量纲（或无单位）的，而长度观测值的权的量纲则为"$('')^2/mm^2$"。这种情况在平差计算中是常常会遇到的。

2.2.3　测量上确定权的常用方法

前面已经提到，在测量实际工作中，往往是要根据事先给定的条件，先确定出各观测值的权,也就是先确定它们精度的相对数字指标,然后通过平差计算,一方面求出各观测值的最可靠值,另一方面求出它们精度的绝对数字指标。下面从权的定义式(2.35)和式(2.36)出发,对于测量作业中经常遇到的几种情况,导出其定权公式。这些定权方法称为定权的常用方法,需要记住。

1. 水准测量的权

设水准网中有 n 条水准路线,现沿每一条路线测定两点间的高差,得各路线的观测高差分别为 $h_1,h_2,\cdots,h_n$,各路线的测站数分别为 $N_1,N_2,\cdots,N_n$。若每测站观测高差的精度相同,其中误差均为 $\sigma_{站}$,则由式(2.26)知,各路线观测高差的中误差为

$$\sigma_i=\sqrt{N_i}\sigma_{站}\quad(i=1,2,\cdots,n)\tag{2.37}$$

如以 p_i 代表 h_i 的权,并设单位权中误差为

$$\sigma_0=\sqrt{C}\sigma_{站}\tag{2.38}$$

则将以上两式代入式(2.35)可得

$$p_i=\frac{C}{N_i}\quad(i=1,2,\cdots,n)\tag{2.39}$$

且有关系

$$p_1:p_2:\cdots:p_n=\frac{C}{N_1}:\frac{C}{N_2}:\cdots:\frac{C}{N_n}=\frac{1}{N_1}:\frac{1}{N_2}:\cdots:\frac{1}{N_n}\tag{2.40}$$

即当各测站的观测高差为同精度时,各路线的权与测站数成反比。

由式(2.39)可知,如果某段高差的测站数 $N_i=1$,则它的权为 $p_i=C$;而当 $p_i=1$ 时,有 $N_i=C$。可见,常数 C 有两个意义:

(1)C 是1测站的观测高差的权;

(2)C 是单位权观测高差的测站数。

如果水准测量中,已知单位距离(水准测量一般指1km)的观测高差中误差相等,设为 σ_{km},则距离为 S_i 的第 i 测段高差中误差,根据式(2.29)知:

$$\sigma_i=\sqrt{S_i}\sigma_{km}\tag{2.41}$$

令 $\sigma_0=\sqrt{C}\sigma_{km}$,则可得到水准测量定权的另一种实用公式

$$p_i=\frac{C}{S_i}\tag{2.42}$$

这里常数 C 的意义是:

(1)C 是单位长度(1km)观测高差的权;

(2)C 是单位权观测高差的路线距离。

说明:在水准测量中,究竟是用水准路线的距离 S 定权,还是用测站数 N 定权?这要视具体情况而定。一般来说,起伏不大的地区,每千米的测站数大致相同,则可按水准路线的距离定权;而在起伏较大的地区,每千米的测站数相差较大,则按测站数定权。

2. 丈量距离的权

在用钢尺丈量距离时,如果单位距离的丈量中误差均相等,设为 σ,则类似水准测量高

差中误差公式的推导，长度为 S_i 的距离的中误差为

$$\sigma_i=\sqrt{S_i}\sigma \tag{2.43}$$

其形式与式(2.29)相同，同样令 $\sigma_0=\sqrt{C}\sigma$，则也可得到与水准测量按距离定权相类似的定权公式为

$$p_i=\frac{C}{S_i} \tag{2.44}$$

类似地，这里的 C 是单位长度的丈量距离之权，也是单位权观测值的长度。

以上讨论了水准测量和距离丈量的定权问题，这两种测量具有共同的特点：

(1)观测值(高差和距离)是若干个基本观测值(一个测站或单位距离的高差，单位距离)的代数和；

(2)各基本观测值的精度相同。

基于以上两个特点，它们的定权公式具有类似的形式。权的大小取决于 C 值的大小，C 可以任意假定；但不论 C 取何值，权的比例关系不会改变，C 一经确定，单位权观测值也随之确定了。

3. 同精度观测值的算术平均值的权

设有 $L_1,L_2,\cdots,L_n$，它们分别是 $N_1,N_2,\cdots,N_n$ 次同精度观测值的平均值，若每次观测的中误差均为 σ，则由式(2.32)可知，L_i 的中误差为

$$\sigma_i=\frac{\sigma}{\sqrt{N_i}} \quad (i=1,2,\cdots,n) \tag{2.45}$$

令 $\sigma_0=\dfrac{\sigma}{\sqrt{C}}$，由权的定义可得 L_i 的权 p_i 为

$$p_i=\frac{N}{C} \quad (i=1,2,\cdots,n) \tag{2.46}$$

即由不同次数的同精度观测值所算得的算术平均值，其权与观测次数成正比。

若令 $N_i=1$，则 $C=\dfrac{1}{p_i}$；而当 $p_i=1$ 时，$C=N_i$。所以 C 也有两个意义：

(1)C 是一次观测的权倒数；

(2)C 是单位权观测值的观测次数。

显然 C 可以任意假定，而不论 C 取何值，权的比例关系不会改变，C 一经确定，单位权观测值也就确定了。

以上几种常用的定权方法的共同特点是，虽然它们都是以权的定义式(2.35)为依据的，但是在实际定权时，并不需要知道各观测值方差的具体数字，而只要应用测站数、千米数等就可以定权了。要强调的是，在用这些方法定权时，必须注意它们的前提条件，例如，用测站数来定观测高差的权时，必须满足“每测站观测高差的精度均相等”这一前提条件，否则，就不能应用这个定权公式。

由权的定义式(2.35)可知

$$\sigma_i=\frac{\sigma_0}{\sqrt{p_i}} \text{ 或 } \sigma_i=\sigma_0\sqrt{\frac{1}{p_i}} \tag{2.47}$$

这就是说,某一观测值 L_i 的中误差 σ_i,等于单位权中误差除以它的权的平方根,或者说等于单位权中误差乘以它的权倒数的平方根。其中权 p_i 是在平差前根据本节所给出的有关公式求得的,而单位权中误差 σ_0 则是在平差结尾时才能算出的,其计算公式将在以后给出,由于在实际工作中,观测值的个数总是有限的,所以一般只能求出 σ_0 的估值,这样,由式(2.47)求得的也将是 σ_i 的估值。

任务 2.3　协因数与协因数传播律

权是一种比较观测值之间精度高低的指标,当然也可以用权来比较各个观测值函数之间的精度。因此,同任务 2.1 中的方差-协方差传播律一样,也存在根据观测值的权来求观测值函数权的问题。

在前述内容中,我们是通过协方差的运算规律导出协方差传播律的。由于权与方差成反比,所以本任务不打算重复推导,而直接通过协方差传播律来导出求观测值函数权的计算法则。在导出这种法则之前,我们首先阐述协因数和协因数阵的概念。

2.3.1　协因数和协因数阵

由权的定义可知,观测值的权与它的方差成反比,设有观测值 L_i 和 L_j,它们的方差分别为 σ_i^2 和 σ_j^2,它们之间的协方差为 σ_{ij},令

$$\begin{cases} Q_{ii}=\dfrac{1}{p_i}=\dfrac{\sigma_i^2}{\sigma_0^2} \\ Q_{jj}=\dfrac{1}{p_j}=\dfrac{\sigma_j^2}{\sigma_0^2} \\ Q_{ij}=\dfrac{\sigma_{ij}}{\sigma_0^2} \end{cases} \tag{2.48}$$

或

$$\begin{cases} \sigma_i^2=\sigma_0^2 Q_{ii} \\ \sigma_j^2=\sigma_0^2 Q_{jj} \\ \sigma_{ij}=\sigma_0^2 Q_{ij} \end{cases} \tag{2.49}$$

称 Q_{ii} 和 Q_{jj} 分别为 L_i 和 L_j 的**协因数或权倒数**,而称 Q_{ij} 为 L_i 关于 L_j 的**协因数**(互协因数)或**相关权倒数**。式中 σ_0^2 是前面我们已学过的单位权中误差。

由上述定义可以看出,观测值的协因数与观测值的权是相关的,它与方差成正比,因而协因数与权有类似作用,也是比较观测值精度高低的一种指标。互协因数与协方差成正比,是比较观测值之间相关程度的一种指标。互协因数的绝对值越大,表示观测值相关程度越高,反之越低。互协因数为正,表示观测值正相关;互协因数为负,表示观测值负相关;

互协因数为零，表示观测值不相关，也称为独立观测值。

现在我们把协因数的概念进行扩充。假定由 n 个观测值组成的观测值向量（或者是观测值函数向量）$\underset{n\times 1}{\boldsymbol{X}}=(x_1 \quad x_2 \quad \cdots \quad x_n)^{\mathrm{T}}$，定义向量 $\underset{n\times 1}{\boldsymbol{X}}$ 的**协因数阵** $\underset{n\times n}{\boldsymbol{Q}_{XX}}$ 如下：

$$\underset{n\times n}{\boldsymbol{Q}_{XX}}=\begin{pmatrix} Q_{11} & Q_{12} & \cdots & Q_{1n} \\ Q_{21} & Q_{22} & \cdots & Q_{2n} \\ \vdots & \vdots & & \vdots \\ Q_{n1} & Q_{n2} & \cdots & Q_{nn} \end{pmatrix} \tag{2.50}$$

式中：$Q_{ii}=\sigma_i^2/\sigma_0^2$，$Q_{ij}=\sigma_{ij}/\sigma_0^2(i\neq j)$。

从以上定义可以看出：协因数阵中主对角线上的元素分别为各个观测值的协因数（权倒数），非主对角线上的元素为相应观测值之间的互协因数（相关权倒数），且根据协因数的定义有，$Q_{ij}=Q_{ji}$，即协因数阵与协方差阵一样，都是对称矩阵。

当观测值之间相互独立时，式(2.50)变为

$$\underset{n\times n}{\boldsymbol{Q}_{XX}}=\begin{pmatrix} Q_{11} & 0 & \cdots & 0 \\ 0 & Q_{22} & \cdots & 0 \\ \vdots & \vdots & & \vdots \\ 0 & 0 & \cdots & Q_{nn} \end{pmatrix} \tag{2.51}$$

2.3.2 协因数阵与权阵

协因数阵可以表示观测值向量的相对精度，但在相关平差计算中，常常直接用其逆阵参与运算，定义协因数阵的逆阵为观测向量的**权阵**，用 $\boldsymbol{P}$ 表示，即

$$\boldsymbol{P}_X=\boldsymbol{Q}_{XX}^{-1}=\begin{pmatrix} Q_{11} & Q_{12} & \cdots & Q_{1n} \\ Q_{21} & Q_{22} & \cdots & Q_{2n} \\ \vdots & \vdots & & \vdots \\ Q_{n1} & Q_{n2} & \cdots & Q_{nn} \end{pmatrix}^{-1}=\begin{pmatrix} p_1 & p_{12} & \cdots & p_{1n} \\ p_{21} & p_2 & \cdots & p_{2n} \\ \vdots & \vdots & & \vdots \\ p_{n1} & p_{n2} & \cdots & p_n \end{pmatrix} \tag{2.52}$$

若观测值之间两两独立，由式(2.51)有：

$$\boldsymbol{P}_X=\boldsymbol{Q}_{XX}^{-1}=\begin{pmatrix} Q_{11} & 0 & \cdots & 0 \\ 0 & Q_{22} & \cdots & 0 \\ \vdots & \vdots & & \vdots \\ 0 & 0 & \cdots & Q_{nn} \end{pmatrix}^{-1}=\begin{pmatrix} p_1 & 0 & \cdots & 0 \\ 0 & p_2 & \cdots & 0 \\ \vdots & \vdots & & \vdots \\ 0 & 0 & \cdots & p_n \end{pmatrix} \tag{2.53}$$

或

$$\boldsymbol{P}_X^{-1}=\boldsymbol{Q}_{XX}=\begin{pmatrix} Q_{11} & 0 & \cdots & 0 \\ 0 & Q_{22} & \cdots & 0 \\ \vdots & \vdots & & \vdots \\ 0 & 0 & \cdots & Q_{nn} \end{pmatrix}=\begin{pmatrix} p_1^{-1} & 0 & \cdots & 0 \\ 0 & p_2^{-1} & \cdots & 0 \\ \vdots & \vdots & & \vdots \\ 0 & 0 & \cdots & p_n^{-1} \end{pmatrix} \tag{2.54}$$

从以上讨论中可以看出，对单个观测值来说，其相对精度指标为权和协因数，二者互为

倒数关系;对观测值向量来说,其相对精度指标为协因数阵和权阵,二者互为逆阵关系。通常情况下,要求观测值的权,必须求出相应的协因数阵,再利用互为逆阵关系求取权阵。

说明:当 $\boldsymbol{Q}_{XX}$ 是对角阵(观测值之间相互独立)时,权阵 $\boldsymbol{P}_{XX}$ 中对角线上的元素就是观测值 x_i 的权;当 $\boldsymbol{Q}_{XX}$ 为非对角阵时,权阵 $\boldsymbol{P}_{XX}$ 中对角线上的元素不再是观测值 x_i 的权了,而权阵 $\boldsymbol{P}_{XX}$ 的各个元素也不再有权的意义,但它们在平差中同样起到与观测值的权相同的作用。

2.3.3 协因数阵与协方差阵

由协方差阵的定义式(2.4)

$$\underset{n\times n}{\boldsymbol{D}_{XX}}=\begin{pmatrix}\sigma_1^2 & \sigma_{12} & \cdots & \sigma_{1n}\\ \sigma_{21} & \sigma_2^2 & \cdots & \sigma_{2n}\\ \vdots & \vdots & & \vdots\\ \sigma_{n1} & \sigma_{n2} & \cdots & \sigma_n^2\end{pmatrix}$$

顾及协因数的定义,得

$$\underset{n\times n}{\boldsymbol{D}_{XX}}=\begin{pmatrix}\sigma_0^2Q_{11} & \sigma_0^2Q_{12} & \cdots & \sigma_0^2Q_{1n}\\ \sigma_0^2Q_{21} & \sigma_0^2Q_{22} & \cdots & \sigma_0^2Q_{2n}\\ \vdots & \vdots & & \vdots\\ \sigma_0^2Q_{n1} & \sigma_0^2Q_{n2} & \cdots & \sigma_0^2Q_{nn}\end{pmatrix}=\sigma_0^2\begin{pmatrix}Q_{11} & Q_{12} & \cdots & Q_{1n}\\ Q_{21} & Q_{22} & \cdots & Q_{2n}\\ \vdots & \vdots & & \vdots\\ Q_{n1} & Q_{n2} & \cdots & Q_{nn}\end{pmatrix}$$

于是有

$$\underset{n\times n}{\boldsymbol{D}_{XX}}=\sigma_0^2\underset{n\times n}{\boldsymbol{Q}_{XX}} \tag{2.55}$$

由此可见,观测向量的协方差阵总是等于单位权方差因子与该向量的协因数阵的乘积。

2.3.4 协因数传播律

已知随机向量的协因数阵,如何求随机向量函数的协因数阵,这便是协因数传播律要解决的问题。下面将利用协方差与协因数之间的关系来导出协因数传播律公式。

设有随机向量 $\boldsymbol{X}$ 的一个线性函数为:

$$Z=k_1x_1+k_2x_2+\cdots+k_nx_n+k_0$$

用矩阵表示为:

$$Z=\boldsymbol{KX}+k_0 \tag{2.56}$$

根据协方差传播律式(2.10),Z 的方差为:$\boldsymbol{D}_{ZZ}=\boldsymbol{KD}_{XX}\boldsymbol{K}^{\mathrm{T}}$。

由式(2.55)可知:$\boldsymbol{D}_{ZZ}=\sigma_0^2\boldsymbol{Q}_{ZZ}$,$\boldsymbol{D}_{XX}=\sigma_0^2\boldsymbol{Q}_{XX}$,两式代入 $\boldsymbol{D}_{ZZ}=\boldsymbol{KD}_{XX}\boldsymbol{K}^{\mathrm{T}}$ 得:

$$\boldsymbol{Q}_{ZZ}=\boldsymbol{KQ}_{XX}\boldsymbol{K}^{\mathrm{T}} \tag{2.57}$$

当随机向量 $\boldsymbol{X}$ 中的各个分量两两之间相互独立时,它们之间的协因数为零,此时 $\boldsymbol{Z}$ 的协因数为:

$$Q_{ZZ}=k_1^2Q_{11}+k_2^2Q_{22}+\cdots+k_n^2Q_{nn} \tag{2.58}$$

考虑到协因数的定义式(2.48),上式中的协因数用其权倒数代入,则有:

$$\frac{1}{p_z}=k_1^2\frac{1}{p_1}+k_2^2\frac{1}{p_2}+\cdots+k_n^2\frac{1}{p_n} \tag{2.59}$$

上式就是独立观测值的权倒数与其函数的权倒数之间的关系式,通常称之为**权倒数传播律**。

前面讨论了随机向量的一个线性函数,求其协因数的问题。同讨论协方差传播律一样,现设有随机向量 $\boldsymbol{X}$ 的函数 $\boldsymbol{F}$ 和 $\boldsymbol{G}$:

$$\begin{cases}\underset{t\times 1}{\boldsymbol{F}}=\underset{t\times n}{\boldsymbol{A}}\underset{n\times 1}{\boldsymbol{X}}+\underset{t\times 1}{\boldsymbol{A}_0}\\ \underset{r\times 1}{\boldsymbol{G}}=\underset{r\times n}{\boldsymbol{B}}\underset{n\times 1}{\boldsymbol{X}}+\underset{r\times 1}{\boldsymbol{B}_0}\end{cases} \tag{2.60}$$

根据式(2.57)的推证,可以很方便地由协方差传播律公式得到协因数传播律公式:

$$\begin{cases}\boldsymbol{Q}_{FF}=\boldsymbol{A}\boldsymbol{Q}_{XX}\boldsymbol{A}^{\mathrm{T}}\\ \boldsymbol{Q}_{GG}=\boldsymbol{B}\boldsymbol{Q}_{XX}\boldsymbol{B}^{\mathrm{T}}\\ \boldsymbol{Q}_{FG}=\boldsymbol{A}\boldsymbol{Q}_{XX}\boldsymbol{B}^{\mathrm{T}}\\ \boldsymbol{Q}_{GF}=\boldsymbol{B}\boldsymbol{Q}_{XX}\boldsymbol{A}^{\mathrm{T}}\end{cases} \tag{2.61}$$

式(2.61)就是随机向量的协因数阵与其线性函数的协因数阵的关系式,通常称为**协因数传播律**。

协方差传播律与协因数传播律合称为**广义传播律**。

任务 2.4 由真误差计算中误差

在实际测量工作中,观测量的真值一般是不知道的,因而其真误差也就无法计算,这样就不能利用式(1.15)来计算观测值的中误差。然而,在某些特定情况下,尽管观测值的真值未知,但由观测值构成的函数值的真值是已知的,于是可以求出函数值的中误差,然后利用误差传播律反求观测值的中误差。

2.4.1 由三角形闭合差计算测角中误差

设在一个三角网中,分别以同精度独立地观测 n 个三角形的三个内角 α_i,β_i 和 γ_i,则第 i 个三角形的闭合差为:

$$W_i=\alpha_i+\beta_i+\gamma_i-180^\circ \quad (i=1,2,\cdots,n) \tag{2.62}$$

因平面三角形的三内角和的理论值为180°,所以三角形闭合差是真误差。由于每一个角度都是同精度观测值,因此每个三角形三个内角和也是等精度的。根据中误差定义式(1.15),三角形内角和的中误差

$$m_W=\sqrt{\frac{[WW]}{n}} \tag{2.63}$$

式中:$[WW]=W_1^2+W_2^2+\cdots+W_n^2$,$n$ 为三角形个数。

设每个角度观测值的中误差为 m,由式(2.13),根据方差传播律得:

$$m_W=\sqrt{3}m \tag{2.64}$$

式中:m_W 为三角形内角和的中误差,m 为各内角观测值的中误差。因此,测角中误差为

$$m=\frac{m_W}{\sqrt{3}}=\sqrt{\frac{[WW]}{3n}} \tag{2.65}$$

上式就是由三角形闭合差计算测角中误差的计算公式,这就是著名的**菲列罗公式**,主要用于三角网的外业结束后估算测角中误差。

值得说明的是:应用该公式时,要使估算出的测角中误差精度可靠,一是三角形的个数不宜太少;二是必须保证三角形闭合差之间不能相关。由于三角形闭合差是通过测站方向观测值计算出来的,相邻闭合差之间存在相关性,因而用上式计算出来的测角中误差仍具有一定的近似性。

2.4.2 由不同精度的真误差计算单位权中误差

设一系列非等精度观测值 $L_1,L_2,\cdots,L_n$ 及其对应的真误差 $\Delta_1,\Delta_2,\cdots,\Delta_n$ 和权 $p_1,p_2,\cdots,p_n$。因为观测值的精度不同,所以不能用等精度式(1.15)来计算非等精度观测值的中误差。

现将非等精度观测值 L_i 乘以相应权 p_i 的平方根,组成一组虚拟观测值 L'_i,它与实际观测值 L_i 的关系为

$$L'_i=\sqrt{p_i}L_i \quad (i=1,2,\cdots,n) \tag{2.66}$$

则 L'_i 的中误差为

$$\sigma'_i=\sqrt{p_i}\sigma_i \tag{2.67}$$

由式(2.35)可知 $\sigma_i=\dfrac{\sigma_0}{\sqrt{p_i}}$,将其代入上式得:

$$\sigma'_i=\sqrt{p_i}\times\frac{\sigma_0}{\sqrt{p_i}}=\sigma_0$$

可见,虚拟观测值 L'_i 的中误差都相同,并且都等于单位权中误差 σ_0,故可把虚拟观测值 L'_i 看作等精度观测值,其权为 1。所以,求单位权中误差 σ_0 实际上就是求虚拟观测值 L'_i 的中误差 σ'_i。

根据关系式 $L'_i=\sqrt{p_i}L_i$ 可得到真误差关系式 $\Delta'_i=\sqrt{p_i}\Delta_i$,于是由中误差计算公式可得到计算单位权中误差的计算公式

$$\hat{\sigma}_0=m_0=\sqrt{\frac{[\Delta'\Delta']}{n}}=\sqrt{\frac{[p\Delta\Delta]}{n}} \tag{2.68}$$

式(2.68)便是根据一组不同精度的真误差计算单位权中误差的基本公式。

2.4.3 由双观测值之差计算中误差

在测量工作中，经常对一系列测量值进行观测，形成双观测值。例如水准测量中对各测段高差进行往返测，对一条边测量两次等。对同一个量值进行两次观测，称其为**观测对**或**双程观测**，它们的真值相同，观测对之差的真值为零，因而，可以利用各观测对之差计算中误差。

设对 n 个同类量 $x_1, x_2, \cdots, x_n$ 各观测两次，得到独立观测值为 $L'_1, L'_2, \cdots, L'_n$ 和 $L''_1, L''_2, \cdots, L''_n$。由于同一观测对的两个观测值的精度相同，故各观测对的权分别为 $p_1, p_2, \cdots, p_n$。由于观测值带有误差，因此每个量的两个观测值的差数一般不为零，设

$$d_i = L'_i - L''_i \quad (i=1,2,\cdots,n) \tag{2.69}$$

由于 $E(d_i)=0$，因此 d_i 就是各差数的真误差。按权倒数传播律，可得 d_i 的权为

$$\frac{1}{p_{d_i}} = \frac{1}{p_i} + \frac{1}{p_i} = \frac{2}{p_i}$$

即

$$p_{d_i} = \frac{p_i}{2}$$

按式(2.68)，便得单位权中误差为：

$$\hat{\sigma}_0 = m_0 = \sqrt{\frac{[p_d dd]}{n}} = \sqrt{\frac{[pdd]}{2n}} \tag{2.70}$$

式中：d 是观测对的差数，p_d 是差数的权，而 p 是观测值的权，n 是观测对的个数。

单位权中误差计算出后，即可求出各观测值 L'_i 和 L''_i 的中误差为：

$$m'_{L_i} = m''_{L_i} = m_0\sqrt{\frac{1}{p_i}} \tag{2.71}$$

第 i 对观测值的平均值为：

$$\overline{L}_i = \frac{1}{2}(L'_i + L''_i) \tag{2.72}$$

其中误差为

$$m_{\overline{L}i} = \frac{m_{L_i}}{\sqrt{2}} = m_0\sqrt{\frac{1}{2p_i}} \tag{2.73}$$

特殊情况：如果所有观测值都是同精度观测值，可令它们的权均为 1，即都是单位权观测值，由式(2.70)得同精度双程观测值的中误差为

$$\hat{\sigma}_0 = m_0 = \sqrt{\frac{[p_d dd]}{n}} = \sqrt{\frac{[dd]}{2n}} \tag{2.74}$$

【例 2.7】 设在 A、B 两水准点间分五段进行水准测量，每段进行往返观测，其结果列于表 2.1 中。试求：

(1)每千米观测高差中误差；

(2)第二段观测高差中误差；

(3)第二段高差平均值的中误差；

(4)全长一次观测高差中误差;

(5)全长观测高差平均值中误差。

表 2.1 往返高差观测及互差计算表

段号	高差		$d_i=L'_i-L''_i$	$s_{i,km}$
	往测(m)	返测(m)		
1	+1.444	−1.437	+7	4.0
2	−0.348	+0.356	+8	3.0
3	+0.584	−0.593	−9	2.0
4	−3.360	+3.352	−8	1.5
5	−0.053	+0.063	+10	2.5

解 令 $C=1$,即令 1km 观测高差为单位权观测值。

(1)由式(2.70)求单位权中误差,即每千米观测高差的中误差

$$m_0=\sqrt{\frac{[pdd]}{2n}}=3.96\text{mm}$$

(2)由式(2.71)求第二段观测高差中误差

$$m_{L_2}=m_0\sqrt{\frac{1}{p_2}}=6.86\text{mm}$$

(3)由式(2.73)求第二段往返观测高差平均值的中误差

$$m_{\bar{L}_2}=\frac{m_{L_2}}{\sqrt{2}}=4.85\text{mm}$$

(4)由式(2.29)求全长一次观测高差中误差

$$m_S=m_0\sqrt{[s]}=14.28\text{mm}$$

(5)全长观测高差平均值中误差

$$m_{\bar{S}}=\frac{m_S}{\sqrt{2}}=10.10\text{mm}$$

任务 2.5 MATLAB 软件学习

2.5.1 MATLAB 概述

1. MATLAB 简介

MATLAB 是矩阵实验室(matrix laboratory)的简称,是美国 MathWorks 公司自 20 世纪 80 年代中期出品的商业数学软件。它将数值分析、矩阵计算、科学数据可视化以及非线性动态系统的建模和仿真等诸多强大功能集成在一个易于使用的视窗环境中,为科学研究、工程设计以及必须进行有效数值计算的众多科学领域提供了一种全面的解决方案。

MATLAB 的基本数据单位是矩阵，它的指令表达式与数学、工程中常用的形式十分相似，故用 MATLAB 来解算问题方便、简捷，代表了当今国际科学计算软件的先进水平。

在 MATLAB 中，矩阵运算是把矩阵视为一个整体来进行的，基本上与线性代数的处理方法一致。矩阵的加减乘除、乘方开方、指数对数等运算，都有一套专门的运算符或运算函数。当 MATLAB 把矩阵独立地当作一个运算量来对待时，向下可以兼容向量和标量。不仅如此，矩阵中的元素可以用复数作基本单元，向下可以包含实数集。

概括地讲，整个 MATLAB 系统由两部分组成，一是 MATLAB 基本部分，二是各种功能性和学科性的工具箱，系统的强大功能由它们表现出来。基本部分包括数组、矩阵运算，代数和超越方程的求解，数据处理和傅里叶变换，数值积分等。工具箱实际上是用 MATLAB 语句编成的、可供调用的函数文件集，用于解决某一方面的专门问题或实现某一类新算法。

MATLAB 的主要特点是：

(1)高效的数值计算及符号计算功能，能使用户从繁杂的数学运算分析中解脱出来；

(2)有大量事先定义的数学函数，并且有很强大的用户自定义函数的能力；

(3)具有完备的图形处理功能，实现计算结果和编程的可视化；

(4)功能丰富的应用工具箱(如信号处理工具箱、通信工具箱等)，为用户提供了大量方便实用的处理工具；

(5)与其他语言编写的程序结合和输入输出格式化数据的能力。

2. MATLAB 的基本界面

启动 MATLAB 后，进入 MATLAB 的默认主界面(见图 2.4)。第一行为菜单栏，第二行为工具栏，下面是三个常用的窗口。右边最大的是命令窗口，左上方前台为工作空间窗口，后台为当前目录窗口，左下方为历史命令窗口。左下角还有一个开始“Start”按钮，用于快速启动各类交互界面、桌面工具和帮助等。

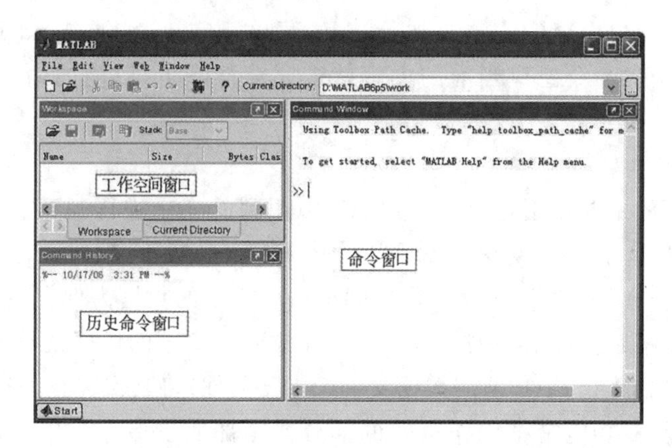

图 2.4　MATLAB 默认主界面

1)命令窗口

在 MATLAB 默认主界面的右边是命令窗口，用于输入运算命令和数据、运行 MATLAB 函数和脚本并显示结果。

在命令窗口每行语句前都有一个符号“＞＞”，即命令提示符。在提示符后面输入数据或运行函数，并按 Enter 键，方可被 MATLAB 接收和执行。执行的结果通常就直接显示在语句下方。命令窗口中显示数值计算的结果有一定的格式，默认为短格式(format short)，保留小数点后 4 位有效数字，整数部分超过 3 位的小数用 short e 格式。

如输入：＞＞a=24.5 显示为

a=

24.5000；

而输入：＞＞2718.2 则显示为

ans=

2.7182e+003。

ans 是 answer 的缩写，它是 MATLAB 默认的系统变量，保留最近运算的结果。若直接输入表达式，而没有将运算结果赋值给变量，MATLAB 将自动将结果存于内部“ans”中并加以显示。

当命令窗口中执行过许多命令后，窗口会被占满，为方便阅读，常需进行清屏幕操作。通常有两种方法：一是执行 MATLAB 窗口的 Edit→Clear Command Window 命令；二是在提示符后直接输入 clc 语句。两种方法都能清除命令窗口中的显示内容，也仅仅是命令窗口的显示内容而已，并不能清除工作空间和历史命令窗口的显示内容。

2)历史命令窗口

历史命令窗口用于显示记录 MATLAB 启动时间和命令窗口中最近输入的所有 MATLAB 指令。对历史命令窗口中的内容，可在选中的前提下，将它们复制到当前正在工作的命令窗口中，以供进一步修改或直接运行。这样便于用户追溯、查找曾经用过的语句，利用这些既有的资源节省编程时间。

调出历史命令窗口的方法是执行 View 菜单→Command History 或在命令窗口中输入 Command History 命令。

清除历史命令窗口内容的方法是执行 Edit 菜单→Clear Command History 命令。当执行上述命令后，历史命令窗口当前的内容就被完全清除了，以前的命令再不能被追溯和利用。

3)工作空间窗口

工作空间窗口的主要作用是对 MATLAB 中用到的变量进行观察、编辑、提取和保存。工作空间窗口可以显示每个变量的名称(name)、值(value)、数组大小(size)、字节大小(bytes)和类型(class)等多项信息。工作空间窗口中显示的数据为保存在内存中的数据，在退出 MATLAB 程序后会自动丢失。可使用工作空间窗口中的快捷菜单或在命令窗口中执行相关命令，在退出 MATLAB 前用数据文件(.mat 文件)将其保存在外存中。

(1) save 命令，其功能是把工作空间的部分或全部变量保存为以.mat 为扩展名的文件。它的通用格式是：

save 文件名 变量名 1 变量名 2 变量名 3…参数

将工作空间中的全部或部分变量保存为数据文件。

＞＞save ref　　　　%将工作空间中所有变量保存在 ref.mat 文件中

＞＞save ref_ab A B　%将工作空间中变量 A、B 保存在 ref_ab. mat 文件中

＞＞save ref_ab C-append　%将工作空间中变量 C 添加到 ref_ab. mat 文件中

(2) load 命令，其功能是把外存中的. mat 文件调入工作空间，与 save 命令相对。它的通用格式是：

load 文件名 变量名 1 变量名 2 变量名 3…

将外存中. mat 文件的全部或部分变量调入工作空间。

＞＞load ref　　　　　%将 ref. mat 文件中全部变量调入工作空间

＞＞load ref_ab A B　%将 ref _ab. mat 文件中的变量 A、B 调入工作空间

(3) clear 命令，其功能是把工作空间的部分或全部变量删除，但它不清除命令窗口。它的通用格式是：

clear 变量名 1 变量名 2 变量名 3…

删除工作空间中的全部或部分变量。

＞＞clear　　　　　　　%删除工作空间中的全部变量

＞＞clear A B　　　　　%删除工作空间中的变量 A、B

用 clear 命令删除工作空间变量时不会弹出确认对话框，且删除后是不可恢复的，因此在使用前要想清楚。

(4) Who 和 Whos 命令：

＞＞Who　　%列出当前工作空间中的所有变量；

＞＞Whos　　%列出变量和它们的大小、类型；

在 MATLAB 中符号"%"后面书写的是用于解释的文字，不参与运算。在语句末尾添加分号";"可以防止输出结果显示到屏幕上。

调出工作空间窗口的方法是执行：View 菜单→Workspace。

4)当前目录浏览器

MATLAB 的当前目录是系统默认的实施打开、装载、编辑和保存文件等操作时的文件夹。系统默认的当前目录是 …\MATLAB\work。用户可以根据自己需要将当前目录设置成用户希望使用的文件夹，它应是用户准备用来存放文件和数据的文件夹。

设置方法有两种：

(1) 在当前目录设置区设置。在图 2.4 所示 MATLAB 主界面工具栏右边的下拉列表文本框中直接填写待设置的文件夹名或选择下拉列表中已有的文件夹名；或单击 ... 按钮，从弹出的当前目录设置对话框的目录树中选取欲设为当前目录的文件夹即可。

(2) 用命令设置。

＞＞cd　　　　　　　　%显示当前目录 cd

＞＞cdd:\refiles　　　%设定当前目录为"d:\refiles"

＞＞cd..　　　　　　　%回到当前目录的上一级目录

调出当前目录浏览器窗口的方法是执行"View"菜单→"CurrentDirectory"或"Filebrower"命令。

2.5.2 MATLAB 矩阵运算

1. 数据类型

和大多数的高级编程语言类似,MATLAB 也提供了各种不同的数据类型用来操作不同的数据。MATLAB 支持的基本数据类型见图 2.5。

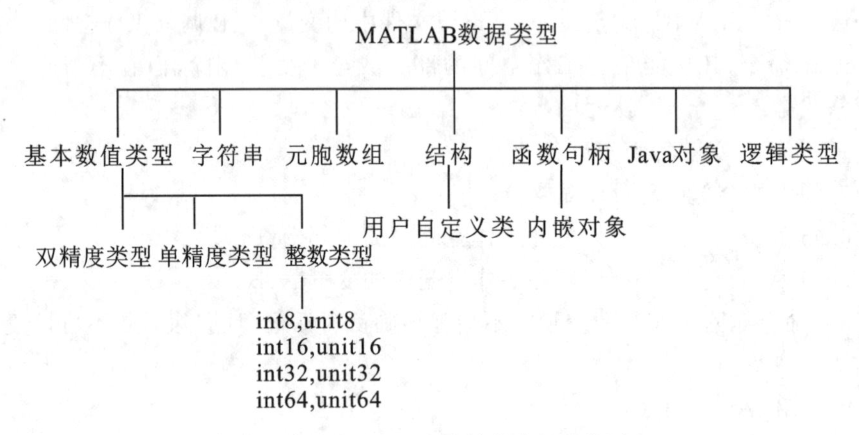

图 2.5 MATLAB 支持的基本数据类型

2. 变量

变量是在程序运行中其值可以改变的量,变量由变量名来表示。在 MATLAB 中,任何数据变量都不需要预先声明,系统会依据变量被赋值的类型自动进行类型识别。在 MATLAB 中变量名的命名有自己的规则,可以归纳成如下几条:

(1) 变量名必须以字母开头,且只能由字母、数字或者下划线 3 类符号组成,不能含有空格和标点符号(如( ),。% ')等。

(2) 变量名区分字母的大小写。例如,"a"和"A"是不同的变量。

(3) 变量名不能超过 63 个字符,第 63 个字符后的字符被忽略,对于 MATLAB 6.5 版以前的变量名不能超过 31 个字符。

(4) 关键字(如 if、while 等)不能作为变量名。

(5) 最好不要用表 2.2 中的特殊常量符号作变量名。

表 2.2 预定义变量和返回值

变量	返回值
ans	默认变量名,保留最近运算的结果(answer)
computer	计算机类型
eps	容差变量,当某量的绝对值小于 eps 时,可认为此量为零,即为浮点数的最小分辨率

续表

变　量	返　回　值
i 或 j	基本虚数单位 $\sqrt{-1}$
inf	无限大(∞)，例如 1/0
nan 或 NaN	非数值(不合法的数值)，例如 0/0，∞/∞
nargin	函数的输入参数个数
nargout	函数的输出参数个数
pi	圆周率（= 3.1415926…）
realmax	最大浮点数，2^{1023}
realmin	最小浮点数，2^{-1022}
version	MATLAB 版本字符串

3. 基本运算符

MATLAB 运算符可分为三大类，它们是算术运算符、关系运算符和逻辑运算符。算术运算因所处理的对象不同，分为矩阵算术运算和数组算术运算两类。表 2.3 给出了矩阵算术运算的运算符号、名称、示例和使用说明，表 2.4 给出了数组算术运算的运算符号、名称、示例和使用说明。

表 2.3　矩阵算术运算符

运算符	名称	示例	法则或使用说明
+	加	C=A+B	矩阵加法法则，即 C(i,j)=A(i,j)+B(i,j)
−	减	C=A−B	矩阵减法法则，即 C(i,j)=A(i,j)−B(i,j)
*	乘	C=A*B	矩阵乘法法则
/	右除	C=A/B	定义为线性方程组 X*B=A 的解，即 C=A/B= $A*B^{-1}$
\	左除	C=A\B	定义为线性方程组 A*X=B 的解，即 C=A\B= $A^{-1}*B$
^	乘幂	C=A^B	A、B 其中一个为标量时有定义
′	共轭转置	B=A′	B 是 A 的共轭转置矩阵

表 2.4　数组算术运算符

运算符	名称	示例	法则或使用说明
.*	数组乘	C=A.*B	C(i,j)=A(i,j)*B(i,j)
./	数组右除	C=A./B	C(i,j)=A(i,j)/B(i,j)
.\	数组左除	C=A.\B	C(i,j)=B(i,j)/A(i,j)

续表

运算符	名称	示例	法则或使用说明
.^	数组乘幂	C=A.^B	C(i,j)=A(i,j)^B(i,j)
.'	转置	A.'	将数组的行摆放成列,复数元素不做共轭

4. 矩阵及其运算

1) 矩阵元素的表示

MATLAB规定矩阵元素在存储器中的存放次序是按列的先后顺序存放的,即存完第1列后,再存第2列,依次类推。因此,在MATLAB中,矩阵除以矩阵名为单位整体被引用外,对矩阵元素的引用操作,有全下标方式和单下标方式两种方案。

(1) 全下标方式:用行下标和列下标来表示矩阵中的一个元素。对一个m×n阶的矩阵A,其第i行、第j列的元素用全下标方式就表示成A(i,j)。

(2) 单下标方式:将矩阵元素按存储次序的先后用单个数码顺序地连续编号。仍以m×n阶的矩阵A为例,全下标元素A(i,j)对应的单下标表示便是A(s),其中s = (j−1)×m+i。

2)矩阵的创建

在MATLAB中表达矩阵时必须符合一些相关的约定,包括:①矩阵的所有元素必须放在方括号“[]”内;②每行的元素之间需用逗号或空格隔开;③矩阵的行与行之间用分号或回车符分隔;④元素可以是数值或表达式。

(1)在命令窗口中创建。

如在命令窗口中输入:

```
>>x=[1 2 3;4 5 6;7 8 9]
```

其运算结果为

```
x=
      1   2   3
      4   5   6
      7   8   9
```

(2)语句生成。

①用线性等间距生成向量矩阵(a1:step:an)。式中a1为向量的第一个元素,an为向量最后一个元素的限定值,step是变化步长,省略步长时系统默认为1。

在命令窗口中输入:

```
>>a=[1:2:10]
```

其运算结果为

```
a=
     1   3   5   7   9
```

②a=linspace(n1,n2,n), a=logspace(n1,n2,n)。线性等分的通用格式a=linspace(a1,an ,n),其中a1是向量的首元素,an是向量的尾元素,n把a1至an之间的区间分成向

量的首尾之外的其他 n－2 个元素。省略 n 则默认生成 100 个元素的向量。

在命令窗口中输入：

＞＞a＝linspace (1,10,10)

其运算结果为

a＝

1 2 3 4 5 6 7 8 9 10

对数等分的通用格式为 a＝logspace(a1,an ,n),其中 a1 是向量首元素的幂,即 a(1)＝10^{a1};an 是向量尾元素的幂,即 a(n)＝10^{an}。n 是向量的维数。省略 n 则默认生成 50 个元素的对数等分向量。

在命令窗口中输入：

＞＞a＝logspace(1,3,3)

其运算结果为

a＝

10 100 1000

(3) 常用的特殊矩阵。

①单位矩阵:eye(m,n); eye(m)。例如:

＞＞eye(2,3)

ans＝

1 0 0

0 1 0

＞＞eye(2)

ans＝

1 0

0 1

②零矩阵:zeros(m,n); zeros(m)。例如:

＞＞zeros(2,3)

ans＝

0 0 0

0 0 0

＞＞zeros(2)

ans＝

0 0

0 0

③一矩阵:ones(m,n);ones(m)。例如:

＞＞ones(2,3)

ans＝

1 1 1

1 1 1

＞＞ones(2)

ans＝

1 1

1 1

④对角矩阵:对角元素向量 V＝[a1,a2,…,an];A＝diag(V)。例如:

＞＞V＝[5 7 2]; A＝diag(V)

A＝

5 0 0

0 7 0

0 0 2

如果已知 A 为方阵,则 V＝diag(A)可以提取 A 的对角元素构成向量 V。

⑤随机矩阵:rand(m,n)产生一个 m×n 的均匀分布的随机矩阵。

3)矩阵的运算

(1)矩阵转置。

对于实矩阵,用“'”符号或“.'”求转置,结果是一样的;然而对于含复数的矩阵,则“'”将同时对复数进行共轭处理,而“.'”只是将其排列形式进行转置。

对于实数矩阵:

```
>>a=[1 2 3;4 5 6]'
a =
    1    4
    2    5
    3    6
```

```
>>a=[1 2 3;4 5 6].'
a =
    1    4
    2    5
    3    6
```

对于复数矩阵:

```
>>b=[1+2i 2-7i]'
b =
  1.0000 - 2.0000i
  2.0000 + 7.0000i
```

```
>>b=[1+2i 2-7i].'
b =
  1.0000 + 2.0000i
  2.0000 - 7.0000i
```

(2) 矩阵加减、数乘与乘法。

矩阵加与减(A+B 与 A-B)运算时对应元素之间加减;数乘矩阵(k * A 或 A * k)运算时 k 乘 A 的每个元素;数与矩阵加减(k+A 或 A+k)运算时 k 加(或减)A 的每个元素。矩阵乘法(A * B)运算时按矩阵乘法法则进行。

如对于矩阵 $A=\begin{pmatrix}1 & 3\\2 & -1\end{pmatrix}$ 和 $B=\begin{pmatrix}3 & 0\\1 & 2\end{pmatrix}$,输入如下:

```
>>A=[1 3;2 -1];B=[3 0;1 2];
>>A+B
ans =
4  3
3  1
>> 2*A
ans =
2  6
4  -2
>> 2*A-3*B
ans =
-7  6
1  -8
>> A*B
ans =
6  6
5  -2
```

(3)逆矩阵及矩阵的除法。

求一个 n 阶方阵的逆矩阵远比线性代数中介绍的方法来得简单,用函数 inv(A)即可实现。

如在命令窗口中输入:

```
>> A=[1 0 1;2 1 2;0 4 6]
A =
1  0  1
2  1  2
0  4  6
>> format rat;A1=inv(A)
A1 =
-1/3   2/3   -1/6
-2     1      0
4/3   -2/3    1/6
```

矩阵除法分为左除和右除的概念。左除即 A\B =inv(A) * B,为 AX=B 的解。右除即 A/B =A * inv(B),为 XB=A 的解。

如在命令窗口中输入:

```
>>A=[1 4 -7 6;0 2 1 1;0 1 1 3;1 0 1 -1],B=[0;-8;-2;1],x=A\B
A =
1  4  -7   6
0  2   1   1
0  1   1   3
1  0   1  -1
B =
0
-8
-2
1
x =
3.0000
-4.0000
-1.0000
1.0000
>> inv(A) * B
ans =
3.0000
-4.0000
-1.0000
```

1.0000

可见,A\B 的确与 inv(A) * B 相等。

(4)求矩阵行列式的值。求矩阵行列式的值由函数 det(A)实现。

如在命令窗口中输入:

```
>> A=[3 2 4;1 -1 5;2 -1 3],D1=det(A)
A =
3    2  4
1   -1  5
2   -1  3
D1 =
24
```

2.5.3 MATLAB 函数

函数是 MATLAB 应用的核心。MATLAB 内部库函数既包括通用的字符串处理函数、矩阵运算函数、数值数组运算函数、数值计算函数、绘图函数,同时也包含了各专业应用模块,应用十分广泛。用户只要知道函数的功能、调用格式和参数含义,就可以调用函数解决实际问题。下面介绍测量数据处理中经常用到的几类函数。

1. 角度转换函数

测量外业采集的角度数据和用于角度成果表达的数据都是六十进制的度分秒,如 30°30′36″,但用于计算机处理的角度只能为弧度或十进制的度,因此需要对其进行相互转换。

在角度转换函数名称中,dms 代表六十进制的角度(度分秒),deg 代表十进制的角度,rad 代表弧度制的角度。

1)dms2rad 函数

调用格式:

dms2rad(anglin)

该函数的功能是将六十进制的角度转换成相应的弧度,用于计算机进行运算处理。函数的参数 anglin 为六十进制的角度值。

如将角度值 30°30′36″转换为弧度,在命令窗口中输入如下:

```
>> dms2rad(3030.36)
ans =
    0.53249995478347
```

注意角度的输入方式,小数点位于分之后秒之前,这是 MATLAB 不同于其他软件的角度输入方法。

2)rad2dms 函数

调用格式:

rad2dms (anglin)

该函数的功能是将弧度转换成以度分秒为单位的六十进制的角度值，通常用于结果的输出和表达。函数参数 anglin 为弧度制的角度值。

如将弧度值 0.53249995478347 转换为角度，在命令窗口中输入如下：

```
>>rad2dms (0.53249995478347)
ans =
    3.030360000000000e+003
```

上述显示结果为 3030.36，即 30°30′36″。

计算中十进制的度也经常用到，为此 MATLAB 提供了与以度分秒为单位的六十进制和以弧度为单位的角度之间的相互转换，函数名分别为 dms2deg、deg2dms、deg2rad 和 rad2deg，函数的调用与上述角度转换完全相同，这里不再详述。

2. 三角函数

三角函数是解析几何计算的基础，它包括三角正弦 sin、三角余弦 cos、三角正切 tan 和三角余切 cot 函数。

调用格式：sin(anglin) 、cos(anglin)、tan(anglin)、cot(anglin)。

这些函数的功能分别是计算角度 anglin 的正弦、余弦、正切和余切值。函数参数 anglin 为弧度。

如分别计算角度为 30°的正弦、余弦值，在命令窗口中输入如下：

```
>> sin(pi/6)
ans =
  0.50000000000000
>> cos(dms2rad(3000.00))
ans =
  0.86602540378444
```

为了计算上的方便，MATLAB 还提供了另外四个三角函数，它们分别是三角正弦 sind、三角余弦 cosd、三角正切 tand 和三角余切 cotd 函数。这四个三角函数与上述四个三角函数功能一样，唯一不同的是参数的角度单位，角度值为十进制的度。

调用格式：sind(anglin) 、cosd(anglin)、tand(anglin)、cotd(anglin)。

如分别计算角度 30°30′的正弦、余弦值，在命令窗口中输入如下：

```
>> sind(30+30/60)
ans =
    0.50753836296070
>> cosd(dms2deg(3030.00))
ans =
0.86162916044153
```

3. 三角反函数

三角反函数是三角函数的逆运算，又称反三角函数，包括三角反正弦 asin、三角反余弦

acos、三角反正切 atan 和三角反余切 acot 函数。

调用格式:asin(x)、acos(x)、atan(x)、acot(x)。

这些函数的功能是返回计算参数 x 的反正弦、反余弦、反正切和反余切的弧度制角度值。函数的参数 x 为实数值。这里需要注意的是,反正弦和反余弦函数参数 x 的取值范围为[-1,1]。

函数返回弧度制角度值,这里特别注意,不同的函数返回的角度值范围不同。如 asin(x)和 atan(x)函数返回值范围为[-pi/2,pi/2],acos(x)返回值范围为[0,pi]。

如在命令窗口中输入如下:

```
>> asin(0.5)
ans =
   0.52359877559830
>> acos(-0.5)
ans =
   2.09439510239320
```

对于三角正弦 sind、余弦 cosd、正切 tand 和余切 cotd 函数,它们的逆函数分别为反三角正弦 asind、反三角余弦 acosd、反三角正切 atand 和反三角余切 acotd 函数。其功能与上述介绍的反三角函数一样,都是返回角度值,区别是返回十进制的角度。

4. 四象限反正切函数

为了计算复平面内复数的复角值,MATLAB 定义了四象限反正切函数。由于复平面内的任一复数与实平面点的坐标表示是一一对应的,因此测量上常用此函数计算平面上两坐标点之间的坐标方位角。

调用格式:

atan2(y,x)

函数的功能是根据参数 x 和 y 的正负号及其数值,返回所在象限的角度值。参数 x 和参数 y 是平面内一对实数组,即点的坐标;或是复平面内复数(z=x+iy)的实数和虚数。这里特别强调,参数的顺序是(y,x),不能写成(x,y)。

该函数返回弧度制象限角度值,返回值范围为[-pi,pi]。当输出的象限角为负值时,可加上 2*pi 变换成正的象限角度值。

如在命令窗口中输入如下:

```
>> atan2(1,1)            %第一象限,pi/4
ans =
   0.78539816339745
>> atan2(1,-1)            %第二象限,pi*3/4
ans =
   2.35619449019234
>> atan2(-1,-1)            %第三象限,-pi*3/4
ans =
```

```
  -2.35619449019234
>> atan2(-1,1)            %第四象限,-pi/4
ans =
  -0.78539816339745
```

从上述程序代码可以看出,当参数 y<0 时,角度为负值,且位于第三或第四象限。对于坐标方位角计算,则需要将角度化为正值,为此将角度值加上 2 * pi 就可以了。

5. 极坐标与直角坐标转换函数

测量上经常要进行平面坐标的基本计算,利用极坐标与直角坐标转换函数可以很方便地解决平面坐标正反算问题。

1)cart2pol 函数

调用格式:

[a,r] = cart2pol(x,y)

函数的功能是将平面直角坐标(x,y)转换成平面极坐标(a,r)。该函数主要用于平面上两点坐标反算坐标方位角和边长。函数参数为实数坐标或两点坐标差。返回值弧度制极角和极径应位于方括号内。

如在命令窗口中输入如下:

```
>> [a,r]=cart2pol(100,-100)
a =
    -0.78539816339745
r =
    1.414213562373095e+002
```

2)pol2cart 函数

调用格式:

[x,y] = pol2cart (a,r)

函数的功能是将平面极坐标(a,r)转换成平面上直角坐标(x,y)。该函数主要用于已知边长和方位角求待定点的坐标。函数参数为弧度制极角和极径。返回值实数坐标或两点坐标差应位于方括号内。

如在命令窗口中输入如下:

```
>> [x,y]=pol2cart(pi * 7/4,141.42135)
x =
    99.99999558955612
y =
    -99.99999558955616
```

2.5.4　MATLAB 编程

在 MATLAB 中,除了可以在命令窗口以命令格式逐句执行,也可以和其他形式的高级语言一样采用编程的方式。编写 MATLAB 程序,可以方便地使用 MATLAB 函数库,使得程序能够完成复杂的运算、处理大量的数据。在 MATLAB 语言中,包含代码的文件称为 M 文件。用文本编辑器创建 M 文件,像使用其他的 MATLAB 函数或命令一样使用它们。

1. 程序文件的创建

MATLAB 提供了丰富的编程语言,使得用户可以将一串命令写入文件,然后使用简单函数来执行这些命令,所保存文件的扩展名为. m。

MATLAB 中有两种 M 文件。

(1)脚本文件:不需要在其中输入参数或返回输出结果,可以在工作空间窗口运行数据。

(2)函数文件:需要给定输入参数和返回输出结果,函数文件内定义的变量仅在函数文件内部起作用。这种方式自定义的函数文件同 MATLAB 中定义的函数一样。

2. 函数文件的创建与运行

(1)创建一个简单函数的方法有以下几种。

①在 MATLAB 命令窗口中运行命令“EDIT”。

②单击 MATLAB 工具栏中的“New M-file”图标。

③依次单击菜单“File”→“New”→“M-file”。

④在历史命令窗口中点击鼠标右键,选择“New”→“M-file”。

(2)编写一个函数文件:

```
function FirstMyfun=mysin(a);          %定义函数名和参数
FirstMyfun=sin(dms2rad(a * 100));      %函数内容
```

(3)在 M 文件编辑器中保存文件。默认情况下,保存的文件名与函数名相同。

(4)创建了 FirstMyfun 函数后,可以调用执行:

```
>>a=30.0000          %输入角度给变量 a
>>Mysin(a)           %在 MATLAB 命令窗口中调用函数
ans=
     0.5000
```

3. 计算函数

下面给出测量中两个基本的计算函数。

(1)根据给定的两点高斯平面坐标,计算两点间边长和方位角函数。

```
function [azimuth,dist]=inversecoord(x1,y1,x2,y2)      %平面坐标反算
dx=x2-x1;dy=y2-y1;
[azimuth,dist]=cart2pol(dx,dy);
if azimuth<0
    azimuth=azimuth+2 * pi;
end
```

(2)根据给定一点的高斯平面坐标,以及到另一点的水平距离和方位角,计算另一点坐标函数。

```
function [x,y]=directcoord(xo,yo,dist,azimuth)      %平面坐标正算
x=xo+dist * cos(dms2rad(azimuth));
y=yo+dist * sin(dms2rad(azimuth));
```

4. 脚本文件的创建与运行

对于一些比较简单的问题,可在命令窗口中直接输入命令计算。对于经常要用的计算可以定义为函数进行调用。对于复杂计算,采用脚本文件则最合适。MATLAB只是按文件所写命令执行。脚本程序的创建与函数文件的创建的方法和步骤相同。

脚本程序是一种简单的M文件。它没有输入、输出参数,可以是一系列在命令行中执行的命令集合,仅可以操作工作空间中的变量或程序中新建的变量。脚本程序在工作空间中创建的变量,在程序运行结束后仍可以使用。

下面是一个简单的脚本程序,用于绘制一个花瓣图案。

```
%petals.m 脚本程序,画出花瓣
theta=-pi:0.01:pi;
rho(1,:)=sin(10 * theta).^2;
polar(theta,rho(1,:));
```

在M文件编辑器中输入上述代码,并保存为petals.m,则文件petals.m就是一个脚本程序。在命令行中执行此程序,图形窗口中显示的结果是一个花瓣图案,请读者自己演示。

任务2.6　最小二乘法原理

因为测量总是存在误差,为了能及时发现错误和提高测量成果的精度,常常多观测一些数据,即进行多余观测。由于各观测值中均含有误差,因而,观测值之间就会出现矛盾,也即不满足几何图形条件而出现不符值,所以就必须进行数据处理,也就是说,要进行平差。那么用什么准则来进行平差,就是本任务讨论的问题。

2.6.1　测量平差准则

举个例子:设在一个三角形中等精度观测了三个内角,观测值$L_1=45°17'21''$,$L_2=79°34'56''$,$L_3=55°07'37''$。由于观测中不可避免地存在误差,三角形内角之和与其理论值(180°)之间存在不符值,$W=L_1+L_2+L_3-180°=-6''$。显然,为了消除观测值之间的不符值,各观测值上应分别加上一个改正数$v_i(i=1,2,3)$,使得改正后的结果之和,与其应有值之间不再存在不符值,即达到:

$$(L_1+v_1)+(L_2+v_2)+(L_3+v_3)=180°$$

满足上述要求的v,可从表2.5中任取一组,都能达到这一目的。

表 2.5 角度观测值及改正数分配表

角号	观测值	v'	v''	…	v^n	…
A	45°17′21″	+2	+1		+1	
B	79°34′56″	+2	+1		+2	
C	55°07′37″	+2	+4		+3	
$\sum$	179°59′54″	+6	+6		+6	

显然，随着每一组改正数的不同，观测值的平差值也不同，那么取哪一组改正数最合适呢？在解决这类问题时，有许多不同的准则，测量平差中一般应用的是最小二乘准则。按照最小二乘准则的要求，认为“最合适”实际上是使估计值与观测值的偏差平方和达到最小。本例中，不难看出，只有第一组观测值改正数的平方和为最小，即该组观测值的改正数满足其平方和为最小，而且它使得平差结果的精度最高。我们把满足这个准则条件下的观测值的估计值称为**平差值**或**最或是值**。

所谓最小二乘准则，就是要在满足

$$\sum_{i=1}^{n} p_i v_i^2 = [pvv] = \min \tag{2.75}$$

的条件下求出未知参数和观测值的估值，这种方法就称为**最小二乘法**。

若将改正数用向量表示，即 $\boldsymbol{V}=(v_1 \quad v_2 \quad \cdots \quad v_n)^{\mathrm{T}}$，并考虑到观测值为不等精度，则式(2.75)可用矩阵形式表示为：

$$\sum_{i=1}^{n} p_i v_i^2 = [pvv] = \boldsymbol{V}^{\mathrm{T}}\boldsymbol{P}\boldsymbol{V} = \min \tag{2.76}$$

式中：

$$\boldsymbol{P}=\boldsymbol{Q}_{LL}^{-1}=\begin{pmatrix} Q_{11} & 0 & \cdots & 0 \\ 0 & Q_{22} & \cdots & 0 \\ \vdots & \vdots & & \vdots \\ 0 & 0 & \cdots & Q_{nn} \end{pmatrix}^{-1} = \begin{pmatrix} p_1 & 0 & \cdots & 0 \\ 0 & p_2 & \cdots & 0 \\ \vdots & \vdots & & \vdots \\ 0 & 0 & \cdots & p_n \end{pmatrix} \tag{2.77}$$

当观测值为不等精度的相关观测值时，其权阵为

$$\boldsymbol{P}=\boldsymbol{Q}_{LL}^{-1}=\begin{pmatrix} Q_{11} & Q_{12} & \cdots & Q_{1n} \\ Q_{21} & Q_{22} & \cdots & Q_{2n} \\ \vdots & \vdots & & \vdots \\ Q_{n1} & Q_{n2} & \cdots & Q_{nn} \end{pmatrix}^{-1} = \begin{pmatrix} p_1 & p_{12} & \cdots & p_{1n} \\ p_{21} & p_2 & \cdots & p_{2n} \\ \vdots & \vdots & & \vdots \\ p_{n1} & p_{n2} & \cdots & p_n \end{pmatrix} \tag{2.78}$$

最小二乘法原理的矩阵形式仍为

$$\boldsymbol{V}^{\mathrm{T}}\boldsymbol{P}\boldsymbol{V}=\min \tag{2.79}$$

说明：

测量平差的原则是：①用一组改正数来消除几何图形不符值；②该组改正数必须满足$\boldsymbol{V}^{\mathrm{T}}\boldsymbol{P}\boldsymbol{V}$=最小。

2.6.2　测量平差方法

任务1.5已经叙述了，对于一个确定的几何模型，必要元素个数 t 是确定的。这里需要进一步指出的是，这 t 个必要元素之间必须是独立的，测量中也必须观测。除这 t 个独立元素之外的网中其他元素大小则可以通过这 t 个独立元素计算出来，或者说网中其他元素可以表达为这 t 个独立元素的函数。在实际测量工作中，除了观测 t 个必要元素外，往往还需要进行其他元素的观测。这样容易理解，每增加一个多余元素的观测，必然要与 t 个独立元素产生相应的函数关系式，这种函数关系式在测量平差中称为**条件方程**。例如图2.6测角三角形，独立观测了两个内角 L_1 和 L_2，第三个内角 L_3 虽然没有观测，但可以通过 $L_3=180-L_1-L_2$ 计算出来。此时，如果我们对 L_3 也进行了观测，那么 L_1、L_2 和 L_3 三个真值之间就存在一个函数关系 $\widetilde{L}_1+\widetilde{L}_2+\widetilde{L}_3+180=0$，此即条件方程。

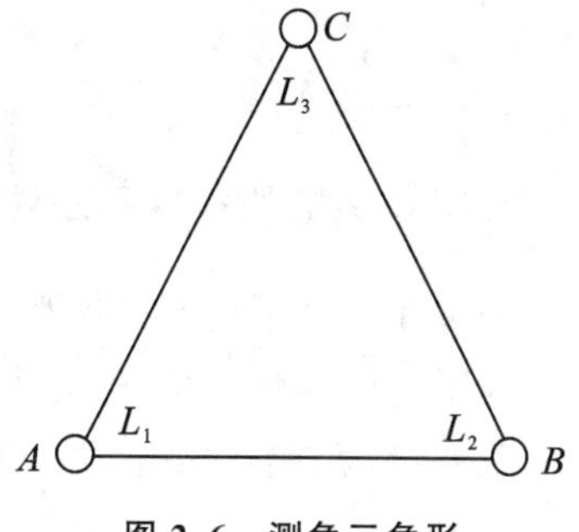

图2.6　测角三角形

一个测量平差问题，首先要有观测值和未知量间组成的函数模型，然后按照最小二乘法则对未知量进行估计。函数模型中未知量的选择可以有不同的方法，在应用最小二乘法时，这也就导致不同的平差方法。

1. 条件平差法

函数模型中，如果将待观测量的真值选取为未知量，这样可以建立 $r(n-t)$ 个函数关系式（条件方程），以此为函数模型的平差方法，称为条件平差方法。

条件平差的函数模型一般形式如下：

$$F(\widetilde{L})=0$$

如果条件方程为线性形式，则可写为：

$$A\widetilde{L}+A_0=0$$

考虑到 $\Delta=\widetilde{L}-L$，上式可变为：

$$A\Delta+W=0 \tag{2.80}$$

上式中，常数项 $W=AL+A_0$。

2. 间接平差法

函数模型中，如果将 t 个独立元素选取为未知量（未知参数），那么通过这 t 个独立参数就能唯一确定该几何模型。换言之，模型中的所有量都一定是这 t 个独立参数的函数，即每个观测值都可以表达成所选 t 个独立参数的函数关系，即参数方程，以此为函数模型的平差方法，称为间接平差法。

间接平差法的函数模型的一般形式如下：

$$\widetilde{L}=F(\widetilde{X})$$

如果参数方程为线性形式,则可写为:

$$\widetilde{L}=B\widetilde{X}+d$$

考虑到 $\Delta=\widetilde{L}-L$,上式可变为:

$$l+\Delta=B\widetilde{X} \tag{2.81}$$

上式中,常数项 $l=L-d$。

3. 附有参数的条件平差法

如果在条件平差函数模型中又增设了 u 个独立量作为参数,这种以含有参数的条件方程作为平差的函数模型,称为附有参数的条件平差法。

附有参数的条件平差法的函数模型的一般形式如下:

$$F(\widetilde{L},\widetilde{X})=0$$

线性形式的函数模型则可写为:

$$A\widetilde{L}+B\widetilde{X}+A_0=0$$

考虑到 $\Delta=\widetilde{L}-L$,上式可变为:

$$A\Delta+B\widetilde{X}+W=0 \tag{2.82}$$

上式中,常数项 $W=AL+A_0$。

4. 附有限制条件的间接平差法

同样地,在间接平差函数模型中,除了选取了 t 个独立参数,又多选了 s 个参数,显然在 $t+s$ 个参数之间必然存在 s 个函数关系,它们是用来约束参数之间应满足的关系。这种以参数方程和 s 个约束条件方程作为平差的函数模型,称为附有限制条件的间接平差法。

附有限制条件的间接平差法的函数模型的一般形式如下:

$$\begin{cases}\widetilde{L}=F(\widetilde{X})\\ \phi(\widetilde{X})=0\end{cases}$$

线性形式的函数模型则可写为:

$$\begin{cases}\widetilde{L}=B\widetilde{X}+d \text{ 或 } l+\Delta=B\widetilde{X}\\ C\widetilde{X}+W_x=0\end{cases} \tag{2.83}$$

这里需要特别说明的是,以上平差函数模型都是用真误差和未知量的真值表达的。真值是未知的,通过平差,即按最小二乘原理,可求出真误差和未知量的最佳估值,称为平差值。观测值真值 $\widetilde{L}$ 的平差值记为 $\hat{L}$,未知数真值 Δ 的平差值记为 V,称为观测值 L 的改正数。$\hat{x}$ 为未知数近似值 X^0 的改正数,并有下述定义:

$$\hat{L}=L+V,\hat{X}=X^0+\hat{x} \tag{2.84}$$

在实际测量平差列立平差函数模型时，通常是将平差值代替真值，考虑到上述定义关系，则各函数模型变换为如下形式：

条件平差：

$$AV+W=0 \tag{2.85}$$

间接平差：

$$V=B\hat{x}-l \tag{2.86}$$

附有参数的条件平差：

$$AV+B\hat{x}+W=0 \tag{2.87}$$

附有限制条件的间接平差：

$$\begin{cases} V=B\hat{x}-l \\ C\hat{x}+W_x=0 \end{cases} \tag{2.88}$$

本书主要讲述条件平差法和间接平差法。

2.6.3　最小二乘法原理应用

【例 2.8】　设对未知量同精度独立观测了 n 次，其观测值为 $L_1,L_2,\cdots,L_n$。试按最小二乘原理求该量的最或是值。

解：设该量的最或是值为 x，观测值的改正数为 v，则

$$v_i=x-L_i$$

由式(2.75)得到

$$[vv]=(x-L_1)^2+(x-L_2)^2+\cdots+(x-L_n)^2=\min$$

为了求出上式的最小值，对 x 求一阶导数，并令其等于零，于是：

$$\frac{\mathrm{d}[vv]}{\mathrm{d}x}=2(x-L_1)+2(x-L_2)+\cdots+2(x-L_n)=0$$

整理得：

$$nx-[L]=0$$

即

$$x=\frac{[L]}{n} \tag{2.89}$$

上式表明，按最小二乘原理求得的一组同精度观测值的估值和测量学中通常求算术平均值的结论是一致的。

【例 2.9】　设对某未知量独立进行 n 次不同精度观测，观测值为 $L_1,L_2,\cdots,L_n$，相应权为 $p_1,p_2,\cdots,p_n$。试按最小二乘原理求该量的最或是值。

解　设该量的最或是值为 x，观测值的改正数为 v，则

$$v_i=x-L_i$$

由式(2.75)得到

$$[pvv]=p_1(x-L_1)^2+p_2(x-L_2)^2+\cdots+p_n(x-L_n)^2=\min$$

为了求出上式的最小值，对 x 求一阶导数，并令其等于零，于是：

$$\frac{\mathrm{d}[pvv]}{\mathrm{d}x}=2p_1(x-L_1)+2p_2(x-L_2)+\cdots+2p_1(x-L_n)=0$$

整理得：

$$[p]x-[pL]=0$$

即

$$x=\frac{[pL]}{[p]} \tag{2.90}$$

上式就是测量上普遍应用的不同精度观测值求最或是值的带权平均值公式。

【例 2.10】 设同精度观测了图 2.6 所示的三角形三个内角，分别为 L_1、L_2 和 L_3，试按最小二乘原理求该量的最或是值。

解 设观测值的平差值为未知参数，按间接平差法解算。

设角 A 的最或是值为 x_1，观测值的改正数为 v_1，角 B 的最或是值为 x_2，观测值的改正数为 v_2，则参数方程为：

$$\begin{cases}L_1+v_1=x_1\\L_2+v_2=x_2\\L_3+v_3=-x_1-x_2+180°\end{cases} \tag{2.91}$$

由式(2.75)组成极值函数：

$$[vv]=v_1^2+v_2^2+v_3^2=(x_1-L_1)^2+(x_2-L_2)^2+(-x_1-x_2+180°-L_3)^2=\min$$

式中：$[vv]$是未知数 x_i 的函数。

为了求得函数的极值，将上式对两个未知数 x_1 和 x_2 分别求偏导数，并令其等于零：

$$\begin{cases}\dfrac{\partial[vv]}{\partial x_1}=2(x_1-L_1)+2(-x_1-x_2+180°-L_3)\times(-1)=0\\\dfrac{\partial[vv]}{\partial x_2}=2(x_2-L_2)+2(-x_1-x_2+180°-L_3)\times(-1)=0\end{cases}$$

经整理可得：

$$\begin{cases}2x_1+x_2-L_1+L_3-180°=0\\x_1+2x_2-L_2+L_3-180°=0\end{cases} \tag{2.92}$$

解上述方程，并令 $w=L_1+L_2+L_3-180°$，即三角形角度闭合差，得未知数：

$$x_1=L_1-\frac{w}{3},x_2=L_2-\frac{w}{3}$$

将未知数的解代入式(2.91)，得改正数：

$$v_1=v_2=v_3=-\frac{w}{3} \tag{2.93}$$

这就是测量学中测角三角形闭合差反号平均分配的理论根据。

下面设三角形三个内角的平差值为未知量，按条件平差解算。

三角形内角和条件方程为：

$$\hat{L}_1+\hat{L}_2+\hat{L}_3-180°=0$$

由于 $\hat{L}_i=L_i+v_i$，并令 $w=L_1+L_2+L_3-180°$，上式变为以改正数为未知数的条件方程：

$$v_1+v_2+v_3+w=0 \tag{2.94}$$

由式(2.75)组成极值函数：

$$[vv]=v_1^2+v_2^2+v_3^2-2k(v_1+v_2+v_3+w)=\min$$

为了求得函数的极值，将上式对未知数 v_1、v_2 和 v_3 分别求偏导数，并令其等于零：

$$\begin{cases}\dfrac{\partial[vv]}{\partial v_1}=2v_1-2k=0\\\dfrac{\partial[vv]}{\partial v_2}=2v_2-2k=0\\\dfrac{\partial[vv]}{\partial v_3}=2v_3-2k=0\end{cases}$$

经整理可得：

$$\begin{cases}v_1=k\\v_2=k\\v_3=k\end{cases} \tag{2.95}$$

将上式代入条件方程(2.94)，得：

$$3k+w=0$$

即

$$k=-\frac{w}{3}$$

再将 k 的值代入式(2.95)，有：

$$v_1=v_2=v_3=-\frac{w}{3}$$

此结果与间接平差相同。

项目小结

一、主要知识点

(1)协方差、协方差传播律及其在测量中的应用。

(2)权及测量中常用定权方法。

(3)协因数、协因数阵及与协方差阵、权阵的关系及协因数传播律。

(4)由真误差计算中误差的方法及在实际中的应用。

(5)MATLAB 及 MATLAB 矩阵运算。

(6)测量平差准则、平差方法及最小二乘法原理应用。

二、主要计算公式

1. 方差与协方差传播律

(1)协方差与协方差阵。

随机变量 x 和 y 的协方差定义：

$$\sigma_{xy}=\lim_{n\to\infty}\frac{[\Delta_x\Delta_y]}{n}$$

协方差估值：

$$\hat{\sigma}_{xy}=m_{xy}=\frac{[\Delta_x\Delta_y]}{n}$$

n 维随机向量 $\boldsymbol{X}=(x_1 \quad x_2 \quad \cdots \quad x_n)^{\mathrm{T}}$ 方差-协方差阵：

$$\underset{n\times n}{\boldsymbol{D}_{XX}}=\begin{pmatrix}\sigma_1^2 & \sigma_{12} & \cdots & \sigma_{1n}\\ \sigma_{21} & \sigma_2^2 & \cdots & \sigma_{2n}\\ \vdots & \vdots & & \vdots\\ \sigma_{n1} & \sigma_{n2} & \cdots & \sigma_n^2\end{pmatrix}$$

独立随机向量方差-协方差阵：

$$\underset{n\times n}{\boldsymbol{D}_{XX}}=\begin{pmatrix}\sigma_1^2 & 0 & \cdots & 0\\ 0 & \sigma_2^2 & \cdots & 0\\ \vdots & \vdots & & \vdots\\ 0 & 0 & \cdots & \sigma_n^2\end{pmatrix}$$

m 维随机向量 $\boldsymbol{Y}=(y_1 \quad y_2 \quad \cdots \quad y_m)^{\mathrm{T}}$ 关于向量 $\boldsymbol{X}$ 的互协方差阵：

$$\boldsymbol{D}_{XY}=\begin{pmatrix}\sigma_{x_1y_1} & \sigma_{x_1y_2} & \cdots & \sigma_{x_1y_m}\\ \sigma_{x_2y_1} & \sigma_{x_2y_2} & \cdots & \sigma_{x_2y_m}\\ \vdots & \vdots & & \vdots\\ \sigma_{x_ny_1} & \sigma_{x_ny_2} & \cdots & \sigma_{x_ny_m}\end{pmatrix}$$

(2)协方差传播律。

观测值线性函数的方差：

$$Z=k_1x_1+k_2x_2+\cdots+k_nx_n+k_0$$

矩阵形式表示为：

$$\underset{1\times 1}{\boldsymbol{Z}}=\underset{1\times n}{\boldsymbol{K}}\underset{n\times 1}{\boldsymbol{X}}+\underset{1\times 1}{\boldsymbol{k}_0}$$

$$\boldsymbol{D}_{ZZ}=\boldsymbol{K}\boldsymbol{D}_{XX}\boldsymbol{K}^{\mathrm{T}}$$

纯量展开式：

$$\begin{aligned}\sigma_z^2=&k_1^2\sigma_1^2+2k_1k_2\sigma_{12}+2k_1k_3\sigma_{13}+\cdots+2k_1k_n\sigma_{1n}\\ &+k_2^2\sigma_2^2+2k_2k_3\sigma_{23}+2k_2k_4\sigma_{24}+\cdots+2k_2k_n\sigma_{2n}\\ &\ddots\\ &+k_{n-1}^2\sigma_{n-1}^2+2k_{n-1}k_n\sigma_{n-1n}\\ &+k_n^2\sigma_n^2\end{aligned}$$

独立观测值函数 z 的方差：

$$\sigma_z^2=k_1^2\sigma_1^2+k_2^2\sigma_2^2+\cdots+k_n^2\sigma_n^2$$

各观测值精度相同,且系数均为 1 时 z 的方差：

$$\sigma_z^2=\sigma_1^2+\sigma_2^2+\cdots+\sigma_n^2=n\sigma^2$$

方差-协方差传播律：

$$\underset{t\times 1}{\boldsymbol{Z}}=\underset{t\times n}{\boldsymbol{K}}\underset{n\times 1}{\boldsymbol{X}}+\underset{t\times 1}{\boldsymbol{K}_0},\ \underset{s\times 1}{\boldsymbol{Y}}=\underset{s\times n}{\boldsymbol{A}}\underset{n\times 1}{\boldsymbol{X}}+\underset{s\times 1}{\boldsymbol{A}_0}$$

$$\begin{cases} \underset{s\times s}{\boldsymbol{D}_{YY}} = \boldsymbol{A}\boldsymbol{D}_{XX}\boldsymbol{A}^{\mathrm{T}} \\ \underset{s\times t}{\boldsymbol{D}_{YZ}} = \boldsymbol{A}\boldsymbol{D}_{XX}\boldsymbol{K}^{\mathrm{T}} \\ \underset{t\times s}{\boldsymbol{D}_{ZY}} = \boldsymbol{K}\boldsymbol{D}_{XX}\boldsymbol{A}^{\mathrm{T}} \end{cases}$$

2.观测值的权

$$p_i = \frac{\sigma_0^2}{\sigma_i^2}$$

3.协因数和协因数传播律

(1)协因数：

$$\begin{cases} Q_{ii} = \dfrac{1}{p_i} = \dfrac{\sigma_i^2}{\sigma_0^2} \\ Q_{jj} = \dfrac{1}{p_j} = \dfrac{\sigma_j^2}{\sigma_0^2} \\ Q_{ij} = \dfrac{\sigma_{ij}}{\sigma_0^2} \end{cases}$$

(2)向量 $\underset{n\times 1}{\boldsymbol{X}} = (x_1 \quad x_2 \quad \cdots \quad x_n)^{\mathrm{T}}$ 的协因数阵 $\underset{n\times n}{\boldsymbol{Q}_{XX}}$：

$$\underset{n\times n}{\boldsymbol{Q}_{XX}} = \begin{pmatrix} Q_{11} & Q_{12} & \cdots & Q_{1n} \\ Q_{21} & Q_{22} & \cdots & Q_{2n} \\ \vdots & \vdots & & \vdots \\ Q_{n1} & Q_{n2} & \cdots & Q_{nn} \end{pmatrix}$$

观测值之间独立：

$$\underset{n\times n}{\boldsymbol{Q}_{XX}} = \begin{pmatrix} Q_{11} & 0 & \cdots & 0 \\ 0 & Q_{22} & \cdots & 0 \\ \vdots & \vdots & & \vdots \\ 0 & 0 & \cdots & Q_{nn} \end{pmatrix}$$

(3)协因数阵与权阵关系：

$$\boldsymbol{P}_X = \boldsymbol{Q}_{XX}^{-1}$$

观测值之间独立：

$$\boldsymbol{P}_X = \boldsymbol{Q}_{XX}^{-1} = \begin{pmatrix} Q_{11} & 0 & \cdots & 0 \\ 0 & Q_{22} & \cdots & 0 \\ \vdots & \vdots & & \vdots \\ 0 & 0 & \cdots & Q_{nn} \end{pmatrix}^{-1} = \begin{pmatrix} p_1 & 0 & \cdots & 0 \\ 0 & p_2 & \cdots & 0 \\ \vdots & \vdots & & \vdots \\ 0 & 0 & \cdots & p_n \end{pmatrix}$$

(4)协因数阵与协方差阵关系：

$$\underset{n\times n}{\boldsymbol{D}_{XX}} = \sigma_0^2 \underset{n\times n}{\boldsymbol{Q}_{XX}}$$

(5)协因数传播律。

观测值向量 $\boldsymbol{X}$ 线性函数：

$$z=k_1x_1+k_2x_2+\cdots+k_nx_n+k_0$$

用矩阵表示：

$$\boldsymbol{z}=\boldsymbol{KX}+\boldsymbol{k}_0$$

协因数阵：

$$\boldsymbol{Q}_{ZZ}=\boldsymbol{KQ}_{XX}\boldsymbol{K}^{\mathrm{T}}$$

独立观测值线性函数 z 的协因数为：

$$Q_{zz}=k_1^2Q_{11}+k_2^2Q_{22}+\cdots+k_n^2Q_{nn}$$

独立观测值权倒数传播律：

$$\frac{1}{p_z}=k_1^2\frac{1}{p_1}+k_2^2\frac{1}{p_2}+\cdots+k_n^2\frac{1}{p_n}$$

协因数传播律：

$$\begin{cases}\underset{t\times1}{\boldsymbol{F}}=\underset{t\times n}{\boldsymbol{A}}\underset{n\times1}{\boldsymbol{X}}+\underset{t\times1}{\boldsymbol{A}_0}\\ \underset{r\times1}{\boldsymbol{G}}=\underset{r\times n}{\boldsymbol{B}}\underset{n\times1}{\boldsymbol{X}}+\underset{r\times1}{\boldsymbol{B}_0}\end{cases},\begin{cases}\boldsymbol{Q}_{FF}=\boldsymbol{AQ}_{XX}\boldsymbol{A}^{\mathrm{T}}\\ \boldsymbol{Q}_{GG}=\boldsymbol{BQ}_{XX}\boldsymbol{B}^{\mathrm{T}}\\ \boldsymbol{Q}_{FG}=\boldsymbol{AQ}_{XX}\boldsymbol{B}^{\mathrm{T}}\\ \boldsymbol{Q}_{GF}=\boldsymbol{BQ}_{XX}\boldsymbol{A}^{\mathrm{T}}\end{cases}$$

4.真误差计算中误差应用

(1)由三角形闭合差计算测角中误差(菲列罗公式)：

$$m=\sqrt{\frac{[WW]}{3n}}$$

(2)由不同精度的真误差计算单位权中误差：

$$\hat{\sigma}_0=m_0=\sqrt{\frac{[p\Delta\Delta]}{n}}$$

(3) 由双观测值之差计算中误差：

$$\hat{\sigma}_0=m_0=\sqrt{\frac{[pdd]}{2n}}$$

(4)同精度双程观测值的中误差：

$$\hat{\sigma}_0=m_0=\sqrt{\frac{[p_d dd]}{n}}=\sqrt{\frac{[dd]}{2n}}$$

5.最小二乘法平差准则

$$\sum_{i=1}^{n}p_iv_i^2=[pvv]=\min$$

矩阵形式表示：

$$\boldsymbol{V}^{\mathrm{T}}\boldsymbol{PV}=\min$$

思考与训练题

1.误差传播律是用来解决什么问题的？

2.何谓协方差？协方差和方差一样吗？

3.权是怎样定义的？权与中误差有何关系？

4.什么叫单位权？什么叫单位权观测值？什么叫单位权中误差？

5.当只有一个观测值时，给定它的权是否有意义，为什么？

6.什么是协因数？什么是互协因数？

7.应用权倒数传播律时，应注意什么问题？

8.权倒数传播律与误差传播律有何异同？

9.下列各式中的 L_i 均为同精度独立观测值，其中误差均为 m，试求 x 的中误差 m_x。

(1)$x=3L_1+5L_2-4L_3$；　　(2)$x=\frac{1}{4}L_1+\frac{1}{3}L_2-\frac{1}{5}L_3$；

(3)$x=3L_1L_2-10$；　　(4)$x=\frac{L_1L_2}{L_3}$；

(5) $x=L_1^2+L_2^2$。

10.下列各式中 L_i 为不同精度独立观测值，它们的中误差分别为 $m_i(i=1,2)$。试求 x 的误差 m_x。

(1)$x=3L_1^2+2L_2^2+\frac{L_1}{L_2}$；　　(2)$x=\sin aL_1-\cos L_2$（$a$ 为常数）；

(3)$x=\tan\frac{L_1}{L_2}$；　　(4)$x=C\frac{\sin L_1}{\sin L_2}$（$C$ 为常数）

11.在某三角形中，同精度独立观测了两内角 α 和 β，已知它们的中误差为 $3.0''$，试求第三个内角 γ 的中误差(提示：$\gamma=180°-\alpha-\beta$)。

12.细则规定，各等级三角测量的测角中误差分别为 $0.7''$，$1.0''$，$1.8''$，$2.5''$，试导出各级三角测量中三角形闭合差的最大允许值(以二倍中误差作为限差)。

13.已知某边的长度和中误差为 $S\pm m_s$，坐标方位角和中误差为 $\alpha\pm m_\alpha$。试求坐标增量 $\Delta x=S\cos\alpha$ 及 $\Delta y=S\sin\alpha$ 的中误差 $m_{\Delta x}$ 和 $m_{\Delta y}$。

14.已知某经纬仪的方向观测中误差 $m_{方}=3.0''$，若要求最后结果的测角中误差小于 $1.8''$，问至少应测多少测回？

15.在两已知点间敷设一条附合水准路线，已知每千米观测中误差 $m_{\text{km}}=5.0\text{mm}$。欲使平差后最弱点高程中误差 $|m_H|\leqslant 10\text{mm}$，问该路线长度最多为多少千米？（提示：最弱高程点位于线路中点。）

16.某角已进行了20测次，其平均值的中误差为 $0.42''$，问再增加多少测次，其平均值的中误差为 $0.28''$？

17.已知 L_1，L_2，L_3 的方差-协方差矩阵为

$$\boldsymbol{D}_{LL}=\begin{pmatrix}6 & -1 & -2\\ -1 & 4 & 1\\ -2 & 1 & 2\end{pmatrix}$$

试求下列函数的方差：

(1)$X=L_1+3L_2-2L_3$；

(2)$Y=L_1^2+L_2+L_3^{1/2}$。

18. 在同样的观测条件下,观测了 4 条水准路线。已知 $S_1=10.5\text{km}$,$S_2=8.8\text{km}$,$S_3=3.9\text{km}$, $S_4=15.8\text{km}$。求各条水准路线的权,并说明单位权观测的路线长度。

19. 同精度独立测得三角形三个内角 L_1、L_2 和 L_3(权均为 1)。试求将闭合差平均分配后,各内角 $\hat{L}_i$ 的权及闭合差 w 的权。(提示:$\hat{L}_i=L_i-\dfrac{1}{3}w$,$w=(L_1+L_2+L_3)-180°$。)

20. 设 L_1,L_2 及 L_3 为某量的不同等精度观测值,它们的权之比为 $P_1:P_2:P_3=1:2:3$。已知 L_1 的中误差 $m_1=6''$。试求 L_2,L_3 的中误差 m_2 和 m_3。

21. 设 $\Delta x=S\cos\alpha$,S 的权为 P_S,P 的权为 P_α,且 S 与 α 独立。求 Δx 的权倒数。

22. 已知 x_1 和 x_2 的因数阵 $\boldsymbol{Q}=\begin{pmatrix}2 & 1\\1 & 2\end{pmatrix}$。试求 $\boldsymbol{Y}=\begin{pmatrix}y_1\\y_2\end{pmatrix}=\begin{pmatrix}1 & 1\\2 & 1\end{pmatrix}\begin{pmatrix}x_1\\x_2\end{pmatrix}$的协因数阵。

23. 设有观测值 L_1,L_2,其方差分别为 $\sigma_1^2=1$,$\sigma_2^2=4$,$\sigma_{12}=1$。已知 $\sigma_0^2=2$。求观测值 L_1,L_2 的协因数阵和权阵。

24. 有一水准路线分四段进行测量,每段高差均作往返观测。观测值见表 2.6。

表 2.6　水准测量高差表

路线长度(km)	往测高差(m)	返测高差(m)
5.3	5.263	5.258
3.1	1.715	1.717
4.3	2.626	2.629
1.0	3.799	3.796

令 1km 观测高差的权为单位权,试求:

(1)各段一次观测高差中误差;

(2)各段高差平均值的中误差;

(3)全长一次观测高差中误差;

(4)全长高差平均值的中误差。

25. 有三个线性方程组成的联立方程组:

$$\begin{cases}X_1+2X_2+3X_3=2\\3X_1-5X_2+6X_3=0\\7X_1+8X_2+9X_3=2\end{cases}$$

试用 MATLAB 写出该方程组求解的步骤及解算结果。

项目 3　高程网数据处理

学习目标

(1)掌握高程控制网高差闭合差验算的基本技能,了解各等级高程控制网限差规定。

(2)理解高程控制网条件平差和间接平差基本原理。

(3)初步掌握高程网条件平差和间接平差的基本方法和具体步骤。

任务 3.1　高程网数据处理概述

3.1.1　数据处理的目的和要求

高程控制网(简称高程网)是指以若干高程点组成的控制网,目的是通过网中已知点高程来求得网中待定点高程。它包括以水准测量方式建立的水准网和以三角高程测量(电磁波测距三角高程)方式建立的三角高程网。水准测量的外业观测元素是各测段的高差,三角高程测量的外业观测元素虽是竖直角、距离、仪器高、觇标高等,但也总是提供经改正后的往返高差平均值。因此,高程网数据处理的对象是高差。由于高差观测存在误差,故用观测值计算的高程控制网将产生高差闭合差。

高程网数据处理的目的就是对外业观测的数据进行各项修正和高差闭合差验算后,利用最小二乘法原理,消除闭合差,求得高差改正数,然后得到各点高程平差值,并评定其精度。

《工程测量标准》(GB 50026—2020)规定:各等级高程网应按最小二乘法进行严密平差,打印输出的平差成果应包含起算数据、观测数据和必要的中间数据;平差后的精度评定应包含单位权中误差、每千米高差(全)中误差、点位高程中误差等。

3.1.2　数据处理的步骤和内容

1. 外业高差改正数计算

水准测量是在地面两点间安置水准仪,观测竖立在两点上的水准标尺,按尺上读数推算两点间的高差。由于水准标尺名义长度误差,不同高程的正常水准面不平行等,沿不同路线测得的两点间高差将存在系统误差,必须对外业高差加以必要的改正,以求得正确的高差。

电磁波测距三角高程测量是测量两点间的距离和竖直角的方法来计算高差,由于观测了竖直角和边长,需要进行大气折光和地球曲率改正、边长常数改正、周期改正、倾斜改正等,最后求得正确的高差值。

2. 外业数据检核

高差检核主要包括两方面内容:一方面是计算往返测高差不符值和附合路线及闭合路线高差闭合差,评定外业观测数据的质量;另一方面根据表 3.1、表 3.2 和表 3.3 中的各等级高差较差和高差闭合差限差与实际计算的高差较差和高差闭合差进行比较,以此判别外业观测数据是否符合质量要求。

表 3.1 各级水准测量精度表 (单位:mm)

水准测量等级	二等	三等	四等	五等
M_Δ 的限差	≤1.0	≤3.0	≤5.0	
M_W 的限差	≤2.0	≤6.0	≤10.0	≤15.0

表 3.2 各级水准测量高差限差表 (单位:mm)

等级	测段、路线往返测高差不符值	测段、路线的左、右路线高差不符值	附合路线或环线闭合差		检测已测测段高差的差
			平原	山区	
二等	$4\sqrt{K}$		$4\sqrt{L}$		$6\sqrt{R}$
三等	$12\sqrt{K}$	$8\sqrt{K}$	$12\sqrt{L}$	$15\sqrt{L}$	$20\sqrt{R}$
四等	$20\sqrt{K}$	$14\sqrt{K}$	$20\sqrt{L}$	$25\sqrt{L}$	$30\sqrt{R}$
五等	$30\sqrt{K}$		$30\sqrt{L}$		

注:K—路线或测段的长度,km;L—附合路线(环线)长度,km;R—检测测段长度,km。山区指高程超过 1000m 或路线中最大高差超过 400m 的地区。

表 3.3 电磁波三角高程测量限差表 (单位:mm)

等级	每千米高差全中误差	对向观测高差较差	附合或环线闭合差
四等	10	$40\sqrt{D}$	$20\sqrt{\sum D}$
五等	15	$60\sqrt{D}$	$30\sqrt{\sum D}$

注:D—对向观测距离,km。

3. 平差计算

根据高程网中的已知点高程和高差值,按照项目 2 介绍的最小二乘法平差原理和方法求得高程网中待定点的高程和精度称为高程控制网平差。根据平差的思路不同,高程控制网平差可采用条件平差法,也可以采用间接平差法。

高程网采用条件平差时,以高差观测值的改正数(真误差估值)作为未知数,并以它们之间存在的附合路线和环线闭合差条件为函数模型,根据最小二乘法原理求解改正数,并最终求得各观测值的平差值和精度。当采用间接平差时,通常以待定点的高程作为未知数,列立高差观测值与未知数之间的参数方程作为函数模型,根据最小二乘法原理解得未知参数,并求出未知数及其函数的精度。

任务3.2 闭合差与限差计算

3.2.1 测量精度与限差

1. 水准测量偶然中误差与限差

水准测量的精度根据往返测的高差不符值(高差较差)来评定。由 n 个测段往返测的高差不符值 Δ 计算往返测高差平均值每千米偶然中误差为

$$M_{\Delta}=\sqrt{\frac{1}{4n}\left[\frac{\Delta\Delta}{R}\right]} \tag{3.1}$$

式中:Δ 为各测段往返测的高差不符值,取 mm 为单位;R 为各测段的距离,取 km 为单位;n 为测段的数目。

式(3.1)就是水准测量规范中规定用以计算往返测高差平均值的每千米偶然中误差的公式。需要说明的是,这个公式不太严密,在计算偶然误差时没有顾及系统误差的影响。不过涉及每个测段的往返测距离较短,系统误差影响较小。

表3.4是根据往返测不符值计算每千米高差中数偶然中误差的算例。

表3.4 三等水准测量每千米高差中数之偶然中误差计算表

测段编号	测段距离 R(km)	往返测不符值 Δ(mm)	$\Delta\Delta$	$\frac{\Delta\Delta}{R}$	备　注
1	2.9	+8.2	67.24	23.10	
2	2.4	+6.1	37.21	15.50	
3	2.8	+12.2	148.84	53.16	
4	2.3	−10.0	100.00	43.48	
5	2.2	−7.8	60.84	27.65	
6	2.3	+6.1	37.21	16.18	$M_{\Delta}=\sqrt{\frac{1}{4n}\left[\frac{\Delta\Delta}{R}\right]}=2.6\text{mm}$
7	2.8	+8.2	67.24	24.01	
8	2.4	+7.0	49.00	20.42	
9	2.4	−10.2	104.04	43.35	
10	2.8	+4.2	17.64	6.30	
	$n=10$		$\sum=273.24$		

三等水准测量每千米高差中数偶然中误差的要求为3mm,计算结果为2.6mm,符合限差要求。

2. 水准测量全中误差与限差

在长距离水准线路中,影响观测的除偶然误差外还有系统误差,而且这种系统误差在

很长的路线上也表现出偶然性质。由于环形闭合差表现为真误差的性质,因而可以利用环形闭合差 W 来估计含有偶然误差和系统误差在内的全中误差。

水准测量规范中规定,当水准路线构成水准网的水准环超过 20 个时,应按水准环闭合差 W 计算每千米水准测量高差中数的全中误差 M_W。

计算每千米水准测量高差中数的全中误差的公式为

$$M_W=\sqrt{\frac{1}{N}\left[\frac{WW}{F}\right]} \tag{3.2}$$

式中:W 为水准环闭合差,取 mm 为单位;F 为每一个水准环周长,取 km 为单位;N 为水准环个数。

每千米水准测量往返高差中数偶然中误差 M_Δ 和全中误差 M_W 的限差规定见表 3.1。由式(3.1)和式(3.2)计算的偶然中误差和全中误差的绝对值均应小于表 3.1 中所对应各级水准测量规定的限值,否则应分析原因并进行重测。

3. 电磁波测距三角高程测量精度与限差

电磁波测距三角高程测量对向(直返觇)观测高差,经过地球曲率、垂直折光差等改正后的高差,同水准测量一样,在平差前还应利用环形闭合差 W 来估计含有偶然误差和系统误差在内的每千米全中误差,全中误差公式与水准测量全中误差公式(3.2)相同。规范规定,按高差闭合差计算的每千米全中误差应小于表 3.3 中各等级电磁波测距三角高程测量每千米高差全中误差的规定。

3.2.2 高差闭合差与限差

1. 往返测高差较差与限差

为了减少系统误差的影响,水准测量每测段通常需要进行往返观测。理论上往返测高差之和应等于零,但各种因素引起的误差导致其和不等于零,我们称之为往返测高差不符值或高差较差。显然,这个不符值不应超过一定的限值,否则认为观测误差太大。表 3.2 列出了这个限差要求。

同样为了提高观测精度,电磁波三角高程测量采用对向观测方法,其对向观测高差较差限差见表 3.3。

往返测或对向观测高差较差计算如下:

$$f_\Delta=h_{往}+h_{返} \tag{3.3}$$

2. 附合水准路线闭合差与限差

起闭于两个已知水准点间的水准线路称为附合水准路线,其上各点之间高差(各测段高差)的代数和应等于两个已知水准点间的高差。但由于存在测量误差,实测的高差不等于理论高差,其差值称为附合水准路线高差闭合差。

图 3.1 为一条附合水准路线示意图。在已知高程点 A 和 B 之间有 n 个测段,观测高

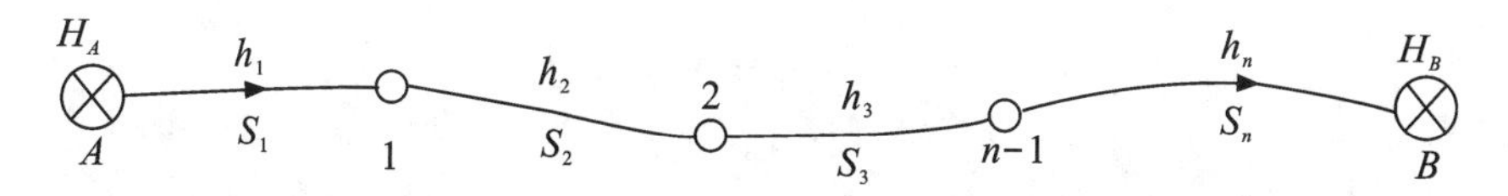

图 3.1 附合水准路线示意图

差、路线长度如图所示。理论上起点 A 的高程与路线上所有高差(真值)之和(即 B 点的计算高程)应等于终点 B 的已知高程。用方程表示为：

$$H_A+\tilde{h}_1+\tilde{h}_2+\cdots+\tilde{h}_n-H_B=0 \tag{3.4}$$

由于高差真值未知,实际中只能求出其最优估值(平差值),这样上述方程变为：

$$H_A+\hat{h}_1+\hat{h}_2+\cdots+\hat{h}_n-H_B=0 \tag{3.5}$$

上式是高程控制网线路高差平差值间应满足的条件,称为**平差值条件方程**,是高程控制网条件平差的**函数模型**。

由于观测值中包含观测误差,B 点的计算高程与已知高程不相等,其差值即为高差闭合差 f_h,测量学中其计算式如下：

$$f_h=H_A+h_1+h_2+\cdots+h_n-H_B \tag{3.6}$$

在正常情况下,高差闭合差 f_h 应很小,不会超过一定的限值。表 3.2、表 3.3 给出了这个限差值。若由式(3.6)计算出的闭合差超过这个限值,说明观测误差太大,应仔细分析原因,再决定对相应的测段进行重测。

在测量学中,为了分配高差闭合差 f_h,应对每个观测高差加上相应的改正数 v_i 进行高差改正,这样才能求得高差平差值,即 $\hat{h}_i=h_i+v_i$,将此式代入方程(3.5),并考虑到式(3.6),方程(3.5)变为下述方程：

$$v_1+v_2+\cdots+v_n+f_h=0 \tag{3.7}$$

式(3.7)表明,所有高差改正数之和与高差闭合差的绝对值相等,符号相反,是当改正数计算正确时,高差改正数之间满足的关系式。这个方程正是后面要介绍的水准网条件平差应满足的条件,是以改正数为未知数的条件方程,通常称为**条件方程**。

3. 闭合路线闭合差

从一个水准点出发,经过若干测段后回到原水准点而形成环状,该水准线路称为闭合水准路线。理论上环线上所有高差的代数和应等于零。但由于存在测量误差,实测的高差代数和不等于零,其差值称为闭合水准路线高差闭合差。

图 3.2 为一条闭合水准路线示意图。该闭合环有 n 个测段,观测高差、路线长度如图所示。理论上路线上所有高差之和应等于零。由于观测值中包含观测误差,高差之和不等于零,其高差闭合差 f_h 的计算公式如下：

$$f_h=h_1+h_2+\cdots+h_n \tag{3.8}$$

由式(3.8)计算出的闭合差也应满足表 3.2、表 3.3 给出的限差要求。若计算出的闭合差超过这个限值,说明观测误差太大,应仔细分析原因,并对相应的测段进行重测。

闭合路线高差改正数条件方程与附合路线的相同,即方程(3.7)。

式(3.9)是闭合路线高差平差值条件方程,也是高程控制网条件平差的函数模型。

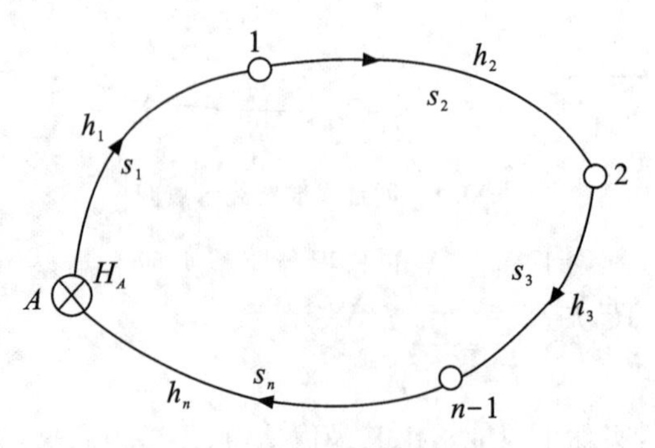

图 3.2　闭合水准路线示意图

$$\hat{h}_1+\hat{h}_2+\cdots+\hat{h}_n=0 \tag{3.9}$$

☞【例 3.1】　图 3.3 为某测区三等闭合水准成果,验算高差闭合差。已知水准点 19 的高程为 50.330m,测段高差和距离见图上,闭合水准线路的总长为 5.0km。

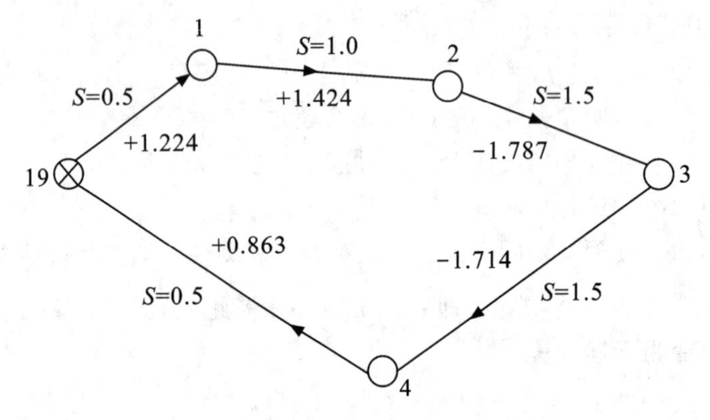

图 3.3　某测区三等闭合水准路线图

解　闭合水准路线的高差闭合差为:

$$f_h=\sum h_i=(1.224+1.424-1.787-1.714+0.863)\text{mm}=0.010\ \text{m}=10\ \text{mm}$$

查表 3.2 知,三等闭合水准路线的高差闭合差的限差为 $12\sqrt{F}$,$f_{限}=12\sqrt{5}\ \text{mm}=27\text{mm}$。$f_h<f_{限}$,符合三等水准测量的限差要求。

任务 3.3　高程网条件平差

3.3.1　条件平差概述

1. 高程网起算数据

为了确定高程控制网的位置基准所必需的已知数据,称为**必要起算数据**。由于高程控制网中只要有一个点的高程已知,那么这个高程控制网的位置就确定了,因此高程控制网中的必要起算数据是 1 个已知点的高程。

按照起算数据的不同，只有一个已知高程点的高程控制网称为独立高程控制网；有两个或两个以上已知高程点的高程控制网称为附合高程控制网。

2. 必要观测数与多余观测数

图 3.4 是一个具有两个已知高程点和两个待定高程点的附合水准网。从图中可以看出，求出 C 点的高程只需测量 A 点到 C 点的高差（h_1），同样求出 D 点的高程，只需测量 B 点到 D 点的高差（h_3）或 C 点到 D 点的高差（h_2 或 h_4），这两个高差观测称为必要观测，必要观测数用字母 t 表示，本例必要观测数为 2，不难看出高程网中必要观测个数与待定高程点的点数相同。

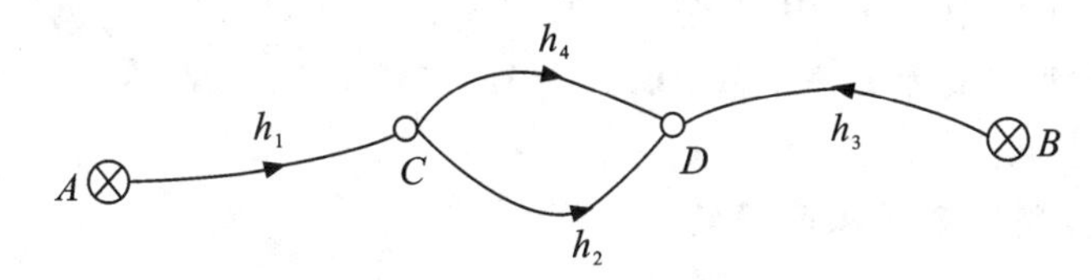

图 3.4　附合水准网示意图

从上述分析中知道，为了求网中 t 个待定点的高程，只需测量 t 个高差就可以了，但在实际中为了能及时发现错误和提高平差结果的精度总是要进行多于 t 个高差观测。例如，图 3.4 中只需观测 2 个高差就可以了，但还是观测了 4 个高差（称为观测总数，用 n 表示），超过必要观测的观测称为多余观测，多余观测数用 r 表示，本例中 $r=2$。

根据项目 1 中的内容得知，观测总数 n、必要观测数 t 和多余观测数 r 存在下述关系：

$$r=n-t \tag{3.10}$$

从条件平差理论知道，由于有了多余观测，高程网中各线路高差间就会产生形如式(3.6)和式(3.8)的高差闭合差，并最终表达为式(3.7)的条件方程。对于有 r 个多余观测的高程网，就会有 r 个形如式(3.7)的条件方程。

3. 高差观测值的权

在项目 2 中我们介绍了权和最小二乘法平差原理，知道了权在最小二乘法平差中的重要作用，观测值的权不同，对应的改正数不一样，其平差结果亦会不同。因此，在平差之前应正确地确定观测值的权。

高程控制网平差中只包含高差观测值。由于水准测量得到的高差与三角高程测量得到的高差的测量方式不相同，因此权的确定是有区别的。

1）水准网高差权的确定

在地面起伏较大的地区进行水准测量时，由于每千米的测站数相差较大，因此按测站数定权较为合理。此时可认为各测站观测高差是精度相同的独立观测值，则各路线观测高差的权为

$$p_i=\frac{C}{N_i}\quad (i=1,2,3,\cdots,n) \tag{3.11}$$

式中:N_i 为第 i 条水准测量路线的测站数。

式(3.11)就是水准网平差时按线路的测站数进行定权的公式,适合于丘陵和山区。通常取常数 $C=1$,即令一测站为单位权观测,此时一测站高差中误差即为单位权中误差。

在相对平坦的地区进行水准测量,由于每千米的测站数大致相同,因此按水准路线的距离定权则更为合理。此时可认为单位距离(水准测量一般指 1 km)的观测高差中误差相等,路线长度为 s_i 的观测高差的权为

$$p_i=\frac{C}{s_i}\quad (i=1,2,3,\cdots,n) \tag{3.12}$$

式(3.12)就是水准网平差时按线路的千米数进行定权的公式,适合于相对平坦地区。通常取常数 $C=1$,即令 1km 为单位权观测,此时 1km 高差中误差即为单位权中误差。

说明:式(3.11)和式(3.12)中的常数 C 的意义不同。式(3.11)中的 C 表示一测站观测高差的权或单位权观测高差的测站数;而式(3.12)中的常数 C 表示 1km 观测高差的权或单位权观测高差的线路千米数。

2)三角高程控制网高差权的确定

由三角高程公式知,A、B 两点间高差:

$$h_{AB}=D_{AB}\tan\alpha_{AB}+i_A-v_B+\frac{1-k}{2R}D_{AB}^2$$

将上式微分,得:

$$\begin{aligned}\mathrm{d}h_{AB}=&\tan\alpha_{AB}\mathrm{d}D_{AB}+D_{AB}\sec^2\alpha_{AB}\mathrm{d}\alpha+\mathrm{d}i_A-\mathrm{d}v_B\\&+D_{AB}\frac{1-k}{R}\mathrm{d}D_{AB}-D_{AB}^2\frac{1}{2R}\mathrm{d}k\end{aligned}$$

考虑到式中 $\tan\alpha_{AB}\mathrm{d}D_{AB}$、$\mathrm{d}i_A$、$\mathrm{d}v_B$、$D_{AB}\frac{1-k}{R}\mathrm{d}D_{AB}$ 和 $D_{AB}^2\frac{1}{2R}\mathrm{d}k$ 均较小,可略去;另外,由于垂直角 α_{AB} 一般都较小,因而 $\sec\alpha_{AB}\approx1$,于是 $\mathrm{d}h_{AB}\approx D_{AB}\mathrm{d}\alpha$。根据权倒数传播律,可以写出:

$$\frac{1}{p_h}=D^2\frac{1}{p_\alpha}\text{或}\ p_h=\frac{1}{D^2}p_\alpha$$

由于竖直角为等精度观测值,其权 p_α 为常数,不妨令 $p_\alpha=\frac{m_0^2}{m_\alpha^2}=C$,于是有:

$$p_h=\frac{C}{D^2} \tag{3.13}$$

上式是三角高程测量或电磁波测距三角高程测量高差定权公式。该式表明,三角高程测量高差的权与其边长的平方成反比。

3.3.2 条件平差原理

1. 平差基本思想

从上述内容可知,高程控制网中存在 r 个多余观测,就会产生 r 个形如式(3.7)的条件

方程。高程控制网平差归结为以 r 个条件方程为基础,根据最小二乘法 $[pvv]=\min$ 求出一组高差改正数。

对于图3.4,多余观测数为2,因此有两个线路高差闭合差。一个是从 A 点到 B 点的附合路线高差闭合差,另一个是从 C 点到 D 点,最后回到 C 点的闭合环线高差闭合差。平差中通常将闭合差用字母 w_i 表示,本例具体形式如下:

$$w_1=H_A+h_1+h_2+(-h_3)-H_B$$

$$w_2=h_2+(-h_4)$$

对应的条件方程:

$$\begin{cases}v_1+v_2-v_3+w_1=0\\v_2-v_4+w_2=0\end{cases}\tag{3.14}$$

根据前述水准测量按距离定权方法,取常数 $C=1$,各线路的权为 $p_i=\dfrac{1}{s_i}$。

按照前面的理解,高程网条件平差就是要求出方程(3.14)中的未知数(改正数 v_i),不过由于未知数总是比方程个数多($n>r$),根据解线性方程组的理论可知,方程有无穷多组解。为此,必须按最小二乘法原理 $[pvv]=\min$ 来确定唯一解。

为了解高程网平差的基本思想,我们以单一附合或闭合路线条件方程(3.7)为例。

按照数学中求条件极值的方法,组成拉格朗日条件极值函数:

$$[pvv]=p_1v_1^2+p_2v_2^2+\cdots+p_nv_n^2-2k(v_1+v_2+\cdots+v_n+f_h)$$

式中:$[pvv]$ 是未知数 v_i 的函数;k 是条件系数,未知,在测量平差中称为**联系数**。

为了求得函数的极值,将上式对 n 个未知数 v_i 分别求偏导数,并令其等于零:

$$\begin{cases}\dfrac{\partial[pvv]}{\partial v_1}=2p_1v_1-2k=0\\\dfrac{\partial[pvv]}{\partial v_2}=2p_2v_2-2k=0\\\vdots\\\dfrac{\partial[pvv]}{\partial v_n}=2p_nv_n-2k=0\end{cases}\tag{3.15}$$

经整理后可得:

$$v_i=\frac{1}{p_i}k\quad(i=1,2,3,\cdots,n)\tag{3.16}$$

将上式代入式(3.7),得:

$$\left(\frac{1}{p_1}+\frac{1}{p_2}+\cdots+\frac{1}{p_n}\right)k+f_h=0$$

或

$$[s]k+f_h=0\tag{3.17}$$

在测量平差中式(3.17)称为法方程。求解法方程,得联系数 k,将其代入式(3.16),得改正数:

$$v_i=-\frac{f_h}{[s]}\times s_i\tag{3.18}$$

可见,上式就是我们熟悉的单一附合或闭合路线高差改正数计算式,最后根据 $\hat{h}_i=$

h_i+v_i 计算出观测值的最或然值(平差值)。

2. 条件平差原理

将上述例子进行一般化说明。设有 n 个观测值为 $L_1,L_2,\cdots,L_n$,相应的权为 $P_1,P_2,\cdots,P_n$,平差值为 $\hat{L}_1,\hat{L}_2,\cdots,\hat{L}_n$,条件方程的常数项为 $a_0,b_0,\cdots,r_0$,观测值改正数为 $v_1,v_2,\cdots,v_n$,条件方程的闭合差为 $w_a,w_b,\cdots,w_r$。

为了推证简便,设多余观测数 $r=3$,仿照式(3.5)和式(3.9)可写出三个平差值条件方程(函数模型)一般形式:

$$\begin{cases} a_1\hat{L}_1+a_2\hat{L}_2+\cdots+a_n\hat{L}_n+a_0=0 \\ b_1\hat{L}_1+b_2\hat{L}_2+\cdots+b_n\hat{L}_n+b_0=0 \\ c_1\hat{L}_1+c_2\hat{L}_2+\cdots+c_n\hat{L}_n+c_0=0 \end{cases} \tag{3.19}$$

式中:$a_i,b_i,c_i(i=1,2,\cdots,n)$为平差值条件系数,它们是某些固定值,随条件方程不同而取不同的值。平差值条件方程有线性形式,也有非线性形式。下面在进行推导公式时,假设全部条件均为线性形式。

因为 $\hat{L}_i=L_i+v_i(i=1,2,\cdots,n)$,并令

$$\begin{cases} a_1L_1+a_2L_2+\cdots+a_nL_n+a_0=w_a \\ b_1L_1+b_2L_2+\cdots+b_nL_n+b_0=w_b \\ c_1L_1+c_2L_2+\cdots+c_nL_n+c_0=w_c \end{cases} \tag{3.20}$$

于是式(3.19)变为

$$\begin{cases} a_1v_1+a_2v_2+\cdots+a_nv_n+w_a=0 \\ b_1v_1+b_2v_2+\cdots+b_nv_n+w_b=0 \\ c_1v_1+c_2v_2+\cdots+c_nv_n+w_c=0 \end{cases} \tag{3.21}$$

式(3.20)中的 w_a,w_b,w_c 就是高程网中的高差闭合差,在条件平差中统称为条件方程的**闭合差**,式(3.21)即是前面提到的条件方程。

因为条件方程的个数等于多余观测数,而多余观测数只是观测量总数 n 的一部分,所以未知数的数目总是大于条件方程的数目,式(3.21)的解不唯一。为了求得一组既能满足条件方程(3.21),而又能使$[pvv]=\min$ 的 v 值,可采用数学中条件极值的原理。为此,组成新函数

$$\begin{aligned} \Phi=F(v_1,v_2,\cdots,v_n)=&(P_1v_1^2+P_2v_2^2+\cdots+P_nv_n^2) \\ &-2k_a(a_1v_1+a_2v_2+\cdots+a_nv_n+w_a) \\ &-2k_b(b_1v_1+b_2v_2+\cdots+b_nv_n+w_b) \\ &-2k_c(c_1v_1+c_2v_2+\cdots+c_nv_n+w_c) \end{aligned} \tag{3.22}$$

式中:系数 $-2k_a,-2k_b,-2k_c$ 在数学中称为拉格朗日乘数。在测量平差中,称 k 为**联系数**,其个数与条件方程的个数相同。为了表达简洁,下面用矩阵进行简要推导。

设 $\underset{r\times n}{\boldsymbol{A}}$ 表示条件方程组的系数矩阵;$\underset{n\times 1}{\boldsymbol{V}}$ 表示最或是值改正数矩阵;$\underset{r\times 1}{\boldsymbol{W}}$ 表示条件方程组

的闭合差矩阵；$\underset{n\times1}{L}$ 为观测值矩阵；$\underset{r\times1}{A_0}$ 为条件方程的常数矩阵，即：

$$\underset{r\times n}{A}=\begin{pmatrix}a_1 & a_2 & \cdots & a_n\\ b_1 & b_2 & \cdots & b_n\\ \vdots & \vdots & & \vdots\\ r_1 & r_2 & \cdots & r_n\end{pmatrix},\underset{n\times1}{L}=\begin{pmatrix}L_1\\ L_2\\ \vdots\\ L_n\end{pmatrix},\underset{n\times1}{V}=\begin{pmatrix}v_1\\ v_2\\ \vdots\\ v_n\end{pmatrix},\underset{r\times1}{W}=\begin{pmatrix}w_a\\ w_b\\ \vdots\\ w_r\end{pmatrix},\underset{r\times1}{A_0}=\begin{pmatrix}a_0\\ b_0\\ \vdots\\ r_0\end{pmatrix}$$

则式(3.21)、式(3.20)可用矩阵表达成：

$$\underset{r\times1n\times1}{A\ V}+\underset{r\times1}{W}=0 \tag{3.23}$$

$$\underset{r\times1}{W}=\underset{r\times nn\times1}{A\ L}+\underset{r\times1}{A_0} \tag{3.24}$$

设观测值的权阵 P 为 $n\times n$ 的对角阵，又设联系数矩阵 $K=(k_a \quad k_b \quad \cdots \quad k_r)^T$，则式(3.22)可用矩阵表示为

$$\Phi=V^TPV-2K^T(AV+W) \tag{3.25}$$

为求新函数 Φ 的极值，对上式变量 V 求其一阶偏导数，并令其为零，即

$$\frac{d\Phi}{dV}=\frac{d(V^TPV)}{dV}+\frac{d(-2K^T(AV+W))}{dV}$$

$$=2V^TP-2K^TA=0$$

即

$$V^TP=K^TA$$

等式两边同时转置得

$$PV=A^TK$$

因 $P^{-1}P=E$(单位矩阵)，故有

$$\underset{n\times1}{V}=\underset{n\times n}{P^{-1}}\ \underset{n\times r}{A^T}\ \underset{r\times1}{K} \tag{3.26}$$

其中，$$\underset{n\times n}{P^{-1}}=\begin{pmatrix}p_1 & 0 & \cdots & 0\\ 0 & p_2 & \cdots & 0\\ \vdots & \vdots & & \vdots\\ 0 & 0 & \cdots & p_n\end{pmatrix}^{-1}=\begin{pmatrix}\frac{1}{p_1} & 0 & \cdots & 0\\ 0 & \frac{1}{p_2} & \cdots & 0\\ \vdots & \vdots & & \vdots\\ 0 & 0 & \cdots & \frac{1}{p_n}\end{pmatrix}$$。

式(3.26)就是根据联系数 K 求改正数 V 的关系式，通常称之为**改正数方程**。

将上式矩阵展开，得到改正数计算的纯量形式如下：

$$v_i=\frac{1}{P_i}(a_ik_a+b_ik_b+\cdots+r_ik_r) \quad (i=1,2,\cdots,n) \tag{3.27}$$

为了求联系数 K，将式(3.27)代入条件方程式(3.23)，得到下述矩阵表达式

$$\underset{r\times n}{A}\ \underset{n\times n}{P^{-1}}\ \underset{n\times r}{A^T}\ \underset{r\times1}{K}+\underset{r\times1}{W}=0$$

令

$$\underset{r\times r}{N_{aa}}=\underset{r\times n}{A}\ \underset{n\times n}{P^{-1}}\ \underset{n\times r}{A^T} \tag{3.28}$$

则有

$$\underset{r\times r}{N_{aa}}\ \underset{r\times1}{K}+\underset{r\times1}{W}=0 \tag{3.29}$$

式(3.29)是一组 r 阶方程,在条件平差中称为**法方程**,$\boldsymbol{N}_{aa}$ 称为法方程**系数矩阵**,$\boldsymbol{W}$ 为前面提到的条件方程的闭合差向量,在这里称为法方程**常数项**。法方程的纯量形式如下:

$$
\begin{cases}
\left[\dfrac{aa}{p}\right]k_a+\left[\dfrac{ab}{p}\right]k_b+\cdots+\left[\dfrac{ar}{p}\right]k_r+w_a=0 \\
\left[\dfrac{ab}{p}\right]k_a+\left[\dfrac{bb}{p}\right]k_b+\cdots+\left[\dfrac{br}{p}\right]k_r+w_b=0 \\
\qquad\qquad\qquad\vdots \\
\left[\dfrac{ar}{p}\right]k_a+\left[\dfrac{br}{p}\right]k_b+\cdots+\left[\dfrac{rr}{p}\right]k_r+w_r=0
\end{cases}
\tag{3.30}
$$

式中:符号[ ]表示求和,即 $\left[\dfrac{gh}{p}\right]=\dfrac{g_1h_1}{p_1}+\dfrac{g_2h_2}{p_2}+\cdots+\dfrac{g_nh_n}{p_n}$。

法方程的主要作用是求解联系数 $\boldsymbol{K}$。由于$\boldsymbol{N}_{aa}$ 为 r 阶满秩方阵,将式(3.26)左乘$\boldsymbol{N}_{aa}^{-1}$,可得联系数求解表达式:

$$
\underset{r\times1}{\boldsymbol{K}}=-\underset{r\times r}{\boldsymbol{N}_{aa}^{-1}}\underset{r\times1}{\boldsymbol{W}}
\tag{3.31}
$$

可见,求得联系数 $\boldsymbol{K}$ 后,再将 $\boldsymbol{K}$ 代入式(3.26)就可求得改正数 $\boldsymbol{V}$,并最终求得平差值$\hat{\boldsymbol{L}}_i$。

如果将法方程的系数矩阵$\boldsymbol{N}_{aa}$ 转置,并考虑到$\boldsymbol{P}^{-1}$ 为对称方阵,即$(\boldsymbol{P}^{-1})^{\mathrm{T}}=\boldsymbol{P}^{-1}$,故得

$$
\begin{aligned}
\boldsymbol{N}_{aa}^{\mathrm{T}} &=(\boldsymbol{AP}^{-1}\boldsymbol{A}^{\mathrm{T}})^{\mathrm{T}}=(\boldsymbol{A}^{\mathrm{T}})^{\mathrm{T}}(\boldsymbol{P}^{-1})^{\mathrm{T}}\boldsymbol{A}^{\mathrm{T}} \\
&=\boldsymbol{AP}^{-1}\boldsymbol{A}^{\mathrm{T}}=\boldsymbol{N}_{aa}
\end{aligned}
$$

这就是说,法方程的系数阵为 r 阶对称方阵。

在实际计算时,并不需要由条件方程及$[pvv]$组成极值函数 Φ,而可以直接由条件方程组成法方程,由法方程解得联系数 $\boldsymbol{K}$,然后代入改正数方程求出 $\boldsymbol{V}$,最后求得平差值 $\hat{L}_i$。

3.3.3 条件平差的步骤及示例

综合上述内容,条件平差法的计算步骤归纳如下:

(1)根据平差的具体问题,确定条件方程的个数,列出条件方程式 $\underset{r\times1n\times1}{\boldsymbol{A}\,\boldsymbol{V}}+\underset{r\times1}{\boldsymbol{W}}=\boldsymbol{0}$,条件方程的个数等于多余观测数 r;

(2)根据条件方程式的系数 $\boldsymbol{A}$、闭合差 $\boldsymbol{W}$ 及观测值的权 $\boldsymbol{P}$ 组成法方程$\underset{r\times r}{\boldsymbol{N}_{aa}}\underset{r\times1}{\boldsymbol{K}}+\underset{r\times1}{\boldsymbol{W}}=\boldsymbol{0}$,法方程的个数等于多余观测数 r;

(3)解算法方程,求出联系数$\underset{r\times1}{\boldsymbol{K}}=-\underset{r\times r}{\boldsymbol{N}_{aa}^{-1}}\underset{r\times1}{\boldsymbol{W}}$;

(4)将 $\boldsymbol{K}$ 代入改正数方程求改正数$\underset{n\times1}{\boldsymbol{V}}=\underset{n\times n}{\boldsymbol{P}^{-1}}\underset{n\times r}{\boldsymbol{A}^{\mathrm{T}}}\underset{r\times1}{\boldsymbol{K}}$,并计算平差值 $\hat{L}_i=L_i+v_i$;

(5)用平差值检核平差计算结果的正确性;

(6)计算单位权中误差。

☞ **【例 3.2】** 在图 3.5 中,A、B 为已知水准点,其高程 $H_A=12.013\mathrm{m}$,$H_B=10.013\mathrm{m}$。为了确定 C 及 D 点高程,共观测了 3 个高差。高差观测值及相应水准路线距离为:$h_1=-1.004\mathrm{m}$,$S_1=2\mathrm{km}$;$h_2=1.504\mathrm{m}$,$S_2=1\mathrm{km}$;$h_3=2.512\mathrm{m}$,$S_3=2\mathrm{km}$。试求 C 和

D 点高程的平差值。

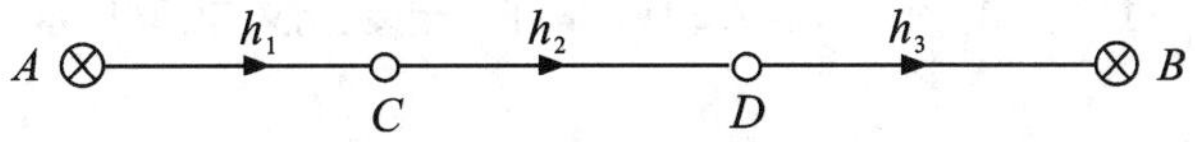

图 3.5　附合水准路线图

解　(1)此例 $n=3,t=2$,故 $r=1$,列出如下平差值条件方程:

$$H_A+\hat{h}_1+\hat{h}_2-\hat{h}_3-H_B=0$$

将 $\hat{h}_i=h_i+v_i$ 代入上式,可得条件方程为

$$v_1+v_2-v_3+(H_A+h_1+h_2+h_3-H_B)=0$$

将已知高程和观测高差代入计算闭合差(单位 mm),然后用矩阵表示如下:

$$\begin{pmatrix}1 & 1 & -1\end{pmatrix}\begin{pmatrix}v_1\\v_2\\v_3\end{pmatrix}-12=0$$

(2)令 1km 的观测高差为单位权观测,即 $p_i=\dfrac{1}{s_i}$,于是有

$$p_1=0.5,p_2=1.0,p_3=0.5$$

法方程系数为

$$\boldsymbol{N}_{aa}=\boldsymbol{AP}^{-1}\boldsymbol{A}^{\mathrm{T}}=\begin{pmatrix}1 & 1 & -1\end{pmatrix}\begin{pmatrix}0.5 & 0 & 0\\0 & 1.0 & 0\\0 & 0 & 0.5\end{pmatrix}^{-1}\begin{pmatrix}1\\1\\-1\end{pmatrix}=5$$

由此得法方程为
$$5k_a-12=0$$

解之得
$$K=-\boldsymbol{N}_{aa}^{-1}\boldsymbol{W}=2.4$$

(3)根据式(3.26),可求得改正数为

$$\boldsymbol{V}=\boldsymbol{P}^{-1}\boldsymbol{A}^{\mathrm{T}}\boldsymbol{K}=\begin{pmatrix}0.5 & 0 & 0\\0 & 1.0 & 0\\0 & 0 & 0.5\end{pmatrix}^{-1}\begin{pmatrix}1\\1\\-1\end{pmatrix}\times 2.4=\begin{pmatrix}4.8\\2.4\\-4.8\end{pmatrix}$$

由此得高差的平差值为

$$\hat{\boldsymbol{h}}=\boldsymbol{h}+\boldsymbol{V}=\begin{pmatrix}-1.004\\1.504\\2.512\end{pmatrix}+\begin{pmatrix}4.8\\2.4\\-4.8\end{pmatrix}\times 10^{-3}=\begin{pmatrix}-0.9992\\1.5064\\2.5072\end{pmatrix}$$

即 $\hat{h}_1=-0.9992\ \mathrm{m},\hat{h}_2=1.5064\ \mathrm{m},\hat{h}_3=2.5072\ \mathrm{m}$

将平差值代入条件方程进行检核,得

$$12.013-0.9992+1.5064-2.5072-10.013=0$$

可见,各高差的平差值满足了水准路线高差间的几何条件,即高差闭合差为零,故知计算无误,最后计算 C 和 D 点平差高程分别为

$$\hat{H}_C=\hat{H}_A+\hat{h}_1=11.0138\mathrm{m}$$

$$\hat{H}_D=\hat{H}_C+\hat{h}_2=12.5202\mathrm{m}$$

任务3.4 水准网条件平差技能训练

☞【例3.3】 图3.6为一四等水准网,A、B为两个高程已知点,C、D、E、F分别为待定点。已知高程值和高差观测值如表3.5所示,需完成以下计算任务:

(1)验算所有高差闭合差及其闭合差限差,判断是否满足相应等级限差要求;

(2)计算各待定点的高程平差值;

(3)计算每千米高差中误差。

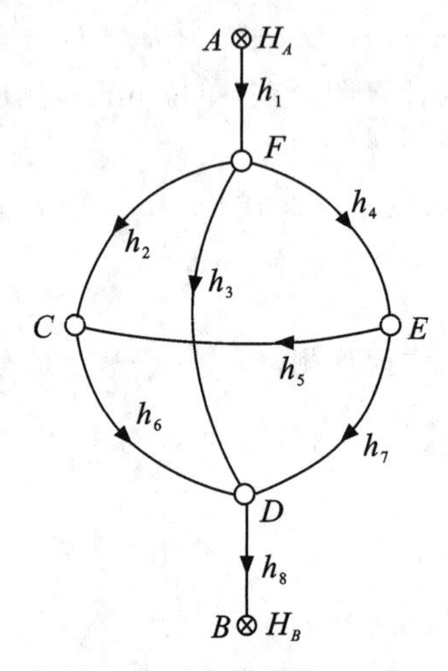

图3.6 水准网平差略图

表3.5 已知数据表

已知高程值					
H_A=31.100 m			H_B=34.165 m		
高差观测值与测段距离					
序号	观测值	测段距离	序号	观测值	测段距离
1	1.001m	1.0km	5	0.504m	2.0km
2	1.002m	2.0km	6	0.060m	2.0km
3	1.064m	2.0km	7	0.560m	2.5km
4	0.500m	1.0km	8	1.000m	2.5km

3.4.1 高差闭合差验算

由图3.6可知,水准网中总观测个数$n=8$,必要观测数$t=4$,故多余观测数$r=n-t=4$,表明图3.6中有4个路线高差闭合差。仔细分析图形线路,有多种路线选择。可选择3

个闭合路线($F \to C \to E \to F$,$F \to C \to D \to F$,$F \to D \to E \to F$)和1个附合路线($A \to F \to D \to B$),或选择另外3个闭合路线和1个附合路线,或者选择1个闭合路线和3个附合路线等。不过从图上直观来看,选择3个闭合路线和1个附合路线较为简单明了。

(1)$F \to C \to E \to F$ 路线闭合差及限差:

$$w_1 = h_2 - h_4 - h_5 = -2.0\text{mm}$$

$$w_{1限} = 20\sqrt{L} = 20\sqrt{5}\text{mm} = 44.7\text{mm}$$

$w_1 < w_{1限}$,满足四等水准测量规范要求。

(2)$F \to C \to D \to F$ 路线闭合差及限差:

$$w_2 = h_2 - h_3 + h_6 = -2.0\text{mm}$$

$$w_{2限} = 20\sqrt{L} = 20\sqrt{6}\text{mm} = 49.0\text{mm}$$

$w_2 < w_{2限}$,满足四等水准测量规范要求。

(3)$F \to D \to E \to F$ 路线闭合差及限差:

$$w_3 = h_3 - h_4 - h_7 = 4.0\text{mm}$$

$$w_{3限} = 20\sqrt{L} = 20\sqrt{5.5}\text{mm} = 46.9\text{mm}$$

$w_3 < w_{3限}$,满足四等水准测量规范要求。

(4)$A \to F \to D \to B$ 路线闭合差及限差:

$$w_4 = H_A + h_1 + h_3 + h_8 - H_B = 0.0\text{mm}$$

$$w_{4限} = 20\sqrt{L} = 20\sqrt{5.5}\text{mm} = 46.9\text{mm}$$

$w_4 < w_{4限}$,满足四等水准测量规范要求。

3.4.2 条件方程式的列立

根据图形线路先写出平差值条件方程,然后写出条件方程如下:

$$\hat{h}_2 - \hat{h}_4 - \hat{h}_5 = 0 \Rightarrow v_2 - v_4 - v_5 - 2.0 = 0$$

$$\hat{h}_2 - \hat{h}_3 + \hat{h}_6 = 0 \Rightarrow v_2 - v_3 + v_6 - 2.0 = 0$$

$$\hat{h}_3 - \hat{h}_4 - \hat{h}_7 = 0 \Rightarrow v_3 - v_4 - v_7 + 4.0 = 0$$

$$H_A + \hat{h}_1 + \hat{h}_3 + \hat{h}_8 - H_B = 0 \Rightarrow v_1 + v_3 + v_8 = 0$$

写成下述矩阵形式:

$$\begin{pmatrix} 0 & 1 & 0 & -1 & -1 & 0 & 0 & 0 \\ 0 & 1 & -1 & 0 & 0 & 1 & 0 & 0 \\ 0 & 0 & 1 & -1 & 0 & 0 & -1 & 0 \\ 1 & 0 & 1 & 0 & 0 & 0 & 0 & 1 \end{pmatrix} \begin{pmatrix} v_1 \\ v_2 \\ v_3 \\ v_4 \\ v_5 \\ v_6 \\ v_7 \\ v_8 \end{pmatrix} + \begin{pmatrix} -2.0 \\ -2.0 \\ 4.0 \\ 0.0 \end{pmatrix} = \mathbf{0}$$

由 $p_i=C/s_i$，令 $C=1$，于是 $1/P_1=1,1/P_2=2,1/P_3=2,1/P_4=1,1/P_5=2,1/P_6=2,1/P_7=2.5,1/P_8=2.5$。把权逆阵写成下述对角矩阵形式：

$$\boldsymbol{P}^{-1}=\begin{pmatrix}1 &&&&&&& \\ & 2 &&&&&& \\ && 2 &&&&& \\ &&& 1 &&&& \\ &&&& 2 &&& \\ &&&&& 2 && \\ &&&&&& 2.5 & \\ &&&&&&& 2.5\end{pmatrix}$$

3.4.3 法方程式的组成与解算

计算法方程系数：

$$\boldsymbol{N}=\boldsymbol{A}\boldsymbol{P}^{-1}\boldsymbol{A}^{\mathrm{T}}=\begin{pmatrix}5 & 2 & 1 & 0 \\ 2 & 6 & -2 & -2 \\ 1 & -2 & 5.5 & 2 \\ 0 & -2 & 2 & 5.5\end{pmatrix}$$

法方程如下：

$$\begin{pmatrix}5 & 2 & 1 & 0 \\ 2 & 6 & -2 & -2 \\ 1 & -2 & 5.5 & 2 \\ 0 & -2 & 2 & 5.5\end{pmatrix}\begin{pmatrix}k_1 \\ k_2 \\ k_3 \\ k_4\end{pmatrix}+\begin{pmatrix}-2.0 \\ -2.0 \\ 4.0 \\ 0.0\end{pmatrix}=\boldsymbol{0}$$

解上述法方程，求得联系数：

$$\boldsymbol{K}=-\boldsymbol{N}^{-1}\boldsymbol{W}=\begin{pmatrix}0.6426 \\ -0.1061 \\ -1.0010 \\ 0.3254\end{pmatrix}$$

3.4.4 改正数、平差值与单位权中误差

将求得的联系数代入，计算改正数：

$$\boldsymbol{V}=\boldsymbol{P}^{-1}\boldsymbol{A}^{\mathrm{T}}\boldsymbol{K}=(0.3\ 1.1\ -1.1\ 0.4\ -1.3\ -0.2\ 2.5\ 0.8)^{\mathrm{T}}$$

根据改正数计算高差平差值：

$$\hat{\boldsymbol{h}}=\boldsymbol{h}+\boldsymbol{V}=(1.001\ 1.003\ 1.063\ 0.500\ 0.503\ 0.060\ 0.562\ 1.001)^{\mathrm{T}}$$

由已知点高程和高差平差值求出待定点高程平差值：

$$\hat{\boldsymbol{H}}(m)=(33.104\quad 33.164\quad 32.602\quad 32.101)^{\mathrm{T}}$$

根据项目 2 中对中误差的定义，单位权中误差的计算公式为 $\hat{\sigma}_0=\sqrt{\frac{[p\Delta\Delta]}{n}}$。在一般情况下，观测值的真误差 Δ 是不知道的，也就不可能利用上式计算单位权中误差，但在平差中可以通过观测值的改正数来计算单位权中误差，公式如下：

$$m_0=\sqrt{\frac{[pvv]}{n-t}}=\sqrt{\frac{\mathbf{V}^{\mathrm{T}}\mathbf{P}\mathbf{V}}{r}} \tag{3.32}$$

式中：n 为观测量总个数；t 为必要观测数；r 为多余观测数；$\hat{\sigma}_0$ 恒取正值。

$$m_0=\sqrt{\frac{[pvv]}{n-t}}=\sqrt{\frac{5.081}{8-4}}\mathrm{mm}=1.1\mathrm{mm}$$

注意事项：

(1)闭合差单位一般较小，本例的单位是“mm”；

(2)定权时选取 $C=1\mathrm{km}$，即以 1km 水准路线高差观测值为单位权观测值；

(3)计算平差值时注意改正数和高差值的单位一致。

任务 3.5　高程网间接平差

3.5.1　间接平差概念

间接平差法(参数平差法)是通过选定 t 个与观测值有一定关系的独立未知量作为参数，将每个观测值都分别表达成这 t 个参数的函数，建立函数模型，按最小二乘法原理，用求自由极值的方法解出参数的最或然值，从而求得各观测值的平差值。

举一个简单的例子，图 3.7 是只有一个待定高程点的附合水准路线图，观测了两段高差 h_1 和 h_2，路线长度分别为 s_1 和 s_2。

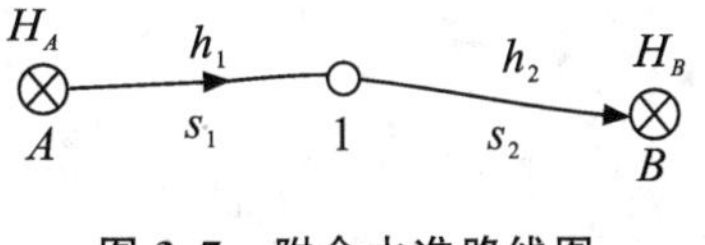

图 3.7　附合水准路线图

在任务 3.3 中我们已经知道，高程网中必要观测个数与待定高程点的点数相同，因此此例只有一个必要观测($t=1$)，为此设定 1 个未知参数。设待定点高程平差值为参数 $\hat{X}$，则由图可以写出参数与观测值之间的函数关系式：

$$\begin{aligned} h_1+v_1&=\hat{X}-H_A \\ h_2+v_2&=-\hat{X}+H_B \end{aligned} \tag{3.33}$$

上述方程就是间接平差的函数模型。为了简便起见(实际工作中也是这样做的)，给未知参数一个近似值 X^0。虽说近似值可以任意给定，但为了计算方便和计算数值的稳定性，参数的近似值通常都是根据观测值和已知值计算出来的，对于此例来说，就是用观测值计算待定点近似高程。因为这个高程是近似的，与参数的平差值还是有差异的，设这个差值

为 $\hat{x}$,因此有 $\hat{X}=X^0+\hat{x}$。这时式(3.33)可写成如下形式:

$$\begin{aligned}v_1&=\hat{x}-(H_A+h_1-X^0)\\v_2&=-\hat{x}-(X^0+h_2-H_B)\end{aligned}\tag{3.34}$$

在间接平差中,式(3.34)称为**误差方程**。

间接平差的目的就是要求解未知参数 $\hat{x}$,但式(3.34)中还包含两个改正数,这时两个方程不可能求解三个未知数,也就是说,该方程有多组解。为此同条件平差一样,必须按最小二乘法原理 $[pvv]=\min$ 来确定唯一解。

按照数学中求条件极值的方法,组成拉格朗日条件极值函数:

$$\begin{aligned}[pvv]&=p_1v_1^2+p_2v_2^2\\&=p_1[\hat{x}-(H_A+h_1-X^0)]^2+p_2[-\hat{x}-(X^0+h_2-H_B)]^2\end{aligned}$$

式中:$[pvv]$ 是未知参数 $\hat{x}$ 的函数。

为了求得函数的极值,将上式对未知参数 $\hat{x}$ 求导数,并令其等于零:

$$\frac{\partial[pvv]}{\partial\hat{x}}=2p_1[\hat{x}-(H_A+h_1-X^0)]+2p_2[-\hat{x}-(X^0+h_2-H_B)]\times(-1)=0$$

例中设 $X^0=H_A+h_1$,线路高差闭合差 $f_h=H_A+h_1+h_2-H_B$,代入并整理得:

$$(p_1+p_2)\hat{x}+p_2f_h=0\tag{3.35}$$

在间接平差中,上述方程称为法方程。从形式上看,此例中法方程只有一个方程,刚好求解一个未知参数。解之得:

$$\hat{x}=-\frac{p_2}{p_1+p_2}f_h\tag{3.36}$$

水准测量中,令权 $p_i=\frac{1}{s_i}$,则 $p_1=\frac{1}{s_1}$,$p_2=\frac{1}{s_2}$,于是上式变为:

$$\hat{x}=-\frac{s_1}{s_1+s_2}f_h$$

相应的改正数:

$$v_1=\hat{x}=-\frac{f_h}{s_1+s_2}\times s_1$$

$$v_2=-\hat{x}-f_h=-\frac{f_h}{s_1+s_2}\times s_2$$

不难看出,上式就是我们熟悉的单一附合或闭合路线高差改正数计算式,最后根据 $\hat{X}=X^0+\hat{x}$ 和 $\hat{h}_i=h_i+v_i$ 计算出高程平差值和观测值的平差值。

3.5.2 间接平差原理

设有 n 个独立观测值 $L_1,L_2,\cdots,L_n$,其相应的改正数为 $v_1,v_2,\cdots,v_n$,权为 $P_1,P_2,\cdots,P_n$,平差值为 $\hat{L}_1,\hat{L}_2,\cdots,\hat{L}_n$。

设控制网必要观测数为 t，选定 t 个独立未知参数，分别以 $\hat{X}_1,\hat{X}_2,\cdots,\hat{X}_t$ 表示 t 个未知参数的最优估值，根据方程式(3.33)，可以写出未知参数和观测值之间函数关系的一般形式，即列出 n 个**参数方程**：

$$\begin{cases} L_1+v_1=a_1\hat{X}_1+b_1\hat{X}_2+\cdots+t_1\hat{X}_t+d_1 \\ L_2+v_2=a_2\hat{X}_1+b_2\hat{X}_2+\cdots+t_2\hat{X}_t+d_2 \\ \quad\vdots \\ L_n+v_n=a_n\hat{X}_1+b_n\hat{X}_2+\cdots+t_n\hat{X}_t+d_n \end{cases} \tag{3.37}$$

平差时，为了计算方便和计算的数值稳定性，一般对参数 $\hat{X}$ 都取近似值 X^0，设其改正数为 $\hat{x}$，则有 $\hat{X}_i=X_i^0+\hat{x}_i$。将式中观测值移至等式右端，并令

$$l_i=L_i-(a_iX_1^0+b_iX_2^0+\cdots+t_iX_t^0+d_i)\quad (i=1,2,\cdots,n) \tag{3.38}$$

得到**误差方程**的一般形式为

$$\begin{cases} v_1=a_1\hat{x}_1+b_1\hat{x}_2+\cdots+t_1\hat{x}_t-l_1 \\ v_2=a_2\hat{x}_1+b_2\hat{x}_2+\cdots+t_2\hat{x}_t-l_2 \\ \quad\vdots \\ v_n=a_n\hat{x}_1+b_n\hat{x}_2+\cdots+t_n\hat{x}_t-l_n \end{cases} \tag{3.39}$$

令

$$\begin{cases} \underset{n\times 1}{\boldsymbol{V}}=(v_1\quad v_2\quad \cdots\quad v_n)^{\mathrm{T}} \\ \underset{n\times 1}{\boldsymbol{l}}=(l_1\quad l_2\quad \cdots\quad l_n)^{\mathrm{T}} \\ \underset{t\times 1}{\hat{\boldsymbol{X}}}=(\hat{x}_1\quad \hat{x}_2\quad \cdots\quad \hat{x}_t)^{\mathrm{T}} \\ \underset{n\times t}{\boldsymbol{B}}=\begin{pmatrix} a_1 & b_1 & \cdots & t_1 \\ a_2 & b_2 & \cdots & t_2 \\ \vdots & \vdots & & \vdots \\ a_n & b_n & \cdots & t_n \end{pmatrix} \end{cases} \tag{3.40}$$

则可得误差方程的矩阵形式

$$\underset{n\times 1}{\boldsymbol{V}}=\underset{n\times t}{\boldsymbol{B}}\,\underset{t\times 1}{\hat{\boldsymbol{X}}}-\underset{n\times 1}{\boldsymbol{l}} \tag{3.41}$$

上式是误差方程的矩阵形式，满足该方程的解有无穷多组，为求解一组最优估值，根据最小二乘法原理，上式的未知参数 $\hat{\boldsymbol{X}}$ 必须在满足 $\boldsymbol{V}^{\mathrm{T}}\boldsymbol{P}\boldsymbol{V}=\min$ 的要求下求解。由于 t 个参数独立，可按数学中求自由极值的方法，使

$$\frac{\partial \boldsymbol{V}^{\mathrm{T}}\boldsymbol{P}\boldsymbol{V}}{\partial \hat{\boldsymbol{X}}}=2\boldsymbol{V}^{\mathrm{T}}\boldsymbol{P}\frac{\partial \boldsymbol{V}}{\partial \hat{\boldsymbol{X}}}=2\boldsymbol{V}^{\mathrm{T}}\boldsymbol{P}\boldsymbol{B}=\boldsymbol{0}$$

转置后得

$$\boldsymbol{B}^{\mathrm{T}}\boldsymbol{P}\boldsymbol{V}=\boldsymbol{0} \tag{3.42}$$

上式称为**改正数条件方程**。如果将式(3.40)代入,便得到该方程的纯量形式:

$$\begin{cases} p_1a_1v_1+p_2a_2v_2+\cdots+p_na_nv_n=[pav]=0 \\ p_1b_1v_1+p_2b_2v_2+\cdots+p_nb_nv_n=[pbv]=0 \\ \vdots \\ p_1t_1v_1+p_2t_2v_2+\cdots+p_nt_nv_n=[ptv]=0 \end{cases} \tag{3.43}$$

上述 t 个方程,再联合式(3.39)的 n 个方程,就可以求解 n 个改正数 v 和 t 个未知参数 x。我们将这 $n+t$ 个方程称为间接平差的**基础方程**。

解算这组基础方程,通常是将式(3.41)代入式(3.42),先消去 $\boldsymbol{V}$,得

$$(\boldsymbol{B}^{\mathrm{T}}\boldsymbol{PB})^{-1}\hat{\boldsymbol{X}}-\boldsymbol{B}^{\mathrm{T}}\boldsymbol{Pl}=\boldsymbol{0} \tag{3.44}$$

令

$$\begin{cases} \underset{t\times t}{\boldsymbol{N}_{bb}}=\boldsymbol{B}^{\mathrm{T}}\boldsymbol{PB} \\ \underset{t\times 1}{\boldsymbol{W}}=\boldsymbol{B}^{\mathrm{T}}\boldsymbol{Pl} \end{cases} \tag{3.45}$$

代入式(3.44),可简化为

$$\underset{t\times t}{\boldsymbol{N}_{bb}}\underset{t\times 1}{\hat{\boldsymbol{X}}}-\underset{t\times 1}{\boldsymbol{W}}=\boldsymbol{0} \tag{3.46}$$

式(3.46)称为间接平差的**法方程**。

由式(3.46)知,法方程系数阵$\boldsymbol{N}_{bb}^{\mathrm{T}}=(\boldsymbol{B}^{\mathrm{T}}\boldsymbol{PB})^{\mathrm{T}}=\boldsymbol{B}^{\mathrm{T}}\boldsymbol{PB}=\boldsymbol{N}_{bb}$,即与条件平差的法方程系数阵一样,都是对称方阵。解之得

$$\underset{t\times 1}{\hat{\boldsymbol{X}}}=\boldsymbol{N}_{bb}^{-1}\boldsymbol{W} \text{ 或 } \underset{t\times 1}{\hat{\boldsymbol{X}}}=(\boldsymbol{B}^{\mathrm{T}}\boldsymbol{PB})^{-1}\boldsymbol{B}^{\mathrm{T}}\boldsymbol{Pl} \tag{3.47}$$

将 $\hat{\boldsymbol{X}}$ 代入误差方程(3.41)可求得改正数 $\boldsymbol{V}$,从而得观测值的平差值$\hat{\boldsymbol{L}}=\boldsymbol{L}+\boldsymbol{V}$。

当权阵 $\boldsymbol{P}$ 为对角阵,即观测值之间相互独立时,将式(3.45)代入法方程(3.46),便得到该方程的纯量形式:

$$\begin{cases} [paa]\hat{x}_1+[pab]\hat{x}_2+\cdots+[pat]\hat{x}_t-[pal]=0 \\ [pba]\hat{x}_1+[pbb]\hat{x}_2+\cdots+[pbt]\hat{x}_t-[pbl]=0 \\ \vdots \\ [pta]\hat{x}_1+[ptb]\hat{x}_2+\cdots+[ptt]\hat{x}_t-[ptl]=0 \end{cases} \tag{3.48}$$

式中:符号$[pgh]=(p_1g_1h_1+p_2g_2h_2+\cdots+p_ng_nh_n)$,为求和符号,与条件平差中的意义相同。

3.5.3 间接平差的步骤及示例

根据上述原理,可将间接平差的计算步骤归纳如下:

(1)根据平差问题的性质,确定必要观测个数 t,选定 t 个独立量作为未知参数,并根据已知数据和观测值计算出参数的近似值。

(2)将每一个观测量的平差值分别表达成所选未知参数的函数,即列出平差值方程,代入近似值后列出误差方程$\underset{n\times 1}{\boldsymbol{V}}=\underset{n\times t}{\boldsymbol{B}}\underset{t\times 1}{\hat{\boldsymbol{X}}}-\underset{n\times 1}{\boldsymbol{l}}$。

(3)由误差方程的系数 $\boldsymbol{B}$ 与自由项 $\boldsymbol{l}$ 按照式(3.41)计算法方程的系数阵和常数项,组成法方程 $\underset{t\times t}{\boldsymbol{N}_{bb}}\underset{t\times 1}{\hat{\boldsymbol{X}}}-\underset{t\times 1}{\boldsymbol{W}}=\boldsymbol{0}$。

(4)根据式 $\underset{t\times 1}{\hat{\boldsymbol{X}}}=\boldsymbol{N}_{bb}^{-1}\boldsymbol{W}$ 解算法方程,求解未知参数 $\hat{x}_i$,计算未知参数的平差值 $\hat{X}_i=X_i^0+\hat{x}_i$。

(5)将未知参数 $\hat{\boldsymbol{X}}$ 代入误差方程(3.37),求解改正数 $\boldsymbol{V}$,并求出观测值的平差值 $\hat{\boldsymbol{L}}=\boldsymbol{L}+\boldsymbol{V}$。

(6)计算单位权中误差、未知数中误差及未知数函数的中误差。

【例 3.4】 在图 3.8 中,A、B 为已知水准点,其高程 $H_A=12.013\text{m}$,$H_B=10.013\text{m}$。为了确定 C 及 D 点高程,共观测了 3 个高差,高差观测值及相应水准路线距离为:$h_1=-1.004\text{m}$,$S_1=2\text{km}$;$h_2=1.504\text{m}$,$S_2=1\text{km}$;$h_3=2.512\text{m}$,$S_3=2\text{km}$。试求 C 和 D 点高程的平差值。

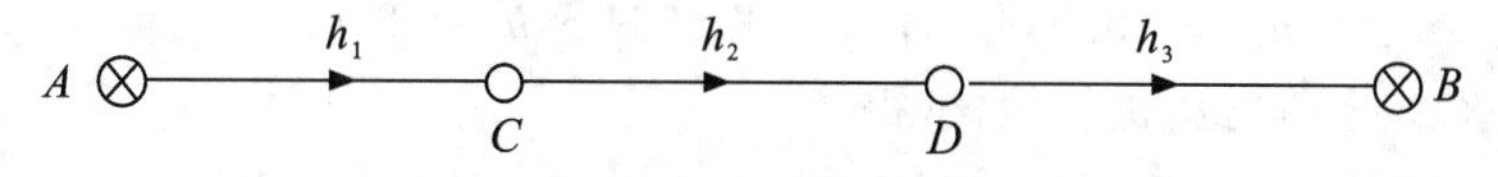

图 3.8　附合水准路线图

解　(1)此例 $n=3$,$t=2$,故未知数的个数为 2。不妨选取 C、D 两待定点高程平差值为未知数最或然值,则应列立 3 个参数方程:

$$\hat{h}_1=\hat{H}_C-H_A=\hat{X}_1-H_A$$
$$\hat{h}_2=\hat{H}_D-\hat{H}_C=-\hat{X}_1+\hat{X}_2$$
$$\hat{h}_3=\hat{H}_D-H_B=\hat{X}_2-H_B$$

令未知数的近似值

$$\hat{X}_1=\hat{x}_1+x_1^0=\hat{x}_1+H_A+h_1=\hat{x}_1+11.009$$
$$\hat{X}_2=\hat{x}_2+x_2^0=\hat{x}_2+H_B+h_3=\hat{x}_2+12.525$$

并将 $\hat{h}_i=h_i+v_i$ 代入,误差方程为

$$v_1=\hat{x}_1$$
$$v_2=-\hat{x}_1+\hat{x}_2+12$$
$$v_3=\hat{x}_2$$

误差方程的矩阵形式为

$$\begin{pmatrix}v_1\\v_2\\v_3\end{pmatrix}=\begin{pmatrix}1&0\\-1&1\\0&1\end{pmatrix}-\begin{pmatrix}0\\-12\\0\end{pmatrix}$$

式中闭合差的单位为 mm。

(2)组成法方程。

令 1km 的观测高差为单位权观测,即 $p_i=1/s_i$,于是有

$$p_1=0.5, p_2=1.0, p_3=0.5$$

法方程系数阵和常数项为

$$\boldsymbol{N}_{bb}=\boldsymbol{B}^{\mathrm{T}}\boldsymbol{P}\boldsymbol{B}=\begin{pmatrix}1.50 & -1.00\\ -1.00 & 1.50\end{pmatrix}, \boldsymbol{W}=\boldsymbol{B}^{\mathrm{T}}\boldsymbol{P}\boldsymbol{l}=\begin{pmatrix}12.00\\ -12.00\end{pmatrix}$$

即法方程为

$$\begin{pmatrix}1.50 & -1.00\\ -1.00 & 1.50\end{pmatrix}\begin{pmatrix}\hat{x}_1\\ \hat{x}_2\end{pmatrix}-\begin{pmatrix}12.00\\ -12.00\end{pmatrix}=\boldsymbol{0}$$

(3)求解上述法方程,得未知数:

$$\hat{x}_1=4.8\text{mm}, \hat{x}_2=-4.8\text{mm}$$

(4)由误差方程求得改正数和平差值:

$$v_1=\hat{x}_1=4.8\text{ mm}, v_2=-\hat{x}_1+\hat{x}_2+12=2.4\text{mm}, v_3=\hat{x}_2=-4.8\text{mm}$$

高差的平差值为

$$\hat{h}_1=-0.9992\text{m}, \hat{h}_2=1.5064\text{m}, \hat{h}_3=2.5072\text{m}$$

将平差值代入条件方程进行检核,得

$$-0.9992+1.5064-2.5072+12.013-10.013=0$$

可见,各高差的平差值满足了水准路线高差间的几何条件,即高差闭合差为零,故知计算无误,最后计算 C 和 D 点平差高程分别为

$$\hat{H}_C=\hat{H}_A+\hat{h}_1=11.0138\text{m}$$

$$\hat{H}_D=\hat{H}_C+\hat{h}_2=12.5202\text{m}$$

任务 3.6 水准网间接平差技能训练

3.6.1 未知数的选择与误差方程列立

1. 未知数个数的确定

水准网必要观测数 t 的确定与网中待定点个数有关,如果网中有已知高程的水准点,则必要观测数 t 就等于待定点的个数;如果无已知点,则等于全部点数减一,因为这一点的高程可以任意给定,以作为全网的基准,这并不影响网点高程之间的相对关系。实际水准网间接平差,一般就选取 t 个待定点高程作为未知参数,它们之间总是函数独立的。

2. 未知数的选择

确定了平差问题中未知数的个数后,正确地选择某些量作为未知数是十分重要的。选择未知数时应注意以下几个方面:

(1)未知数之间不能存在函数关系。

如果在选定的 t 个未知数中,存在着确定的函数关系式,则在这 t 个未知数中,必有 1

个未知数可以表达成其余未知数的函数。因而，它们就不是互为独立的自由变量。

例如，在三角网间接平差中，若同时选取一个三角形3个内角未知数，分别为 x_1, x_2, x_3，显然这3个未知数之间存在关系：$x_1+x_2+x_3-180°=0$。因此，3个角中的任一角都可以与其他两个角构成函数关系，只有其中2个未知数是独立的。

总之，应当选择足够数量的、互相独立的未知数。

(2)选择的未知数应便于判断它们是否独立，是否便于计算。

在图3.9中，A、B、C 和 D 为4个已知水准点，E、F 为两个待定点，未知数 $t=2$。选择这两个未知数的方法可以有很多种。例如可以选择以下任一对未知量作为未知数：

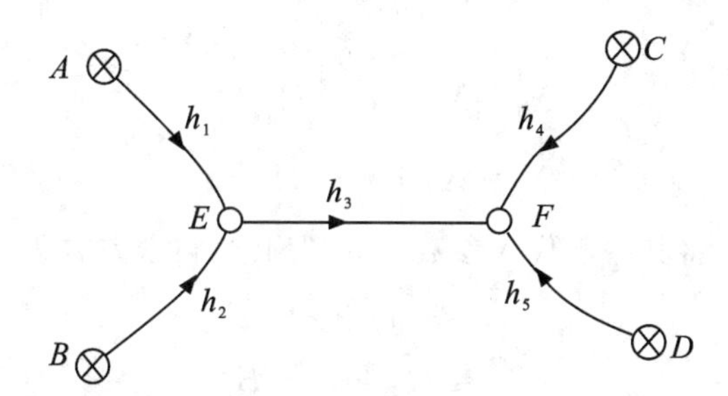

图3.9 水准网图

$$(1)\begin{cases}\hat{x}_1=\hat{H}_E\\ \hat{x}_2=\hat{H}_F\end{cases},(2)\begin{cases}\hat{x}_1=\hat{h}_1\\ \hat{x}_2=\hat{h}_3\end{cases},(3)\begin{cases}\hat{x}_1=\hat{h}_1\\ \hat{x}_2=\hat{h}_4\end{cases},(4)\begin{cases}\hat{x}_1=\hat{h}_1\\ \hat{x}_2=\hat{h}_5\end{cases},(5)\begin{cases}\hat{x}_1=\hat{h}_2\\ \hat{x}_2=\hat{h}_3\end{cases},$$

$$(6)\begin{cases}\hat{x}_1=\hat{h}_2\\ \hat{x}_2=\hat{h}_4\end{cases},(7)\begin{cases}\hat{x}_1=\hat{h}_2\\ \hat{x}_2=\hat{h}_5\end{cases},(8)\begin{cases}\hat{x}_1=\hat{h}_3\\ \hat{x}_2=\hat{h}_4\end{cases},(9)\begin{cases}\hat{x}_1=\hat{h}_3\\ \hat{x}_2=\hat{h}_5\end{cases}$$

只要以上任何一组中的未知数被求出，则图中任何一个量的最或是值都可以算出来。但是不能选择以下任一对未知量作为未知数：

$$(a)\begin{cases}\hat{x}_1=\hat{h}_1\\ \hat{x}_2=\hat{h}_2\end{cases},\quad (b)\begin{cases}\hat{x}_1=\hat{h}_4\\ \hat{x}_2=\hat{h}_5\end{cases}$$

因为从(a)的情况看：$H_A+\hat{x}_1=H_B+\hat{x}_2$，即 $\hat{x}_1-\hat{x}_2+H_A-H_B=0$。而从(b)的情况看：$H_C+\hat{x}_1=H_D+\hat{x}_2$，即 $\hat{x}_1-\hat{x}_2+H_C-H_D=0$。

所以(a)、(b)两组中的未知数互为函数，而不是相互独立的。因而，选择这样两个未知数，实质上就相当于少了一个未知数。

另外，从易于判断和计算的角度来看，以第一组最好。

由以上所述可见，在水准网中，选取高差作为未知数，就有好几种选择，若不注意，易于选错。实际中，对于高程网，总是选取待定点高程最或然值作为未知数，它们的总函数是独立的。

3. 误差方程列立的一般形式

如图3.10所示，在待定点 i 和 j 之间观测一段高差 h_{ij}，设其平差值为 $\hat{h}_{ij}$，并设待定点

i 和 j 的高程近似值(由已知点高程和高差观测值推算)为 H_i^0, H_j^0。由于必要观测数为 2，根据前面的讨论，选取待定点 i 和 j 的高程平差值为未知数 $\hat{X}_i$ 和 $\hat{X}_j$。

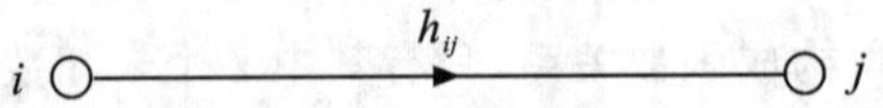

图 3.10　水准网

于是，依题意，参数方程如下：

$$\hat{X}_i + \hat{h}_{ij} = \hat{X}_j \tag{3.49}$$

取未知数的近似值为：

$$\hat{X}_i = X_i^0 + \hat{x}_i = H_i^0 + \hat{x}_i$$

$$\hat{X}_j = X_j^0 + \hat{x}_j = H_j^0 + \hat{x}_j$$

并考虑到 $\hat{h}_{ij} = h_{ij} + v_{ij}$，将其一起代入参数方程(3.49)，得误差方程一般形式：

$$v_{ij} = -\hat{x}_i + \hat{x}_j - l_{ij} \tag{3.50}$$

$$l_{ij} = H_i^0 + h_{ij} - H_j^0 \tag{3.51}$$

式中 l_{ij} 为误差方程的常数项，是一个相对较小的量，通常以厘米或毫米为单位。

特例：当 i 点为已知高程，j 点为待定高程时，只有未知数 $\hat{x}_j$，没有 $\hat{x}_i$，这时可将误差方程(3.50)中的未知数看作 $\hat{x}_i = 0$，于是误差方程变为

$$v_{ij} = \hat{x}_j - l_{ij} \tag{3.52}$$

计算方程中的常数项，将 i 点的近似高程用已知高程代替。

当 j 点为已知高程，i 点为待定高程时，只有未知数 $\hat{x}_i$，没有 $\hat{x}_j$，这时可将误差方程(3.50)中的未知数看作 $\hat{x}_j = 0$，于是误差方程变为

$$v_{ij} = -\hat{x}_i - l_{ij} \tag{3.53}$$

计算方程中的常数项，将 j 点的近似高程用已知高程代替。

3.6.2　水准网间接平差案例

【例 3.5】　图 3.11 所示为一四等水准网，网中高程点 A、B 和 C 为已知水准点，为了确定 P_1 及 P_2 点高程，共观测了 4 个高差。高程已知值、高差观测值及相应水准路线距离列于表 3.6 中。试根据间接平差法列立该水准网的误差方程。

表 3.6　水准网已知点高程、观测高差表

水准路线	1	2	3	4	已知数据
高差观测值 h_i(m)	1.003	0.501	0.503	0.505	$H_A = 11.000\text{m}, H_B = 11.500\text{m}$
路线长度 s_i(km)	1.0	2.0	2.0	1.0	$H_C = 12.008\text{m}$

解　(1)根据题意，图中有两个待定高程点，必要观测数 $t = 2$，于是选取两待定点 P_1 和 P_2 高程平差值分别为未知数 $\hat{X}_1, \hat{X}_2$，取两待定点高程近似值为未知数的近似值：

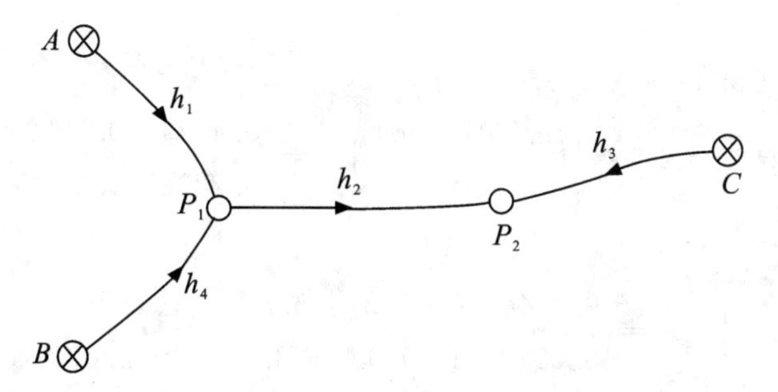

图 3.11　某一四等水准网

$$X_1^0=H_{P1}^0=H_A+h_1=12.003\text{m},X_2^0=H_{P2}^0=H_C+h_3=12.511\text{m}$$

(2)由误差方程式(3.46)、式(3.48)和式(3.49),有

$$\begin{cases} v_1=\hat{x}_1-(H_A+h_1-X_1^0)=\hat{x}_1 \\ v_2=-\hat{x}_1+\hat{x}_2-(X_1^0+h_2-X_2^0)=-\hat{x}_1+\hat{x}_2+7 \\ v_3=\hat{x}_2-(H_C+h_3-X_2^0)=\hat{x}_2 \\ v_4=\hat{x}_1-(H_B+h_4-X_1^0)=\hat{x}_1-2 \end{cases}$$

上述方程的矩阵形式如下:

$$\begin{pmatrix} v_1 \\ v_2 \\ v_3 \\ v_4 \end{pmatrix}=\begin{pmatrix} 1 & 0 \\ -1 & 1 \\ 0 & 1 \\ 1 & 0 \end{pmatrix}\begin{pmatrix} \hat{x}_1 \\ \hat{x}_2 \end{pmatrix}-\begin{pmatrix} 0 \\ -7 \\ 0 \\ 2 \end{pmatrix}$$

按 $P_i=\dfrac{1}{s_i}$定权,观测值的权阵为 $\boldsymbol{P}=\begin{pmatrix} 1.0 & 0 & 0 & 0 \\ 0 & 0.5 & 0 & 0 \\ 0 & 0 & 0.5 & 0 \\ 0 & 0 & 0 & 1.0 \end{pmatrix}$。

(3)组成法方程:

$$\boldsymbol{N}_{bb}=\boldsymbol{B}^{\mathrm{T}}\boldsymbol{PB}=\begin{pmatrix} 1 & -1 & 0 & 1 \\ 0 & 1 & 1 & 0 \end{pmatrix}\begin{pmatrix} 1.0 & 0 & 0 & 0 \\ 0 & 0.5 & 0 & 0 \\ 0 & 0 & 0.5 & 0 \\ 0 & 0 & 0 & 1.0 \end{pmatrix}\begin{pmatrix} 1 & 0 \\ -1 & 1 \\ 0 & 1 \\ 1 & 0 \end{pmatrix}=\begin{pmatrix} 2.5 & -0.5 \\ -0.5 & 1.0 \end{pmatrix}$$

$$\boldsymbol{W}=\boldsymbol{B}^{\mathrm{T}}\boldsymbol{Pl}=\begin{pmatrix} 1 & -1 & 0 & 1 \\ 0 & 1 & 1 & 0 \end{pmatrix}\begin{pmatrix} 1.0 & 0 & 0 & 0 \\ 0 & 0.5 & 0 & 0 \\ 0 & 0 & 0.5 & 0 \\ 0 & 0 & 0 & 1.0 \end{pmatrix}\begin{pmatrix} 0 \\ -7 \\ 0 \\ 2 \end{pmatrix}=\begin{pmatrix} 5.5 \\ -3.5 \end{pmatrix}$$

即法方程为

$$\begin{pmatrix} 2.5 & -0.5 \\ -0.5 & 1.0 \end{pmatrix}\begin{pmatrix} \hat{x}_1 \\ \hat{x}_2 \end{pmatrix}-\begin{pmatrix} 5.5 \\ -3.5 \end{pmatrix}=\boldsymbol{0}$$

(4)求解法方程。

未知数协因数矩阵

$$Q_{\hat{X}\hat{X}}=N^{-1}=\begin{pmatrix}2.5 & -0.5\\ -0.5 & 1.0\end{pmatrix}^{-1}=\begin{pmatrix}0.4444 & 0.2222\\ 0.2222 & 1.1111\end{pmatrix}$$

于是未知数的解:

$$\begin{pmatrix}\hat{x}_1\\ \hat{x}_2\end{pmatrix}=\begin{pmatrix}0.4444 & 0.2222\\ 0.2222 & 1.1111\end{pmatrix}\begin{pmatrix}5.5\\ -3.5\end{pmatrix}=\begin{pmatrix}1.67\\ -2.67\end{pmatrix}$$

待定点 P_1 和 P_2 的高程及高程中误差:

$$\hat{H}_{P_1}=\hat{X}_1=X_1^0+\hat{x}_1=(12.003+0.00167)\text{m}=12.0047\text{m}$$

$$\hat{H}_{P_2}=\hat{X}_2=X_2^0+\hat{x}_2=(12.511-0.00267)\text{m}=12.5083\text{m}$$

(5)将未知数的值代入误差方程,改正数为:

$$\begin{pmatrix}v_1\\ v_2\\ v_3\\ v_4\end{pmatrix}=\begin{pmatrix}1 & 0\\ -1 & 1\\ 0 & 1\\ 1 & 0\end{pmatrix}\begin{pmatrix}1.67\\ -2.67\end{pmatrix}-\begin{pmatrix}0\\ -7\\ 0\\ 2\end{pmatrix}=\begin{pmatrix}1.67\\ 2.67\\ -2.67\\ -0.33\end{pmatrix}$$

(6)计算单位权中误差。

间接平差中,单位权方差 σ_0^2 的估值 $\hat{\sigma}_0^2$,其计算公式与条件平差相同,即:

$$\hat{\sigma}_0=\sqrt{\frac{[pvv]}{n-t}} \tag{3.54}$$

式中:n 为观测值个数;t 为必要观测个数;$n-t=r$ 为多余观测数;$\hat{\sigma}_0$ 恒取正值。

$$\hat{\sigma}_0=\sqrt{\frac{[pvv]}{n-t}}=\sqrt{\frac{10.0267}{4-2}}\text{mm}=2.2\text{mm}$$

(7)未知参数的中误差。

间接平差中,未知参数的估值 $\hat{X}=X^0+\hat{x}$,X^0 为选定的近似值常数,故$Q_{\hat{X}\hat{X}}=Q_{\hat{x}\hat{x}}$,因此,以下未知参数的协因数阵都以$Q_{\hat{x}\hat{x}}$来表示。

已知观测值的协因数阵$Q_{LL}=P^{-1}=Q$,由法方程解得未知数$\underset{t\times1}{\hat{X}}=N_{bb}^{-1}B^{\mathrm{T}}Pl$,其中$\underset{n\times1}{l}=\underset{n\times1}{L}-(BX^0+d)$,$d$ 为观测值方程的常数项,对于讨论精度不产生影响,因此$Q_{ll}=Q_{LL}=P^{-1}=Q$。

由$\underset{t\times1}{\hat{X}}=N_{bb}{}^{-1}B^{\mathrm{T}}Pl$,按协因数传播律得未知数的协因数阵

$$Q_{\hat{X}\hat{X}}=N_{bb}^{-1}B^{\mathrm{T}}PP^{-1}(N_{bb}^{-1}B^{\mathrm{T}}P)^{\mathrm{T}}=N_{bb}^{-1}B^{\mathrm{T}}PP^{-1}PBN_{bb}^{-1}=N_{bb}^{-1} \tag{3.55}$$

可见,未知数的协因数阵等于法方程系数阵的逆,因此通常称之为**精度矩阵**。

由协因数的定义知:

$$\boldsymbol{Q}_{\hat{X}\hat{X}}=\begin{pmatrix} Q_{\hat{X}_1\hat{X}_1} & Q_{\hat{X}_1\hat{X}_2} & \cdots & Q_{\hat{X}_1\hat{X}_t} \\ Q_{\hat{X}_2\hat{X}_1} & Q_{\hat{X}_2\hat{X}_2} & \cdots & Q_{\hat{X}_2\hat{X}_t} \\ \vdots & \vdots & & \vdots \\ Q_{\hat{X}_t\hat{X}_1} & Q_{\hat{X}_t\hat{X}_2} & \cdots & Q_{\hat{X}_t\hat{X}_t} \end{pmatrix} \tag{3.56}$$

未知数的协因数阵中，主对角线元素 $Q_{\hat{X}_i\hat{X}_i}$ 是未知参数 $\hat{X}_i$ 的协因数，非主对角线元素 $Q_{\hat{X}_i\hat{X}_j}$ 为 $\hat{X}_i$ 对 $\hat{X}_j$ 的协因数，且等于 $Q_{\hat{X}_j\hat{X}_i}$，$\boldsymbol{Q}_{\hat{X}\hat{X}}$ 为对称方阵。

因此，未知数 $\hat{X}_i$ 的中误差估值为：

$$\hat{\sigma}_{\hat{X}_i}=\hat{\sigma}_0\sqrt{Q_{\hat{X}_i\hat{X}_i}} \tag{3.57}$$

根据上式求待定点高程中误差：

$$\sigma_{P_1}=\sigma_0\sqrt{Q_{x_1x_1}}=2.2\times\sqrt{0.4444}\,\text{mm}=1.5\text{mm}$$

$$\sigma_{P_2}=\sigma_0\sqrt{Q_{x_2x_2}}=2.2\times\sqrt{1.1111}\,\text{mm}=2.3\text{mm}$$

(8)参数函数的中误差。

间接平差中，由法方程解算出 t 个未知参数，则该平差问题中的任一量的平差值都可根据这 t 个未知参数计算出来。

在图 3.11 所示的水准网中，A、B、C 点的高程已知，选定 P_1、P_2 待定点高程的平差值作为未知参数 $\hat{X}_1$、$\hat{X}_2$，经平差计算求解得未知参数后，则可由未知参数求解水准网中任一量的平差值。如 P_1、P_2 间高差的平差值为

$$\hat{h}_{P_1P_2}=\hat{h}_2=\hat{X}_2-\hat{X}_1$$

A、P_2 点间高差的平差值为

$$\hat{h}_{AP_2}=\hat{h}_1+\hat{h}_2=\hat{X}_2-H_A$$

P_1、P_2 点高程的平差值为

$$\hat{H}_{P_1}=\hat{X}_1,\hat{H}_{P_2}=\hat{X}_2$$

可见，间接平差中，任一量的平差值都可由所选的 t 个未知参数求得，即都可表达为 t 个未知参数的函数。因此，对平差问题中任意待定量平差值的精度评定，即求任意待定量平差值的中误差，实质上就是求未知数函数的中误差。

下面从一般情况讨论如何求未知函数的中误差。

设间接平差问题中 t 个未知参数为 $\hat{X}_1,\hat{X}_2,\cdots,\hat{X}_t$，未知参数的函数为

$$\hat{\phi}=\phi(\hat{X}_1,\hat{X}_2,\cdots,\hat{X}_t) \tag{3.58}$$

为求函数 $\hat{\phi}$ 的中误差，首先对函数全微分，求权函数式：

$$\mathrm{d}\hat{\phi}=\left(\frac{\partial\phi}{\partial\hat{X}_1}\right)_0\mathrm{d}\hat{X}_1+\left(\frac{\partial\phi}{\partial\hat{X}_2}\right)_0\mathrm{d}\hat{X}_2+\cdots+\left(\frac{\partial\phi}{\partial\hat{X}_t}\right)_0\mathrm{d}\hat{X}_t \tag{3.59}$$

令系数 $f_i=\left(\dfrac{\partial\phi}{\partial\hat{X}_i}\right)_0$,并用未知数近似值的改正数 $\hat{x}_i$ 表示 $\mathrm{d}\hat{X}_i$,于是表示为

$$\mathrm{d}\hat{\phi}=f_1\hat{x}_1+f_2\hat{x}_2+\cdots+f_t\hat{x}_t \tag{3.60}$$

称式(3.60)为函数 $\hat{\phi}$ 的权函数。

当平差值函数是线性形式时,其函数为

$$\hat{\phi}=f_1\hat{X}_1+f_2\hat{X}_2+\cdots+f_t\hat{X}_t+f_0 \tag{3.61}$$

其中,f_0 为常数,对于评定 $\hat{\phi}$ 的精度而言,式(3.60)与式(3.61)是等价的,所得到的结果相同。

设 $\boldsymbol{f}=(f_1\ f_2\cdots\ f_t)^{\mathrm{T}}$,则式(3.60)表示为 $\mathrm{d}\hat{\phi}=\boldsymbol{f}^{\mathrm{T}}\hat{\boldsymbol{x}}$,由协因数传播律可知,$\hat{\phi}$ 的协因数为

$$\boldsymbol{Q}_{\hat{\phi}\hat{\phi}}=\boldsymbol{f}^{\mathrm{T}}\boldsymbol{Q}_{\hat{X}\hat{X}}\boldsymbol{f}=\boldsymbol{f}^{\mathrm{T}}\boldsymbol{N}^{-1}\boldsymbol{f} \tag{3.62}$$

因此,$\hat{\phi}$ 的中误差为

$$\hat{\sigma}_{\hat{\phi}}=\hat{\sigma}_0\sqrt{Q_{\hat{\phi}\hat{\phi}}} \tag{3.63}$$

由图可知,P_1 和 P_2 的高差平差值函数式为

$$\hat{h}_2=-\hat{x}_1+\hat{x}_2=(-1\quad 1)\begin{pmatrix}\hat{x}_1\\ \hat{x}_2\end{pmatrix}=\boldsymbol{f}^{\mathrm{T}}\hat{\boldsymbol{X}}$$

这里,P_1、P_2 点间高差的平差值是未知数的线性函数,未知数的系数与权函数系数相同,直接应用式(3.62),计算其协因数:

$$Q_{\hat{h}_2}=\boldsymbol{f}^{\mathrm{T}}\boldsymbol{Q}_{\hat{X}\hat{X}}\boldsymbol{f}=(-1\quad 1)\begin{pmatrix}0.4444 & 0.2222\\ 0.2222 & 1.1111\end{pmatrix}\begin{pmatrix}-1\\ 1\end{pmatrix}=1.11$$

由式(3.63)计算高差中误差:

$$\sigma_{\hat{h}_2}=\sigma_0\sqrt{Q_{\hat{h}_2}}=2.24\times1.11\mathrm{mm}=2.5\mathrm{mm}$$

项目小结

一、主要知识点

(1)高程网平差的目的与要求、高程网数据处理的基本内容。

(2)高程控制网线路高差闭合差计算和限差验算、各等级高程控制网限差规定。

(3)高程网条件平差和间接平差的基本思想。

(4)高程控制网条件平差和间接平差的基本原理。

(5)高程控制网条件平差和间接平差的案例。

二、条件平差法计算步骤

(1)根据平差的具体问题,确定条件方程的个数,列出条件方程式 $\underset{r\times1n\times1}{\boldsymbol{A}\ \boldsymbol{V}}+\underset{r\times1}{\boldsymbol{W}}=\boldsymbol{0}$,条件方程的个数等于多余观测数 r;

(2)根据条件方程式的系数 A、闭合差 W 及观测值的权 P 组成法方程 $\underset{r\times r}{\boldsymbol{N}_{aa}}\underset{r\times1}{\boldsymbol{K}}+\underset{r\times1}{\boldsymbol{W}}=\boldsymbol{0}$,法方程的个数等于多余观测数 r;

(3)解算法方程，求出联系数$\underset{r\times 1}{\boldsymbol{K}}=-\underset{r\times r}{\boldsymbol{N}_{aa}^{-1}}\underset{r\times 1}{\boldsymbol{W}}$；

(4)将$\boldsymbol{K}$代入改正数方程求改正数$\underset{n\times 1}{\boldsymbol{V}}=\underset{n\times n}{\boldsymbol{P}^{-1}}\underset{n\times r}{\boldsymbol{A}^{\mathrm{T}}}\underset{r\times 1}{\boldsymbol{K}}$，并计算平差值$\hat{L}_i=L_i+v_i$；

(5)用平差值检核平差计算结果的正确性；

(6)计算单位权中误差。

三、间接平差法计算步骤

(1)根据平差问题的性质，确定必要观测个数t，并选定t个独立量作为未知参数，并根据已知数据和观测值计算出参数的近似值。

(2)将每一个观测量的平差值分别表达成所选未知参数的函数，即列出平差值方程，代入近似值后列出误差方程$\underset{n\times 1}{\boldsymbol{V}}=\underset{n\times t}{\boldsymbol{B}}\underset{t\times 1}{\hat{\boldsymbol{X}}}-\underset{n\times 1}{\boldsymbol{l}}$。

(3)由误差方程的系数$\boldsymbol{B}$与自由项$\boldsymbol{l}$按照式(3.41)计算法方程系数阵和常数项，组成法方程$\underset{t\times t}{\boldsymbol{N}_{bb}}\underset{t\times 1}{\hat{\boldsymbol{X}}}-\underset{t\times 1}{\boldsymbol{W}}=\boldsymbol{0}$。

(4)根据式$\underset{t\times 1}{\hat{\boldsymbol{X}}}=\boldsymbol{N}_{bb}^{-1}\boldsymbol{W}$解算法方程，求解未知参数$\hat{x}_i$，计算未知参数的平差值$\hat{X}_i=X_i^0+\hat{x}_i$。

(5)将未知参数$\hat{\boldsymbol{X}}$代入误差方程(3.37)，求解改正数$\boldsymbol{V}$，并求出观测值的平差值$\hat{\boldsymbol{L}}=\boldsymbol{L}+\boldsymbol{V}$。

(6)计算单位权中误差、未知数中误差及未知数函数的中误差。

思考与训练题

1. 水准网按条件平差时，如何确定条件方程的个数？如何列立条件方程？如何计算条件方程的闭合差？

2. 在水准网间接平差中，如何选择未知数最有利于计算？

3. 在图3.12中，A、B点为已知水准点，P_1、P_2、P_3和P_4为待定水准点，观测高差为$h_1\sim h_8$，试列出条件平差的条件方程和间接平差的误差方程。

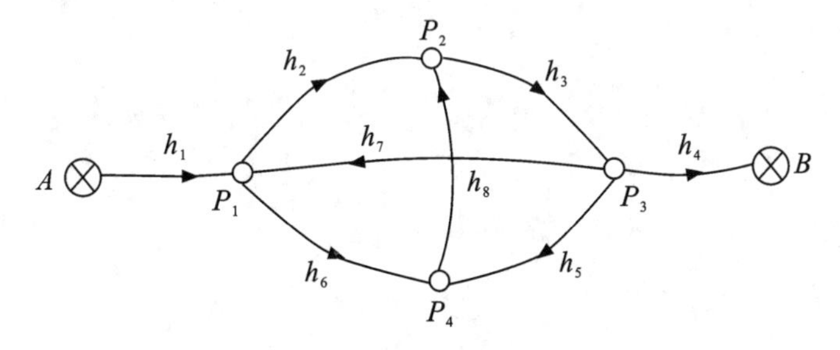

图3.12　水准网略图

4. 在图3.13所示的水准网中，A、B、C及D点为已知点，P_1、P_2点为待定点。已知高程为：$H_A=5.000\text{m}$，$H_B=6.500\text{m}$，$H_C=8.000\text{m}$，$H_D=9.000\text{m}$。高差观测值为：$h_1=1.250\text{m}$，$h_2=-0.245\text{m}$，$h_3=0.750\text{m}$，$h_4=-1.006\text{m}$，$h_5=-2.003\text{m}$。路线长度为：S_1

$=2\text{km}$,$S_2=1\text{km}$,$S_3=1\text{km}$,$S_4=1\text{km}$,$S_5=2\text{km}$。试按四等水准测量限差规定进行高差闭合差验算,并分别用条件平差和间接平差求各测段高差平差值、待定点高程平差值和高程中误差。

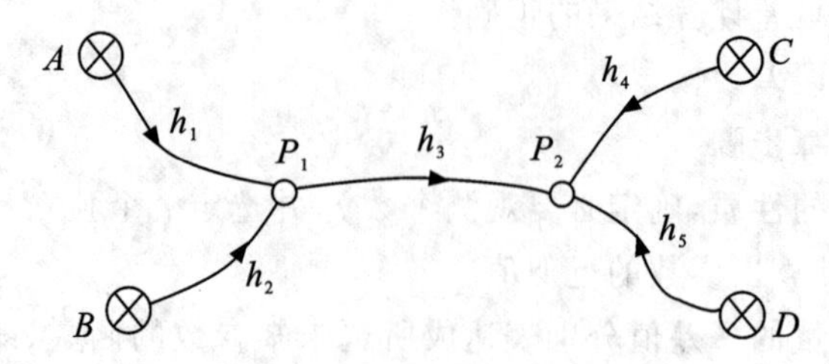

图 3.13 水准网略图

项目 4　平面网数据处理

学习目标

(1)了解平面网条件闭合差计算方法,了解各等级平面控制网限差规定。

(2)掌握单一导线条件闭合差验算的基本技能,理解单一导线条件平差和间接平差的基本原理。

(3)初步掌握单一导线条件平差和间接平差的基本方法和具体步骤。

任务 4.1　平面网数据处理概述

4.1.1　数据处理的目的和要求

平面控制网(简称平面网)是指由一系列平面控制点按照一定的几何图形(如三角形、四边形、其他多边形等)组成的控制网。建立平面网的目的是观测网中的方向(角度)和边长,根据平面控制网测量原理求出控制点的平面位置。其作用是为各项测量工作提供平面基础控制,保证各项测量数据具有统一的系统和精度,避免误差的传递和积累。

传统的平面控制网分为导线网和三角形网。按照导线的布设形式,导线分为单导线(单一附合导线、单一闭合导线和支导线)和由多个单导线组成的导线网。导线网中测量的对象是网中的角度和边长;三角形网按照测量网中元素的不同分为三角网(测量全部或部分角度)、三边网(测量全部边长)和边角网(测量部分角度和边长)。在目前实际测量工作中,三角网已基本淘汰,边角网和三边网应用较少。相比较而言,由于 GPS 测量的局限性,在地下工程测量、矿山测量和城市测量等工作中,导线作为一种常规的控制测量形式目前仍然有着广泛的应用。GPS 定位测量是目前建立地面控制网的主要方法,其数据处理内容安排在下一项目中介绍。

平面网数据处理的对象是网中的方向(角度)和边长。平面网数据处理的目的就是对外业观测的方向(角度)和边长按照要求进行各项转化和改正,并对其进行各类闭合差计算和限差验算后,利用最小二乘法原理,消除闭合差,求得边长改正数和方向(角度)改正数,得到各平面控制点坐标平差值,并评定其精度。

《工程测量标准》(GB 50026—2020)规定:一级及以上等级的平面网应采用严密平差法,打印输出的平差成果应包含起算数据、观测数据和必要的中间数据;平差后的精度评定应包含单位权中误差、点位误差椭圆参数、边长相对中误差、点位中误差等。

4.1.2 数据处理的步骤和内容

1.平面网概算

平面网概算就是将方向观测值和边长观测值归算至高斯平面。平面控制测量外业是在地球表面上进行的,所获得的观测值是地面上的方向观测值和边长观测值,而闭合差限差验算和平差计算需要在高斯平面上进行。因此,在闭合差限差验算和平差计算之前必须将地面上的观测值归算至高斯平面。

1)方向观测值的归算

方向观测值的归算分两步进行。第一步将地面上的方向观测值进行垂线偏差改正、标高差改正和截面差改正(“三差改正”)计算,归算至参考椭球面上。此项改正计算只对二等及以上等级平面网进行,对于三等及以下等级的工程测量平面网,由于边长相对较短、精度较低,一般无须加“三差改正”,直接把地面方向观测值看作椭球面上方向观测值。

第二步是将椭球面上的方向观测值进行方向投影改正,归算至高斯平面上。

2)边长观测值的改正

地面边长观测值需要经过以下五项改正。

(1)加、乘常数及周期误差改正,此项改正需在测距仪经过相应的检测后,根据检测的结果进行改正;

(2)气象改正;

(3)斜距归算至平距改正,将斜距归算至测站和镜站平均高程面上的平距;

(4)归算至参考椭球面;

(5)将参考椭球面上的长度归算到高斯平面。

2.平面网闭合差验算

平面网闭合差验算的主要目的:一是根据平面几何图形计算其闭合差,评定外业观测数据的质量;二是根据表4.1、表4.2中的中误差及其闭合差限值与实际计算的中误差和闭合差进行比较,以此判别外业观测数据是否符合质量要求。

3.平差计算

根据平面网中的已知点坐标和方向及边长值,按照最小二乘法平差原理求得平面网中待定点的坐标和精度,称为平面控制网平差。与项目3一样,平面控制网平差可以采用条件平差法,也可以采用间接平差法。

平面网采用条件平差时,以边长观测值和方向(角度)观测值的改正数作为未知数,并以它们之间存在的几何图形条件为函数模型,根据最小二乘法原理求解改正数,并最终求得各观测量的平差值和精度。当采用间接平差时,通常以待定点的坐标(x 和 y)作为未知数,列立观测值与未知数之间的参数方程作为函数模型,根据最小二乘法原理解得未知参数，并求出未知数及其函数的精度。

《工程测量标准》(GB 50026—2020)规定，一级及以上等级的三角形网和导线网应采用严密平差法，其他等级平面网可采用简化法平差。当采用简化法平差时，成果表中的方位角和边长应采用反算值。

表 4.1 三角形网测量主要技术要求

等级	平均边长(km)	测角中误差(″)	起始边边长相对中误差	最弱边边长相对中误差	三角形最大闭合差(″)
二等	9	1.0	≤1/250000	≤1/120000	3.5
三等	4.5	1.8	≤1/150000	≤1/70000	7
四等	2	2.5	≤1/100000	≤1/40000	9
一级	1	5	≤1/40000	≤1/20000	15
二级	0.5	10	≤1/20000	≤1/10000	30

表 4.2 导线测量主要技术要求

等级	导线长度(km)	平均边长(km)	测角中误差(″)	测距中误差(mm)	测距相对中误差	方位角闭合差(″)	相对闭合差
三等	14	3	1.8	20	≤1/150000	$3.6\sqrt{n}$	≤1/55000
四等	9	1.5	2.5	18	≤1/80000	$5\sqrt{n}$	≤1/35000
一级	4	0.5	5	15	≤1/30000	$10\sqrt{n}$	≤1/15000
二级	2.4	0.25	8	15	≤1/14000	$16\sqrt{n}$	≤1/10000
三级	1.2	0.1	12	15	≤1/7000	$24\sqrt{n}$	≤1/5000

表中 n 为测站数。

任务4.2 闭合差与限差计算

4.2.1 测量精度与限差

1.三角形网的测角中误差与限差

为了整体衡量三角形网的测角精度，需将归算至高斯平面上的方向值按三角形计算每个三角形角度闭合差，然后根据菲列罗公式计算测角中误差。

$$m_\beta=\sqrt{\frac{[ww]}{3n}} \tag{4.1}$$

式中:w 为三角形角度闭合差,取秒(″)为单位;n 为三角形个数。

式(4.1)就是规范中规定用以计算三角形网测角中误差的公式,由该式计算的测角中误差应不大于表4.1所列的相应等级测角中误差。

2. 导线网水平角的测角中误差

《工程测量标准》(GB 50026—2020)规定,三、四等导线应按左、右角进行测量。为了衡量导线网水平角的测角精度,通常将归算至高斯平面上的左、右角值按下列公式计算测角中误差:

$$m_\beta=\sqrt{\frac{[\Delta\Delta]}{2n}} \tag{4.2}$$

式中:$\Delta=\beta_{左}+\beta_{右}-360$,为测站圆周角闭合差,取秒(″)为单位;$n$ 为 Δ 的个数。

当导线网中有多个附合路线和闭合环线时,可按附合导线方位角闭合差和闭合环线角度闭合差计算水平角测角中误差。

$$m_\beta=\sqrt{\frac{1}{N}\left[\frac{f_\beta f_\beta}{n}\right]} \tag{4.3}$$

式中:f_β 为附合导线方位角闭合差或闭合环线角度闭合差,取秒(″)为单位;n 为计算 f_β 时的相应测站数;N 为闭合环及附合导线的总数。

由式(4.2)、式(4.3)计算的测角中误差应不大于表4.2所列的相应等级导线测角中误差。

3. 测距中误差

在四等及以上等级测边中,网中各边长均需往、返观测,根据各边往、返测的距离较差计算测距单位权中误差,计算公式:

$$\mu=\sqrt{\frac{[Pdd]}{2n}} \tag{4.4}$$

式中:d 为各测边往、返测距离较差,取mm为单位;n 为测距边数;P 为各边距离的先验权,$P=\frac{1}{\sigma_D^2}$,σ_D 为测距的先验中误差,按测距仪器的标称精度计算。

任一边的实际测距中误差公式:

$$m_{D_i}=\mu\sqrt{\frac{1}{P_i}} \tag{4.5}$$

式中:m_{D_i} 为第 i 条边的实际测距中误差,取mm为单位。

当网中边长相差不大或测距仪比例误差很小时,可按下式计算网的平均测距中误差:

$$m_{D_i}=\sqrt{\frac{[dd]}{2n}} \tag{4.6}$$

由式(4.5)或式(4.6)计算的测边中误差应不大于表4.2所列的测距中误差。

4.2.2　闭合差与限差

1. 往、返测距较差与限差

往、返观测距离之差，称为往、返测距较差。通常情况下，这个较差不应超过一定的限值，否则认为观测误差太大。

往、返测距较差及限差公式如下：

$$f_{\Delta}=|D_{往}-D_{返}| \tag{4.7}$$

$$f_{限}=2(a+b\times D) \tag{4.8}$$

显然，当 $f_{\Delta}\leqslant f_{限}$ 时认为边长往、返观测成果合格。

2. 导线左、右角圆周闭合差与限差

导线左、右角圆周闭合差及限差计算式为：

$$\Delta_{i}=\beta_{i左}+\beta_{i右}-360^{\circ} \tag{4.9}$$

$$\Delta_{限}=2m_{\beta} \tag{4.10}$$

上式表明，左、右角圆周闭合差不应超过表 4.2 所列的相应等级导线测角中误差的 2 倍。

3. 三角形闭合差与限差

三角形闭合差计算式为：

$$w_{i}=(a+b+c)_{i}-180^{\circ} \tag{4.11}$$

三角形闭合差不应超过表 4.1 所列的相应等级三角形最大闭合差值。

4. 中点多边形极条件闭合差与限差

中点多边形极条件闭合差与限差计算式：

$$W_{J}=\left(1-\frac{\prod \cot b_{i}}{\prod \cot a_{i}}\right)\times\rho \tag{4.12}$$

$$W_{J限}=2\,\frac{m_{\beta}}{\rho}\sqrt{\sum(\cot^{2}a_{i}+\cot^{2}b_{i})} \tag{4.13}$$

式中：W_{J}，$W_{J限}$ 为极条件闭合差的计算值和限差值，要求 $W_{J}\leqslant W_{J限}$；m_{β} 为表 4.1 中相应等级的测角中误差(″)；a，b 为求距角值；$\rho=206265$ 秒，以下同。

中点多边形如图 4.1 所示。

当大地四边形(见图 4.2)采用以对角线的交点为极时，其极条件闭合差和限差与中点多边形的计算公式相同。

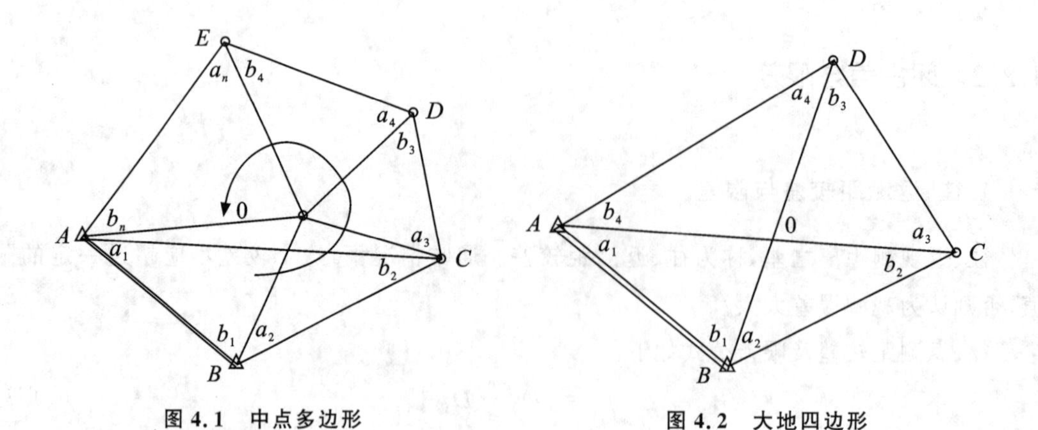

图 4.1　中点多边形　　　　图 4.2　大地四边形

5. 基线(固定边)条件闭合差与限差

基线(固定边)条件闭合差与限差计算式：

$$W_B = \left(1 - \frac{S_1 \prod \cot b_i}{S_0 \prod \cot a_i}\right) \times \rho \tag{4.14}$$

$$W_{B限} = 2\sqrt{\left(\frac{m_\beta}{\rho}\right)^2 \sum (\cot^2 a_i + \cot^2 b_i) + \left(\frac{m_{S_0}}{S_0}\right)^2 + \left(\frac{m_{S_1}}{S_1}\right)^2} \tag{4.15}$$

式中：W_B，$W_{B限}$ 为基线条件闭合差的计算值和限差值，要求 $W_B \leqslant W_{B限}$；$\frac{m_{S_0}}{S_0}$，$\frac{m_{S_1}}{S_1}$ 为起始边边长相对中误差。

附合测角网基线如图 4.3 所示。

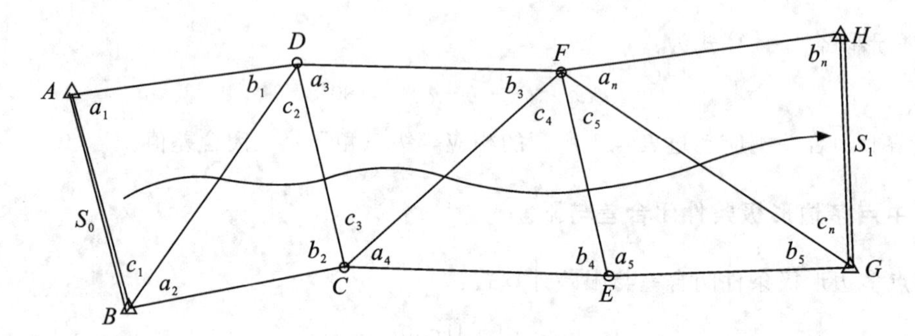

图 4.3　附合测角网基线

6. 方位角条件闭合差与限差

方位角条件闭合差与限差计算式：

$$W_F = \alpha_1 + \sum \beta \pm n \times 180° - \alpha_2 \tag{4.16}$$

$$W_{F限} = 2\sqrt{m_{\alpha_1}^2 + m_{\alpha_2}^2 + n m_\beta^2} \tag{4.17}$$

式中：W_F，$W_{F限}$ 为方位角条件闭合差的计算值和限差值，要求 $W_F \leqslant W_{F限}$；α_1，α_2 为起始方位角值；β 为推算路线方向的左角或右角值；n 为推算路线所经过的测站数；m_β 为表 4.1 中相应等级的测角中误差(″)；m_{α_1}，m_{α_2} 为起始方位角中误差。

7. 多边形内角和条件闭合差与限差

多边形内角和条件闭合差与限差计算式：

$$W_r = \sum\beta - (n-2)\times 180^\circ \tag{4.18}$$

$$W_{r限} = 2\sqrt{n}m_\beta \tag{4.19}$$

式中：W_r，$W_{r限}$ 为多边形内角和条件闭合差的计算值和限差值，要求 $W_r \leqslant W_{r限}$；β 为多边形内角值；n 为多边形内角个数；m_β 为表4.1中相应等级的测角中误差(″)。

任务4.3　单一附合导线条件平差

4.3.1　导线平差概述

1. 平面网起算数据

确定一个平面控制网的位置基准所必需的已知数据，称为**必要起算数据**。从物理上可以这样来理解：要保证平面网在平面内不能自由平行移动至少需要一个固定点坐标，此外要保证平面网还不能绕这个固定点在水平面上旋转需要固定一条边的方位；前两个条件虽然把平面网的形状固定了，但这个网还可以缩放，因此还需要固定一条边的边长。由此可见，要确定一个平面控制网的位置基准需要1个坐标(x 和 y)、1个边的方位角和1个边的长度，也就等价于2个已知点坐标。

按照起算数据的不同，等于或少于必要起算数据的平面控制网称为独立平面控制网，多于必要起算数据的平面控制网称为附合平面控制网。

从平面控制网平差理论上讲，起算数据越多越好，既能把观测网很好地附合到已知网上，又能通过已知点之间的附合条件充分检验观测数据的质量。当然，如果已知点坐标精度较低，就会把已知数据的误差传递给观测网而降低了观测网的质量，从而降低了网的整体精度。因此，在实际测量工作中，建立精度较高的工程控制网，往往选择独立平面控制网。

2. 必要观测数

在任务3.3中，我们已经介绍过高程控制网必要观测数的确定，且知道必要观测数取决于高程控制网本身，与高差观测值的个数没有关系。同样，平面控制网中必要观测数也取决于平面控制网本身，与平面控制网观测元素的多少无关。由于平面控制网中涉及角度和边长两类观测值，因此需分别讨论。

1)三角网

以角度为观测值的三角形网，称测角三角形网，简称测角网。三角网平差的目的是要确定三角点在平面坐标系中的位置(坐标)。当网中有两个或两个以上已知点坐标时,**必要观测个数就等于未知点个数的两倍**;当网中少于两个已知点时,**必要观测个数就等于总点数的两倍减去4**。

2)测边网、边角网(导线网)

测边网和边角网(导线网)的共同特点是网中都观测了边长。当网中有两个或两个以上已知点坐标时,**必要观测个数就等于未知点个数的两倍**;当网中少于两个已知点时,由于边长直接观测,位置基准中的边长条件就不必要了,因此**必要观测个数就等于总点数的两倍减去3**。

3. 导线网观测值的权

导线网平差中包含角度和边长两类不同性质的观测值。因此,在平差前应正确地确定它们的精度。测距仪或全站仪的测距精度公式一般采用:

$$m_{s_i}=a+b\times s_i \tag{4.20}$$

或

$$m_{s_i}^2=a^2+b^2\times s_i^2 \tag{4.21}$$

式(4.20)为测边中误差经验公式,式(4.21)为测边中误差严密估算公式,在含有边长观测值的控制网平差定权中,根据实际情况选用。

观测角度的中误差,应根据观测方法和仪器精度等因素综合确定。

在误差理论中已定义了权与中误差的关系式。设测角中误差为 m_β,则角度观测值和边长观测值的权可以表示为:

$$P_\beta=\frac{m_0^2}{m_\beta^2},\qquad P_{s_i}=\frac{m_0^2}{m_{s_i}^2} \tag{4.22}$$

式中:m_0 为单位权中误差,它是可以任意选定的常数。

在实际平差工作中,通常视观测角度为同精度,取 $m_0^2=m_\beta^2$,这样不仅定权简单,而且平差求出的单位权中误差就是角度中误差。对应观测值的权为:

$$P_\beta=1,\qquad P_{s_i}=\frac{m_\beta^2}{m_{s_i}^2} \tag{4.23}$$

式中:P_β 是无单位的,若边长中误差取厘米为单位,则 P_{s_i} 的单位为秒/厘米^2。

4. 单一附合导线多余观测数

由前面内容知,在平面网中确定一个待定点的坐标,必要观测数为2。对于单一附合导线来讲,确定一个待定点必须观测两个量,即一条导线边和一个折角。在图4.4中,A、B 和 C、D 为已知点,起算方位角为 α_{AB} 和 α_{CD},导线点编号如图所示,图中待定点个数为 $n-1$,必要观测数 $t=2(n-1)$。设观测边长为 $S_1,S_2,\cdots,S_n$,观测角度为 $\beta_1,\beta_2,\cdots,\beta_{n+1}$,于是共有 $2n+1$ 个观测值,多余观测数:

$$r=(2n+1)-2(n-1)=3$$

以上表明:单一附合导线的条件方程个数与导线边数无关,始终为3,即一个方位角条

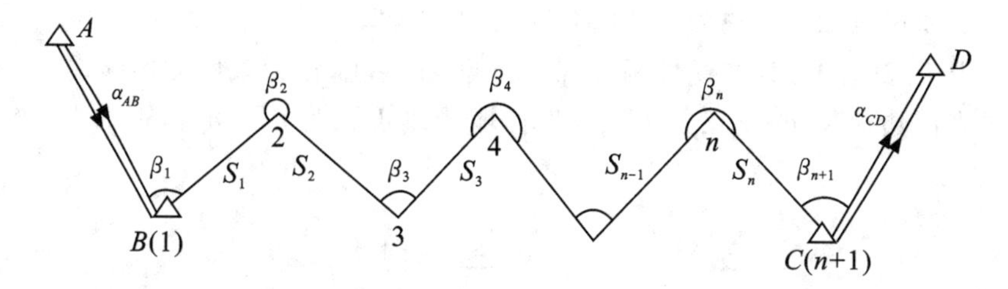

图 4.4　单一附合导线

件和两个坐标条件。单一附合导线平差的目的就是要消除由这三个条件产生的闭合差，求得导线点的坐标平差值，并评定其精度。

由于单一附合导线条件方程个数为 3，因此当采用手算时，宜采用条件平差法。

4.3.2　单一附合导线条件平差

1. 条件方程

条件平差中条件方程的个数等于多余观测数。根据前面的讨论，单一导线的条件方程个数，无论其导线边数有多少，其条件方程的个数都为 3 个，分别是 1 个方位角条件、1 个纵坐标条件和 1 个横坐标条件。

1）坐标方位角条件

设观测角 β_i 的平差值为 $\hat{\beta}_i$，其改正数为 $v_{\beta_i}(i=1,2,\cdots,n+1)$。由图 4.4 可写出导线坐标方位角应满足如下方程（条件）：

$$\alpha_{AB}+\sum_1^{n+1}\hat{\beta}_i-(n+1)\times 180^\circ-\alpha_{CD}=0 \tag{4.24}$$

将 $\hat{\beta}_i=\beta_i+v_{\beta_i}$ 代入上式，整理有

$$\begin{cases}\sum_1^{n+1}v_{\beta_i}+w_\alpha=0\\ w_\alpha=\alpha_{AB}+\sum_1^{n+1}\beta_i-(n+1)\times 180^\circ-\alpha_{CD}\end{cases} \tag{4.25}$$

上式中方位角闭合差 w_α 计算后，还应按式(4.17)计算其限差，w_α 小于限差说明角度观测质量满足规范要求。

当导线的 B 点和 C 点重合，形成一条闭合导线时，则上述方位角条件成了多边形内角和条件。

2）纵、横坐标条件

根据坐标计算，平差后的坐标增量 $\Delta\hat{x}$ 和 $\Delta\hat{y}$ 应满足：

$$\begin{cases}x_B+\sum_1^n\Delta\hat{x}_i-x_C=0\\ y_B+\sum_1^n\Delta\hat{y}_i-y_C=0\end{cases} \tag{4.26}$$

式(4.24)和式(4.26)两式为单一附合导线的平差值条件方程,是单一附合导线平差的函数模型。由于式(4.26)为非线性函数,需要对其线性化,化为条件方程形式。

设导线观测边长 s_i 的改正数为 v_{s_i},坐标增量改正数为 δx_i、δy_i,则纵、横坐标条件方程为:

$$\sum_1^n \delta x_i + w_x = 0, \sum_1^n \delta y_i + w_y = 0$$

$$\begin{cases} w_x = x_B + \sum\limits_1^n \Delta x_i - x_C \\ w_y = y_B + \sum\limits_1^n \Delta y_i - y_C \end{cases} \tag{4.27}$$

式中:Δx_i、Δy_i 为用观测值推算出的坐标增量。

上式中的纵、横坐标增量闭合差计算后,需要验算导线全长相对闭合差是否小于表 4.2 中的限差规定。导线全长相对闭合差:$f_S = \sqrt{w_x^2 + w_y^2}$,$\frac{1}{T} = \frac{f_S}{[S]}$。

显然式(4.27)中的坐标增量改正数 δ_{x_i}、δ_{y_i} 是角度改正数 v_{β_i} 和边长改正数 v_{s_i} 的函数。为了确定它们之间的函数关系,将坐标增量公式 $\Delta x_i = s_i \cos\alpha_i$、$\Delta y_i = s_i \sin\alpha_i$ 和方位角公式 $\alpha_i = \alpha_{AB} + \sum\limits_1^i \beta_i - (i-1) \times 180°$ 微分:

$$\begin{cases} \mathrm{d}\Delta x_i = \cos\alpha_i \mathrm{d}s - \Delta y_i \dfrac{\mathrm{d}\alpha_i}{\rho} \\ \mathrm{d}\Delta y_i = \sin\alpha_i \mathrm{d}s + \Delta x_i \dfrac{\mathrm{d}\alpha_i}{\rho} \\ \mathrm{d}\alpha_i = \sum\limits_1^i \mathrm{d}\beta \end{cases} \tag{4.28}$$

将上式代入纵、横坐标条件,并整理得观测值的纵、横坐标条件方程:

$$\begin{cases} \sum\limits_1^n \cos\alpha_i v_{s_i} - \dfrac{1}{\rho} \sum\limits_1^n (y_{n+1} - y_i) v_{\beta_i} + w_x = 0 \\ \sum\limits_1^n \sin\alpha_i v_{s_i} + \dfrac{1}{\rho} \sum\limits_1^n (x_{n+1} - x_i) v_{\beta_i} + w_y = 0 \end{cases} \tag{4.29}$$

式中:α_i 为用角度观测值推算出的导线边坐标方位角近似值;x_i,y_i 为用角度和边长观测值推算出的导线点近似坐标。

单一附合导线条件方程如下:

$$\begin{cases} \sum\limits_1^{n+1} v_{\beta_i} + w_\alpha = 0 \\ \sum\limits_1^n \cos\alpha_i v_{s_i} - \dfrac{1}{\rho} \sum\limits_1^n (y_{n+1} - y_i) v_{\beta_i} + w_x = 0 \\ \sum\limits_1^n \sin\alpha_i v_{s_i} + \dfrac{1}{\rho} \sum\limits_1^n (x_{n+1} - x_i) v_{\beta_i} + w_y = 0 \end{cases} \tag{4.30}$$

特别说明：当坐标取单位米，边长改正数取厘米时，$\rho=2062.65$。

为了直观上更方便，将式(4.30)中的条件方程系数列于表 4.3。

表 4.3　单一附合导线条件方程系数表

观测值改正数	条件方程系数			权倒数
	方位角条件	纵坐标条件	横坐标条件	$\frac{1}{p}$
	a	b	c	
v_{β_1}	$+1$	$-\frac{1}{\rho}(y_{n+1}-y_1)$	$+\frac{1}{\rho}(x_{n+1}-x_1)$	$\frac{1}{p_\beta}$
v_{β_2}	$+1$	$-\frac{1}{\rho}(y_{n+1}-y_2)$	$+\frac{1}{\rho}(x_{n+1}-x_2)$	$\frac{1}{p_\beta}$
⋮	⋮	⋮	⋮	⋮
v_{β_n}	$+1$	$-\frac{1}{\rho}(y_{n+1}-y_n)$	$+\frac{1}{\rho}(x_{n+1}-x_n)$	$\frac{1}{p_\beta}$
$v_{\beta_{n+1}}$	$+1$	0	0	$\frac{1}{p_\beta}$
v_{s_1}	0	$\cos\alpha_1$	$\sin\alpha_1$	$\frac{1}{p_{s_1}}$
v_{s_2}	0	$\cos\alpha_2$	$\sin\alpha_2$	$\frac{1}{p_{s_2}}$
⋮	⋮	⋮	⋮	⋮
v_{s_n}	0	$\cos\alpha_n$	$\sin\alpha_n$	$\frac{1}{p_{s_n}}$
w	w_a	w_x	w_y	

2. 法方程

根据条件方程(4.30)或系数表 4.3，由式(3.30)组成法方程。由于单一附合导线有 3 个条件方程，则可直接组成如下纯量形式的法方程：

$$\begin{cases}\left[\frac{aa}{p}\right]k_a+\left[\frac{ab}{p}\right]k_b+\left[\frac{ac}{p}\right]k_c+w_a=0\\\left[\frac{ab}{p}\right]k_a+\left[\frac{bb}{p}\right]k_b+\left[\frac{bc}{p}\right]k_c+w_x=0\\\left[\frac{ac}{p}\right]k_a+\left[\frac{bc}{p}\right]k_b+\left[\frac{cc}{p}\right]k_c+w_y=0\end{cases}\tag{4.31}$$

方程中系数为：

$$\left[\frac{aa}{p}\right]=\frac{1}{p_\beta}(n+1),\ \left[\frac{ab}{p}\right]=-\frac{1}{\rho_{p_\beta}}\sum_1^n(y_{n+1}-y_i),\ \left[\frac{ac}{p}\right]=\frac{1}{\rho_{p_\beta}}\sum_1^n(x_{n+1}-x_i)$$

$$\left[\frac{bb}{p}\right]=\sum_1^n\left(\cos^2\alpha_i\frac{1}{p_{s_i}}\right)+\frac{1}{\rho^2 p_\beta}\sum_1^n(y_{n+1}-y_i)^2$$

$$\left[\frac{bc}{p}\right]=\sum_{1}^{n}\left(\sin\alpha_i\cos\alpha_i\frac{1}{p_{s_i}}\right)-\frac{1}{\rho^2 p_\beta}\sum_{1}^{n}(x_{n+1}-x_i)(y_{n+1}-y_i)$$

$$\left[\frac{cc}{p}\right]=\sum_{1}^{n}\left(\sin^2\alpha_i\frac{1}{p_{s_i}}\right)+\frac{1}{\rho^2 p_\beta}\sum_{1}^{n}(x_{n+1}-x_i)^2$$

特别提示:定权用的边长中误差与边长改正数应取相同的单位。

3. 改正数方程

解算法方程(4.31),求得联系数k_a、k_b、k_c后,代入式(3.27)得到改正数方程(计算角度和边长改正数):

$$\begin{cases} v_{\beta_i}=\dfrac{1}{p_\beta}\{k_a-\dfrac{1}{\rho}(y_{n+1}-y_i)k_b+\dfrac{1}{\rho}(x_{n+1}-x_i)k_c\} \\ v_{s_i}=\dfrac{1}{p_{s_i}}(\cos\alpha_i k_b+\sin\alpha_i k_c) \end{cases} \tag{4.32}$$

因 $v_{\alpha_i}=\sum_{1}^{i}v_{\beta_i}$,所以任意边$i$的方位角改正数为:

$$\nu''_{\alpha_i}=\nu''_{\beta_1}+\nu''_{\beta_2}+\cdots+\nu''_{\beta_i} \tag{4.33}$$

由式(4.28)得任意边坐标增量改正数为:

$$\begin{cases} \delta x_i=\cos\alpha_i v_{s_i}-\Delta y_i v''_{\alpha_i}\dfrac{1}{\rho''} \\ \delta y_i=\sin\alpha_i v_{s_i}+\Delta x_i v''_{\alpha_i}\dfrac{1}{\rho''} \end{cases} \tag{4.34}$$

4. 精度评定

1)单位权中误差m_0

$$m_0=\sqrt{\frac{[pvv]}{r}}=\sqrt{\frac{[p_\beta v_\beta v_\beta]+[p_s v_s v_s]}{3}} \tag{4.35}$$

如前所述,由于在计算边角权时,通常取测角中误差作为单位权中误差(即$m_0=m_\beta$),所以在按式(4.35)算出单位权中误差的同时,实际上也就计算出了测角中误差。测边中误差按下式计算:

$$m_{s_i}=m_0\sqrt{\frac{1}{P_{s_i}}} \tag{4.36}$$

2)平差值函数中误差

任一平差值函数中误差按下式计算:

$$m_F=m_0\sqrt{\frac{1}{P_F}} \tag{4.37}$$

平差后导线的导线边、方位角与纵横坐标,是转折角和导线边长平差值的函数值,一般形式为$F=f(\hat{\beta}_1,\hat{\beta}_2,\cdots,\hat{\beta}_{n+1},\hat{s}_1,\hat{s}_2,\cdots,\hat{s}_n)$,其权函数式为:

$$V_F = f_{\beta_1} v_{\beta_1} + f_{\beta_2} v_{\beta_2} + \cdots + f_{\beta_{n+1}} v_{\beta_{n+1}} + f_{s_1} v_{s_1} + f_{s_2} v_{s_2} + \cdots + f_{s_n} v_{s_n} \tag{4.38}$$

式中：f_β 和 f_s 是函数 F 分别对角度和边长平差值求偏导数的值。

权倒数按下式计算，即：

$$\frac{1}{P_F} = Q_{FF} = \boldsymbol{f}^{\mathrm{T}}(\boldsymbol{P}^{-1} - \boldsymbol{P}^{-1}\boldsymbol{A}^{\mathrm{T}}\boldsymbol{N}^{-1}\boldsymbol{A}\boldsymbol{P}^{-1})\boldsymbol{f} \tag{4.39}$$

式中：权系数 $\boldsymbol{f}^{\mathrm{T}} = (f_{\beta_1} \quad f_{\beta_2} \quad \cdots \quad f_{\beta_{n+1}} \quad f_{s_1} \quad f_{s_2} \quad \cdots \quad f_{s_n})$。

综上所述，单一导线采用条件平差时的具体计算步骤如下：

(1)根据已知点坐标和已知方位角，以及导线观测边长和观测角度，计算导线边的近似方位角和导线点的近似坐标，并按式(4.25)和式(4.27)计算单一导线角度闭合差和坐标增量闭合差，并根据任务 4.1 验算闭合差是否符合规范规定；

(2)根据式(4.30)列立单一导线条件方程，并按表 4.3 填写条件方程系数表，或用矩阵形式表达；

(3)按式(4.31)或式(3.28)用矩阵组成法方程，并求解联系数 k_a、k_b 和 k_c；

(4)由式(4.32)或式(3.26)计算角度和边长改正数，并计算角度和边长平差值；

(5)根据平差后的角度和边长，由已知坐标和方位角计算待定点的坐标平差值；

(6)根据式(4.35)计算单位权中误差；

(7)根据题意，列出平差值函数的权函数式(4.38)，按式(4.39)计算权倒数，最后由式(4.37)计算其中误差。

任务 4.4　单一附合导线条件平差技能训练

☞ **【例 4.1】**　某二级导线如图 4.5 所示，A、B、C、D 为已知点，$P_1 \sim P_3$ 为待定点，观测了 5 个左角和 4 条边长，已知数据及观测值均见于表 4.4 中。观测值的测角中误差 $m_\beta = 2.0''$，边长中误差 $m_{s_i} = 0.2\sqrt{s_i(m)}$，单位毫米。要求：

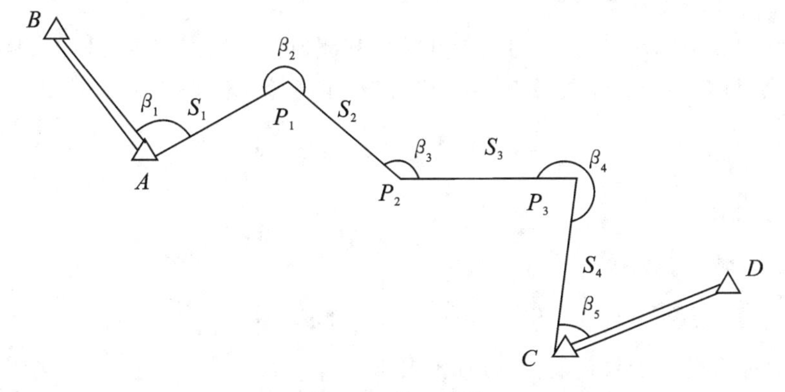

图 4.5　单一导线

(1)验算闭合差；

(2)列出条件方程;

(3)写出法方程;

(4)求出联系数 k、观测值改正数 v 及平差值 $\hat{L}$;

(5)计算角度中误差。

表 4.4　已知数据和观测值

已知点	X(m)		Y(m)
A	599.951		224.856
B	704.816		141.165
C	747.166		572.726
D	889.339		622.134
β_i	观 测 角(° ′ ″)	S_i	观测边长(m)
1	74　10　30	1	143.825
2	279　05　12	2	124.777
3	67　55　29	3	188.950
4	276　10　11	4	117.338
5	80　23　46		

解　(1)闭合差验算。

①坐标方位角闭合差验算:

先根据已知点坐标计算出 BA 和 CD 边的坐标方位角,取一级导线角度中误差限值 $m_\beta=8''$,于是:

$$w_\alpha=\alpha_{BA}+\sum_{i=1}^{5}\beta_i-5\times 180^\circ-\alpha_{CD}=-14.17$$

$$w_{\alpha 限}=2m_\beta\sqrt{5}=35.78$$

坐标方位角闭合差的绝对值小于限差值,符合规范要求。

②导线全长相对闭合差验算:

先根据已知点坐标和方位角,由边长和角度观测值推算出方位角近似值、坐标增量和 C 点坐标近似值,与 C 点已知坐标相减得出坐标增量闭合差,取单位为 mm。

$$w_x=x_B+\sum_{1}^{n}\Delta x_i-x_C=22.37$$

$$w_y=y_B+\sum_{1}^{n}\Delta y_i-y_C=9.98$$

$$f_S=\sqrt{w_x^2+w_y^2}=24.50,\frac{1}{T}=\frac{f_S}{[S]}=\frac{1}{23474}\leqslant\frac{1}{10000}$$

导线全长相对闭合差小于限差值,符合规范要求。

(2)列条件方程式。

先根据已知点坐标和方位角,由边长和角度观测值推算出方位角近似值、坐标增量、坐标近似值,然后根据表 4.3 和表 4.4 计算条件方程系数(见表 4.5)。

表 4.5　条件方程系数和权倒数表

观测值改正数	条件方程系数			权倒数
	方位角条件	纵坐标条件	横坐标条件	
v_{β_1}	+1	−1.67	+0.71	1
v_{β_2}	+1	−1.28	+0.14	1
v_{β_3}	+1	−0.85	+0.57	1
v_{β_4}	+1	−0.50	−0.28	1
v_{β_5}	+1	0	0	1
v_{s_1}	0	+0.82	+0.58	1.438
v_{s_2}	0	−0.70	+0.71	1.248
v_{s_3}	0	+0.92	+0.38	1.890
v_{s_4}	0	−0.48	+0.88	1.173
w	−14.17	22.37	9.98	

权的确定如下：

设单位权中误差 $m_0=m_\beta=2.0''$，这样最后平差后计算出的单位权中误差就是我们需要的角度中误差。观测值的权倒数如下：

$$\frac{1}{p_\beta}=1,\frac{1}{p_{s_i}}=\frac{s_i(m)}{100}$$

(3)组成和解算法方程。

根据条件方程系数计算法方程系数：

$$\left[\frac{aa}{p}\right]=5 \qquad \left[\frac{ab}{p}\right]=-4.30 \qquad \left[\frac{ac}{p}\right]=1.14$$

$$\left[\frac{bb}{p}\right]=8.85 \qquad \left[\frac{bc}{p}\right]=-1.48 \qquad \left[\frac{cc}{p}\right]=3.22$$

则法方程为：

$$\begin{cases}5.00k_a-4.30k_b+1.14k_c-14.17=0\\-4.3k_a+8.852k_b-1.48k_c+22.37=0\\1.14k_a-1.48k_b+3.22k_c-9.98=0\end{cases}$$

解之得联系数值：

$$k_a=+1.84,k_b=-2.45,k_c=-4.88$$

(4)改正数和平差值计算。

根据改正数方程计算改正数，其结果见表4.6。

表 4.6　改正数计算表

编号	角度改正数(")	编号	边长改正数(mm)
v_{β_1}	2.46	v_{s_1}	−6.96
v_{β_2}	4.29	v_{s_2}	−2.18
v_{β_3}	1.14	v_{s_3}	−7.76
v_{β_4}	4.43	v_{s_4}	−3.65
v_{β_5}	1.84		

由表 4.6 中的改正数,计算各边坐标方位角平差值和边长平差值,并根据平差后角度和边长计算各导线点的坐标平差值,其结果见于表 4.7。

表 4.7　坐标平差值计算

点号	边长平差值(m)	坐标方位角平差值(° ′ ″)	坐标平差值(m)	
			X	Y
A			599.951	224.856
	143.818	35　34　59		
1			716.914	308.541
	124.775	134　40　15		
2			629.193	397.275
	188.943	22　35　45		
3			803.633	469.873
	117.334	118　46　01		
C			747.166	572.726

(5)角度中误差。

根据改正数和权计算得$[pvv]=25.76$,于是计算单位权中误差得:

$$m_0=\sqrt{\frac{[pvv]}{r}}=\sqrt{\frac{25.76}{3}}=2.9''$$

说明:由于单一附合导线的多余观测数总是 3 个,通常比观测值的个数$(2n+1)$少得多,因此,平差的结果使边和角的权变化不大,故各种精度计算只能是近似的。从这个观点看,导线平差的作用主要是消除闭合差,而其角度和边长的精度不会有多大的提高。但平差后评定导线各边的方位角和各点坐标的精度,对测量工作却是有重要意义的。

任务 4.5　单一附合导线间接平差

从上个任务的内容可知,单一导线采用条件平差过程简单,工作量不大,但条件方程列立较为复杂，同时在精度评定方面，特别是点位精度评定也较困难。相反，采用坐标法间接平差时，直接设定坐标改正数为未知数，列立角度和边长方程规律性强，同时精度评定也相对简单得多，特别适合计算机处理。因此，在实际平差工作中，导线测量通常采用间接平差方法平差。

4.5.1　未知数的选择

1. 必要观测数个数的确定

由间接平差的概念知道，间接平差的关键是确定控制网的必要观测数 t，并选定 t 个独立未知数作为参数。从项目 3 知道，高程网的必要观测数 t 与网中待定高程点的个数相等，那么导线控制网的必要观测数与待定导线点的个数有什么关系呢？

图 4.6 是用全站仪测量待定点 P_1 的示意图。从图上可以看出，要得到 P_1 点的坐标，必须测量角 β_1 和边 S_1，也就是说，要确定 1 个待定点的坐标，必要观测数等于 2。这样结合高程网，我们可以进行以下总结：控制网中的必要观测数 t 与网中待定点个数有关；对于高程控制网，网中必要观测数 t 与网中待定高程点个数相同；对于平面（导线）控制网，网中必要观测数 t 等于网中待定导线点个数的 2 倍。

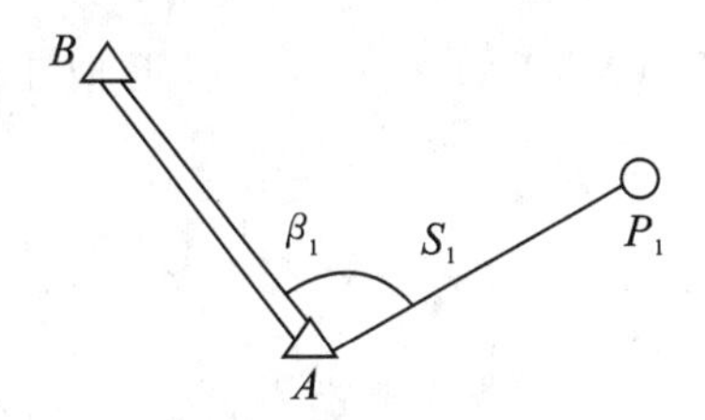

图 4.6　全站仪支点测量

2. 未知数的选择

确定了控制网的必要观测数，也就确定了平差问题中未知数的个数，接下来就是未知数的选择了。未知数的选择十分重要，既要保证未知数之间不能存在函数关系，而且参数方程列立又要尽量简单、有规律。为了满足上述这些条件，高程网间接平差就选取 t 个待定点高程作为未知参数，这种选择总能保证未知数之间的函数独立。

由前面内容知道，因为 1 个导线点的坐标包含 2 个数据（x 和 y），刚好对应 2 个必要观测，因此很自然就会选取待定点坐标作为未知参数，这种选择也总能保证未知数之间是函数独立的。

4.5.2　误差方程列立

单一附合导线共有 $2n+1$ 个观测值，一共可列出 $n+1$ 个角度误差方程和 n 个边长误差方程。

1. 角度误差方程

在图 4.7 中,待定点 j 是测站点,h、k 是照准点,L_i 为角度观测值,设其改正数为 v_i;α_{jh} 和 α_{jk} 分别为测站点 j 至照准点 h 和 k 的坐标方位角,其值未知,设其平差值为 $\hat{\alpha}_{jh}$ 和 $\hat{\alpha}_{jk}$,由近似坐标反算的近似方位角为 α_{jh}^0 和 α_{jk}^0,相应的改正数为 $\delta_{\alpha_{jh}}$ 和 $\delta_{\alpha_{jk}}$。

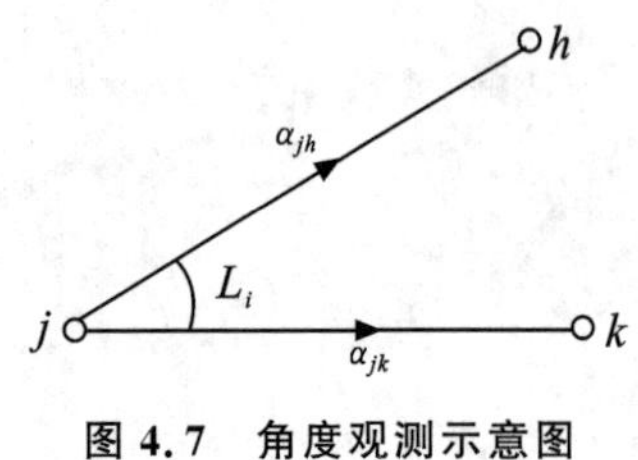

图 4.7　角度观测示意图

由图 4.7 不难看出,角度观测值 L_i 和坐标方位角 α_{jh}、α_{jk} 之间的函数关系,即角度平差值方程为:

$$L_i + v_i = \hat{\alpha}_{jk} - \hat{\alpha}_{jh} \tag{4.40}$$

将 $\hat{\alpha} = \alpha^0 + \delta_\alpha$ 代入,L_i 移至等式右边,并令常数项

$$l_i = L_i - (\alpha_{jk}^0 - \alpha_{jh}^0) = L_i - L_i^0 \tag{4.41}$$

可得

$$v_i = \delta\alpha_{jk} - \delta\alpha_{jh} - l_i \tag{4.42}$$

上式即为角度改正数与方位角改正数之间的关系。由于导线平差中设导线点的坐标为未知数,因此下面需要导出坐标改正数与坐标方位角改正数之间的线性关系。

选择 h、j、k 三点的坐标平差值 $(\hat{X}_h, \hat{Y}_h)$,$(\hat{X}_j, \hat{Y}_j)$,$(\hat{X}_k, \hat{Y}_k)$ 为其未知参数,并设它们的近似坐标分别为 (X_h^0, Y_h^0),(X_j^0, Y_j^0),(X_k^0, Y_k^0),近似坐标改正数分别为 $(\hat{x}_h, \hat{y}_h)$,$(\hat{x}_j, \hat{y}_j)$,$(\hat{x}_k, \hat{y}_k)$,则有

$$\begin{cases} \hat{X}_h = X_h^0 + \hat{x}_h \\ \hat{Y}_h = Y_h^0 + \hat{y}_h \end{cases} \quad \begin{cases} \hat{X}_j = X_j^0 + \hat{x}_j \\ \hat{Y}_j = Y_j^0 + \hat{y}_j \end{cases} \quad \begin{cases} \hat{X}_k = X_k^0 + \hat{x}_k \\ \hat{Y}_k = Y_k^0 + \hat{y}_k \end{cases}$$

根据图 4.7 可以写出测站点 j 至照准点 k 的坐标方位角与其坐标之间的关系:

$$\hat{\alpha}_{jk} = \arctan \frac{(Y_k^0 + \hat{y}_k) - (Y_j^0 + \hat{y}_j)}{(X_k^0 + \hat{x}_k) - (X_j^0 + \hat{x}_j)}$$

将上式右端按泰勒级数公式展开,取一次项后得到

$$\hat{\alpha}_{jk} = \arctan \frac{Y_k^0 - Y_j^0}{X_k^0 - X_j^0} + \left(\frac{\partial \hat{\alpha}_{jk}}{\partial \hat{X}_j}\right)_0 \hat{x}_j + \left(\frac{\partial \hat{\alpha}_{jk}}{\partial \hat{Y}_j}\right)_0 \hat{y}_j + \left(\frac{\partial \hat{\alpha}_{jk}}{\partial \hat{X}_k}\right)_0 \hat{x}_k + \left(\frac{\partial \hat{\alpha}_{jk}}{\partial \hat{Y}_k}\right)_0 \hat{y}_k$$

对照 $\hat{\alpha}_{jk} = \alpha_{jk}^0 + \delta_{\alpha_{jk}}$ 可知

$$\delta\alpha_{jk} = \left(\frac{\partial \hat{\alpha}_{jk}}{\partial \hat{X}_j}\right)_0 \hat{x}_j + \left(\frac{\partial \hat{\alpha}_{jk}}{\partial \hat{Y}_j}\right)_0 \hat{y}_j + \left(\frac{\partial \hat{\alpha}_{jk}}{\partial \hat{X}_k}\right)_0 \hat{x}_k + \left(\frac{\partial \hat{\alpha}_{jk}}{\partial \hat{Y}_k}\right)_0 \hat{y}_k \tag{4.43}$$

其中偏导数

$$\left(\frac{\partial \hat{\alpha}_{jk}}{\partial \hat{X}_j}\right)_0 = \frac{\dfrac{Y_k^0 - Y_j^0}{X_k^0 - X_j^0}}{1 + \left(\dfrac{Y_k^0 - Y_j^0}{X_k^0 - X_j^0}\right)^2} = \frac{Y_k^0 - Y_j^0}{(X_k^0 - X_j^0)^2 + (Y_k^o - Y_j^0)^2} = \frac{\Delta Y_{jk}^0}{(S_{jk}^0)^2}$$

同理可得

$$\left(\frac{\partial\hat{\alpha}_{jk}}{\partial\hat{Y}_j}\right)_0=-\frac{\Delta X_{jk}^0}{(S_{jk}^0)^2},\left(\frac{\partial\hat{\alpha}_{jk}}{\partial\hat{X}_k}\right)_0=-\frac{\Delta Y_{jk}^0}{(S_{jk}^0)^2},\left(\frac{\partial\hat{\alpha}_{jk}}{\partial\hat{Y}_k}\right)_0=\frac{\Delta X_{jk}^0}{(S_{jk}^0)^2}$$

代入式(4.43),并顾及单位,得

$$\delta_{\alpha''_{jk}}=\frac{\rho''\Delta Y_{jk}^0}{(S_{jk}^0)^2}\hat{x}_j-\frac{\rho''\Delta X_{jk}^0}{(S_{jk}^0)^2}\hat{y}_j-\frac{\rho''\Delta Y_{jk}^0}{(S_{jk}^0)^2}\hat{x}_k+\frac{\rho''\Delta X_{jk}^0}{(S_{jk}^0)^2}\hat{y}_k \tag{4.44}$$

因为 $\sin\alpha_{jk}^0=\frac{\Delta Y_{jk}^0}{S_{jk}^0}$,$\cos\alpha_{jk}^0=\frac{\Delta X_{jk}^0}{S_{jk}^0}$,则上式可写成

$$\delta_{\alpha''_{jk}}=\frac{\rho''\sin\alpha_{jk}^0}{S_{jk}^0}\hat{x}_j-\frac{\rho''\cos\alpha_{jk}^0}{S_{jk}^0}\hat{y}_j-\frac{\rho''\sin\alpha_{jk}^0}{S_{jk}^0}\hat{x}_k+\frac{\rho''\cos\alpha_{jk}^0}{S_{jk}^0}\hat{y}_k \tag{4.45}$$

同理有:

$$\delta_{\alpha''_{jh}}=\frac{\rho''\sin\alpha_{jh}^0}{S_{jh}^0}\hat{x}_j-\frac{\rho''\cos\alpha_{jh}^0}{S_{jh}^0}\hat{y}_j-\frac{\rho''\sin\alpha_{jh}^0}{S_{jh}^0}\hat{x}_h+\frac{\rho''\cos\alpha_{jh}^0}{S_{jh}^0}\hat{y}_h \tag{4.46}$$

将式(4.45)和式(4.46)代入式(4.42),整理后有

$$\begin{aligned}v_i=&\rho''\left(\frac{\sin\alpha_{jk}^0}{S_{jk}^0}-\frac{\sin\alpha_{jh}^0}{S_{jh}^0}\right)\hat{x}_j-\rho''\left(\frac{\cos\alpha_{jk}^0}{S_{jk}^0}-\frac{\cos\alpha_{jh}^0}{S_{jh}^0}\right)\hat{y}_j\\&-\rho''\frac{\sin\alpha_{jk}^0}{S_{jk}^0}\hat{x}_k+\rho''\frac{\cos\alpha_{jk}^0}{S_{jk}^0}\hat{y}_k+\rho''\frac{\sin\alpha_{jh}^0}{S_{jh}^0}\hat{x}_h-\rho''\frac{\cos\alpha_{jh}^0}{S_{jh}^0}\hat{y}_h-l_i\end{aligned} \tag{4.47}$$

上式即为线性化后的角度观测值的误差方程。

特别说明:若边长单位取米,坐标改正数取厘米,则 $\rho=2062.65$。

测角误差方程是在假定三个导线点都是待定点的情况下导出的。具体计算时,可有多种不同的简化形式。

如 j 未知,h 和 k 已知,则 $\hat{x}_h=\hat{y}_h=0$,$\hat{x}_k=\hat{y}_k=0$,于是

$$v_i=\rho''\left(\frac{\sin\alpha_{jk}^0}{S_{jk}^0}-\frac{\sin\alpha_{jh}^0}{S_{jh}^0}\right)\hat{x}_j-\rho''\left(\frac{\cos\alpha_{jk}^0}{S_{jk}^0}-\frac{\cos\alpha_{jh}^0}{S_{jh}^0}\right)\hat{y}_j-l_i$$

若 j、h 未知,k 已知,则 $\hat{x}_k=\hat{y}_k=0$,于是

$$\begin{aligned}v_i=&\rho''\left(\frac{\sin\alpha_{jk}^0}{S_{jk}^0}-\frac{\sin\alpha_{jh}^0}{S_{jh}^0}\right)\hat{x}_j-\rho''\left(\frac{\cos\alpha_{jk}^0}{S_{jk}^0}-\frac{\cos\alpha_{jh}^0}{S_{jh}^0}\right)\hat{y}_j\\&+\rho''\frac{\sin\alpha_{jh}^0}{S_{jh}^0}\hat{x}_h-\rho''\frac{\cos\alpha_{jh}^0}{S_{jh}^0}\hat{y}_h-l_i\end{aligned}$$

从以上两式可以看出,只要令已知点对应的坐标改正数等于零即可,其他形式可仿照上述简化形式写出。

可见,对于测角方式,按坐标平差法列立角度误差方程的步骤为:

(1)选择待定点的坐标平差值为参数,计算各待定点的近似坐标 X^0,Y^0;

(2)由待定点近似坐标和已知点坐标计算各导线边的近似坐标方位角 α^0 和近似边长 S^0;

(3)按照式(4.47)计算系数和常数,列立角度误差方程。

2. 边长误差方程

下面讨论测边误差方程(边长误差方程)的列立方法。

在图4.8中,j,k 为待定点,测得两点间的边长 S_i,选择 j,k 的坐标平差值$(\hat{X}_j,\hat{Y}_j)$,$(\hat{X}_k,\hat{Y}_k)$为参数,设近似坐标为(X_j^0,Y_j^0),(X_k^0,Y_k^0),近似坐标改正数为$(\hat{x}_j,\hat{y}_j)$,$(\hat{x}_k,\hat{y}_k)$,则有

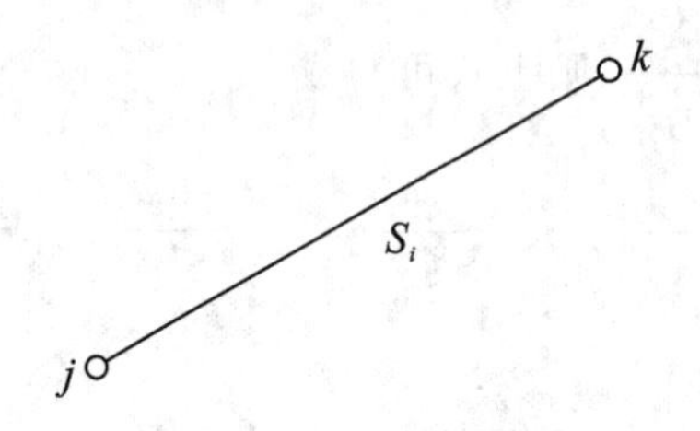

图 4.8　边长观测示意图

$$\begin{cases}\hat{X}_j=X_j^0+\hat{x}_j\\ \hat{Y}_j=Y_j^0+\hat{y}_j\end{cases}\quad \begin{cases}\hat{X}_k=X_k^0+\hat{x}_k\\ \hat{Y}_k=Y_k^0+\hat{y}_k\end{cases}$$

利用 j,k 的近似坐标可以计算两点间的近似边长 S_{jk}^0 和近似方位角 α_{jk}^0 为:

$$S_{jk}^0=\sqrt{(X_k^0-X_j^0)^2+(Y_k^0-Y_j^0)^2},\alpha_{jk}^0=\arctan\frac{Y_k^0-Y_j^0}{X_k^0-X_j^0}$$

将观测值 S_i 表达为未知参数的函数,可得平差值方程

$$S_i+v_i=\sqrt{(\hat{X}_k-\hat{X}_j)^2+(\hat{Y}_k-\hat{Y}_j)^2} \tag{4.48}$$

可见平差值方程是未知数的非线性函数,为了进行后续的平差计算,需要将其转化为线性形式。

将式(4.48)按泰勒级数公式展开,取一次项得

$$S_i+v_i=S_{jk}^0+\frac{\Delta X_{jk}^0}{S_{jk}^0}(\hat{x}_k-\hat{x}_j)+\frac{\Delta Y_{jk}^0}{S_{jk}^0}(\hat{y}_k-\hat{y}_j) \tag{4.49}$$

令

$$l_i=S_i-S_{jk}^0 \tag{4.50}$$

考虑到 $\sin\alpha_{jk}^0=\frac{\Delta Y_{jk}^0}{S_{jk}^0}$,$\cos\alpha_{jk}^0=\frac{\Delta X_{jk}^0}{S_{jk}^0}$,则由式(4.49)得到测边误差方程:

$$v_i=-\cos\alpha_{jk}^0\hat{x}_j-\sin\alpha_{jk}^0\hat{y}_j+\cos\alpha_{jk}^0\hat{x}_k+\sin\alpha_{jk}^0\hat{y}_k-l_i \tag{4.51}$$

式(4.51)就是边长误差方程的一般形式,注意方程中的边长改正数与坐标改正数取与常数项相同的单位。

测边误差方程是在假设两端点都是待定点的情况下导出的。具体计算时有以下几种简化形式:

(1)若测站点 j 为已知点,则 $\hat{x}_j=\hat{y}_j=0$,得

$$v_i=\cos\alpha_{jk}^0\hat{x}_k+\sin\alpha_{jk}^0\hat{y}_k-l_i \tag{4.52}$$

(2)若照准点 k 为已知点，则 $\hat{x}_k=\hat{y}_k=0$，得

$$v_i=-\cos\alpha_{jk}^0\hat{x}_j-\sin\alpha_{jk}^0\hat{y}_j-l_i \tag{4.53}$$

若 j、k 均为已知点，则该边为固定边，故不需要列立误差方程。

特别说明：按 jk 向列立或按 kj 向列立的结果相同，这一点与测角方式误差方程不同。

测边方式误差方程列立的步骤与测角方式的基本相同，总结如下：

(1)计算各待定点的近似坐标(X^0，Y^0)；

(2)由待定点近似坐标和已知点坐标计算各待定边的近似坐标方位角 α^0 和近似边长 S^0；

(3)计算误差方程的系数和常数项，按式(4.51)列立误差方程。

4.5.3　法方程组成与解算

由角度误差方程式(4.47)和边长误差方程式(4.51)及权组成法方程：

$$\boldsymbol{N}_{bb}\hat{\boldsymbol{x}}-\boldsymbol{W}=\boldsymbol{0}$$

法方程的系数、常数项由误差方程的系数阵 $\boldsymbol{B}$、常数阵 $\boldsymbol{l}$ 及观测值的权阵 $\boldsymbol{P}$ 按下式计算：

$$\boldsymbol{N}_{bb}=\boldsymbol{B}^{\mathrm{T}}\boldsymbol{P}\boldsymbol{B},\boldsymbol{W}=\boldsymbol{B}^{\mathrm{T}}\boldsymbol{P}\boldsymbol{l}$$

法方程纯量形式为

$$\begin{cases}[paa]\hat{x}_1+[pab]\hat{x}_2+\cdots+[pat]\hat{x}_t-[pal]=0\\ [pba]\hat{x}_1+[pbb]\hat{x}_2+\cdots+[pbt]\hat{x}_t-[pbl]=0\\ \qquad\vdots\\ [pta]\hat{x}_1+[ptb]\hat{x}_2+\cdots+[ptt]\hat{x}_t-[ptl]=0\end{cases} \tag{4.54}$$

解算上述法方程可得未知数(坐标改正数)：

$$\hat{\boldsymbol{x}}=\boldsymbol{N}_{bb}^{-1}\boldsymbol{W}\text{ 或 }\hat{\boldsymbol{x}}=(\boldsymbol{B}^{\mathrm{T}}\boldsymbol{P}\boldsymbol{B})^{-1}\boldsymbol{B}^{\mathrm{T}}\boldsymbol{P}\boldsymbol{l} \tag{4.55}$$

求得各待定点坐标改正数的值，并由式(4.47)、式(4.51)进一步求得各角度和边长改正数，最后计算观测值及各待定点坐标平差值。

4.5.4　精度评定

1. 单位权中误差

将未知数代入误差方程，求出角度和边长的改正数后，根据权值求得$[pvv]$，也可直接由未知数和常数项求$[pvv]$，最后求得单位权中误差：

$$m_0=\sqrt{\frac{[pvv]}{n-t}} \tag{4.56}$$

式中:n 为观测值的总数(测角数和测边数之和);t 为未知数的个数(待定点坐标的 2 倍)。

2. 未知数函数的中误差

设未知数函数的一般形式:

$$F=f(\hat{X}_2,\hat{Y}_2,\hat{X}_3,\hat{Y}_3,\cdots,\hat{X}_n,\hat{Y}_n)$$

对上述函数求全微分,得权函数式为:

$$V_F=f_{x_2}\hat{x}_2+f_{y_2}\hat{y}_2+f_{x_3}\hat{x}_3+f_{y_3}\hat{y}_3+\cdots+f_{x_n}\hat{x}_n+f_{y_n}\hat{y}_n \tag{4.57}$$

式中:f_x 和 f_y 分别为函数对坐标平差值 $\hat{X}$ 和 $\hat{Y}$ 求偏导数后用近似值得出的值。

于是,未知数函数的权倒数(协因数)为:

$$\frac{1}{P_F}=Q_{FF}=\boldsymbol{f}^{\mathrm{T}}\boldsymbol{Q}_{\hat{X}\hat{X}}\boldsymbol{f}=\boldsymbol{f}^{\mathrm{T}}\boldsymbol{N}^{-1}\boldsymbol{f} \tag{4.58}$$

因此,未知数函数 F 的中误差为:

$$m_F=m_0\sqrt{Q_{FF}} \tag{4.59}$$

任务 4.6 单一附合导线间接平差技能训练

☞【例 4.2】 图 4.9 所示为单一附合二级导线,已知数据列于表 4.8。观测了 4 个角度和 3 个边长,观测值见表 4.9。已知测角中误差 $\sigma_\beta=5''$,测边中误差 $\sigma_{S_k}=0.5\sqrt{S_i}$ (mm),S_i 以 m 为单位。按间接平差法,求:

(1)各导线点的坐标平差值和点位精度;

(2)观测值的平差值。

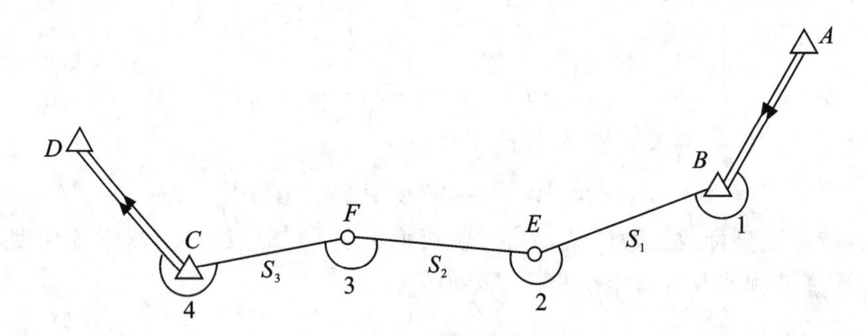

图 4.9 单一附合二级导线

表 4.8 已知坐标和方位角

点名	坐标(m)		方位角
	X	Y	
B	203020.348	−59049.801	$\alpha_{AB}=226°44'59''$
C	203059.503	−59796.549	$\alpha_{CD}=324°46'03''$

表 4.9　角度及边长观测值

角号	角度观测 (° ′ ″)	角号	角度观测 (° ′ ″)	边号	边观测值 (m)	边号	边观测值 (m)
1	230 32 37	3	170 39 22	1	204.952	3	345.153
2	180 00 42	4	236 48 37	2	200.130		

解　由于 E、F 为待定点，必要观测数 $t=4$，选定 E、F 点坐标平差值 $\hat{X}_E$、$\hat{Y}_E$、$\hat{X}_F$、$\hat{Y}_F$，为未知参数。

(1)计算待定点近似坐标，见表 4.10。

表 4.10　近似坐标计算表

点名(角号) (β)	观测角 β_i (° ′ ″)	坐标方位角 α^0 (° ′ ″)	边长观测 S (m)	近似坐标 X^0 (m)	近似坐标 Y^0 (m)
A		226 44 59			
B(1)	230 32 37			203020.348	−59059.801
		277 17 36	204.952		
E(2)	180 00 42			203046.366	−59253.095
		277 18 18	200.130		
F(3)	170 39 22			203071.813	−59451.601

(2)由近似坐标和已知点坐标计算各边坐标方位角改正数方程的系数及边长改正数方程的系数，见表 4.11(表中改正数取 mm，$\rho=206265$)。

表 4.11　方位角改正数及边长改正数系数计算表

方向	坐标方位角 α^0 (° ′ ″)	近似边长 S^0 (m)	$\sin\alpha_{jk}^0$	$\cos\alpha_{jk}^0$	$\frac{\rho''\sin\alpha_{jk}^0}{S_{jk}^0\times1000}$ (″/mm)	$\frac{\rho''\cos\alpha_{jk}^0}{S_{jk}^0\times1000}$ (″/mm)
BE	277 17 36	204.952	−0.992	0.124	−0.998	0.125
EF	277 18 18	200.130	−0.992	0.124	−1.022	0.130
FC	267 57 22	345.167	−0.999	−0.046	−0.597	−0.027

(3)确定角度观测值和边长观测值的权。

设单位权中误差 $\sigma_0=5''$，则角度观测值的权为 $P_{\beta_k}=\frac{\sigma_0^2}{\sigma_\beta^2}=1$，各导线边的权为 $P_{S_k}=\frac{\sigma_0^2}{\sigma_{S_k}^2}$ $=\frac{25}{0.25S_i}$(秒^2/mm^2)，各观测值的权列于表 4.12 的 P 列。

(4)计算 4 个角度和 3 个边长观测值误差方程的系数和常数项，见表 4.12，列立角度误差方程和边长误差方程。

表 4.12 角度误差方程和边长误差方程系数表

项目		$\hat{x}_E$	$\hat{y}_E$	$\hat{x}_F$	$\hat{y}_F$	l	P	v	$\hat{L}$
角 β_i	1	0.998	0.125			0″	1	−3.57	230 32 33
	2	−2.020	−0.255	1.022	0.130	0″	1	−3.62	180 00 38
	3	1.022	0.130	−1.619	−0.103	18″	1	−3.68	179 39 18
	4			0.597	−0.027	−4″	1	−3.13	236 48 34
边 S_i	1	0.124	−0.992			0	0.49	−4.63	204.947
	2	−0.124	0.992	0.124	−0.992	0	0.50	−4.54	200.126
	3			0.046	0.999	−15	0.29	−7.74	345.145
$\hat{x}$(mm)		−4.1	4.2	−11.6	7.8				
$\hat{X}$(m)		203046.362	−59253.091	203071.802	−59451.593				

计算误差方程的系数和常数,根据图 4.9 以及下列公式列立观测值的误差方程。

角度误差方程:

$$v_{\beta_i}=\rho''\left(\frac{\sin\alpha_{jk}^0}{S_{jk}^0}-\frac{\sin\alpha_{jh}^0}{S_{jh}^0}\right)\hat{x}_j-\rho''\left(\frac{\cos\alpha_{jk}^0}{S_{jk}^0}-\frac{\cos\alpha_{jh}^0}{S_{jh}^0}\right)\hat{y}_j$$

$$-\rho''\frac{\sin\alpha_{jk}^0}{S_{jk}^0}\hat{x}_k+\rho''\frac{\cos\alpha_{jk}^0}{S_{jk}^0}\hat{y}_k+\rho''\frac{\sin\alpha_{jh}^0}{S_{jh}^0}\hat{x}_h-\rho''\frac{\cos\alpha_{jh}^0}{S_{jh}^0}\hat{y}_h-l_i$$

$$l_i=L_i-(\alpha_{jk}^0-\alpha_{jh}^0)$$

边长误差方程:

$$v_{s_i}=-\cos\alpha_{jk}^0\hat{x}_j-\sin\alpha_{jk}^0\hat{y}_j+\cos\alpha_{jk}^0\hat{x}_k+\sin\alpha_{jk}^0-l_i$$

$$l_i=S_i-S_{jk}^0$$

误差方程矩阵形式如下:

$$\begin{pmatrix}0.998 & 0.125 & 0 & 0\\ -2.020 & -0.255 & 1.022 & 0.130\\ 1.022 & 0.130 & -1.619 & -0.103\\ 0 & 0 & 0.597 & -0.027\\ 0.124 & -0.992 & 0 & 0\\ -0.124 & 0.992 & 0.124 & -0.992\\ 0 & 0 & 0.046 & 0.999\end{pmatrix}\begin{pmatrix}\hat{x}_E\\ \hat{y}_E\\ \hat{x}_F\\ \hat{y}_F\end{pmatrix}-\begin{pmatrix}0\\ 0\\ 18\\ -4\\ 0\\ 0\\ -15\end{pmatrix}=\mathbf{0}$$

权阵: $\boldsymbol{P}=\mathrm{diag}\{1\quad 1\quad 1\quad 1\quad 0.49\quad 0.50\quad 0.29\}$

(5)组成法方程、解算法方程。

组成法方程:

$$\begin{pmatrix}6.136 & 0.651 & -3.727 & -0.306\\ 0.651 & 1.072 & -0.410 & -0.539\\ -3.727 & -0.410 & 4.030 & 0.235\\ -0.306 & -0.539 & 0.235 & 0.810\end{pmatrix}\begin{pmatrix}\hat{x}_E\\ \hat{y}_E\\ \hat{x}_F\\ \hat{y}_F\end{pmatrix}-\begin{pmatrix}18.396\\ 2.340\\ -31.330\\ 2.600\end{pmatrix}=\mathbf{0}$$

解算法方程，得未知数的改正数 $\underset{t\times 1}{\hat{x}}=N_{bb}^{-1}W$，计算结果见表4.12的 $\hat{x}$ 行。

(6)改正数的求解。将 $\hat{x}$ 代入误差方程得改正数 $V=B\hat{x}-l$。

(7)平差值的计算。

待定点坐标的平差值：$\hat{X}=X^0=\hat{x}$，见表4.12。

观测值的平差值：$\hat{L}=L=v$，见表4.12的 $\hat{L}$ 列。

(8)精度评定。

①单位权中误差：

$$\hat{\sigma}_0=\sqrt{\frac{V^{\mathrm{T}}PV}{n-t}}=\sqrt{\frac{87.3984}{7-4}}=5.39''$$

②待定点点位中误差：

由法方程系数阵得

$$Q_{\hat{X}\hat{X}}=N_{bb}^{-1}=\begin{bmatrix}0.3826 & -0.1178 & 0.3437 & -0.0335\\ -0.1178 & 1.4702 & -0.0143 & 0.9375\\ 0.3437 & -0.0143 & 0.5671 & -0.0443\\ -0.0335 & 0.9375 & -0.0443 & 1.8588\end{bmatrix}$$

各点点位中误差为

$$\hat{\sigma}_E=\hat{\sigma}_0\sqrt{Q_{\hat{X}_E\hat{X}_E}+Q_{\hat{Y}_E\hat{Y}_E}}=5.39\sqrt{0.3826+1.4702}\,\mathrm{mm}=7.3\mathrm{mm}$$

$$\hat{\sigma}_F=\hat{\sigma}_0\sqrt{Q_{\hat{X}_F\hat{X}_F}+Q_{\hat{Y}_F\hat{Y}_F}}=5.39\sqrt{0.5671+1.8588}\,\mathrm{mm}=8.4\mathrm{mm}$$

项目小结

一、主要知识点

(1)平面网数据处理的基本内容。

(2)平面控制网条件闭合差计算和限差验算、各等级平面控制网限差规定。

(3)平面网必要观测数的确定和未知参数的选取。

(4)单一导线条件平差和间接平差的基本原理。

(5)单一附合导线条件平差和间接平差的案例。

二、单一导线条件平差计算步骤

(1)根据已知点坐标和已知方位角，以及导线观测边长和观测角度，计算导线边的近似方位角和导线点的近似坐标，并按式(4.25)和式(4.27)计算单一导线角度闭合差和坐标增量闭合差，并根据任务4.1验算闭合差是否符合规范规定；

(2)根据式(4.30)列立单一导线条件方程，并按表4.3填写条件方程系数表，或用矩阵形式表达；

(3)按式(4.31)或式(3.28)用矩阵组成法方程，并求解联系数 k_a、k_b 和 k_c；

(4)由式(4.32)或式(3.26)计算角度和边长改正数，并计算角度和边长平差值；

(5)根据平差后的角度和边长,由已知坐标和方位角计算待定点的坐标平差值;

(6)根据式(4.35)计算单位权中误差;

(7)根据题意,列出平差值函数的权函数式(4.38),按式(4.39)计算权倒数,最后由式(4.37)计算其中误差。

三、单一导线间接平差计算步骤

(1)根据已知点坐标和已知方位角,以及导线观测边长和观测角度,计算各待定点的近似坐标(X_i^0,Y_i^0);

(2)由待定点近似坐标和已知点坐标计算各待定边的近似坐标方位角 α^0 和近似边长 S^0;

(3)计算误差方程的系数和常数项,按式(4.47)、式(4.51)列立误差方程。

(4)按式(4.54)组成法方程,并按式(4.55)求解未知数 x_i,根据近似坐标计算坐标平差值;

(5)将求出的未知数代入误差方程(4.47)、式(4.51),计算角度和边长改正数,并计算角度和边长平差值;

(6)根据式(4.56)计算单位权中误差;

(7)根据题意,列出平差值函数的权函数式(4.57),按式(4.58)计算权倒数,最后由式(4.59)计算其中误差。

思考与训练题

1. 平面网数据处理有哪些内容?

2. 平面网条件闭合差验算有哪几种形式?写出验算计算式。

3. 单一附合导线按条件平差时,为什么只有3个条件?它们是怎样产生的?

4. 单一导线按间接平差法平差时未知参数如何选取?

5. 导线网平差时如何定权?

6. 图4.10所示为单一附合二级导线,A、B、C、D 为已知点,P 为待定点,已知数据列于表4.13,观测值见表4.14。已知测角中误差 $\sigma_\beta=5''$,测边中误差 $\sigma_{S_k}=0.5\sqrt{S_i}$(mm),$S_i$ 以m为单位。按间接平差法,求:

(1)各导线点的坐标平差值和点位精度;

(2)各观测值的平差值。

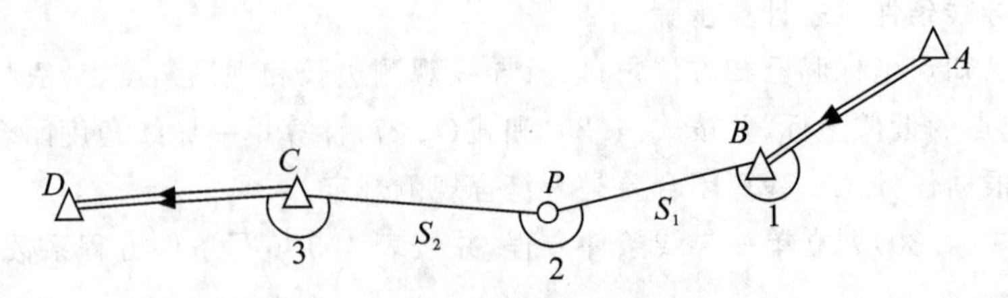

图4.10 单一附合导线

表4.13　已知坐标和方位角表

点名	坐标(m)		点名	坐标(m)	
	X	Y		X	Y
B	203020.348	−59049.801	A	203157.385	−58904.126
C	203071.802	−59451.609	D	203064.676	−59651.482

表4.14　角度和边长观测值表

角号	角度观测(° ′ ″)	角号	角度观测(° ′ ″)	边号	边观测值(m)
1	230　32　37	3	170　39　22	1	204.952
2	180　00　42			2	200.130

7.单一附合四等导线见图4.11,观测了4个角度和3个边长,已知数据列于表4.15,观测值见表4.16。试按条件平差法,求:

(1)各导线点的坐标平差值和点位精度;

(2)观测值的平差值。

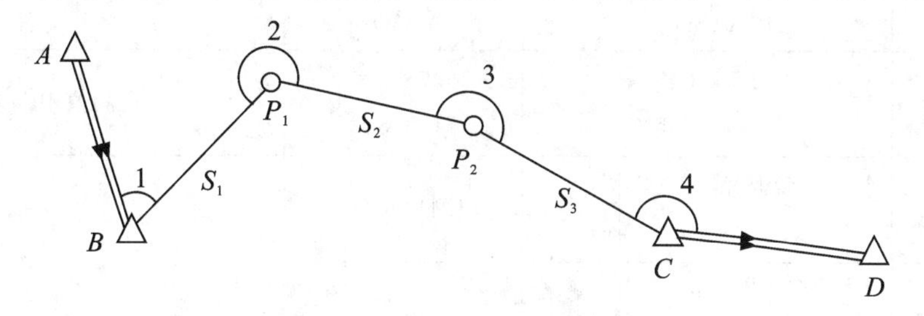

图4.11　单一附合四等导线

表4.15　已知坐标和方位角表

点名	坐标(m)		方位角
	X	Y	
B	3143.237	5260.334	$\alpha_{AB}=170°54'27.0''$
C	4157.197	8853.254	$\alpha_{CD}=109°31'44.9''$

表4.16　角度和边长观测值表

角号	角度观测(° ′ ″)	角号	角度观测(° ′ ″)	边号	边观测值(m)	边长观测中误差(mm)
1	44　05　44.8	3	201　57　34.0	1	2185.070	3.3
2	244　32　18.4	4	168　01　45.2	2	1500.017	2.2
测角中误差 $\sigma_\beta=2.5''$				3	1009.021	1.5

8. 有一级闭合导线如图 4.12 所示，观测 4 条边长和 5 个左转折角，已知数据和观测值见表 4.17。

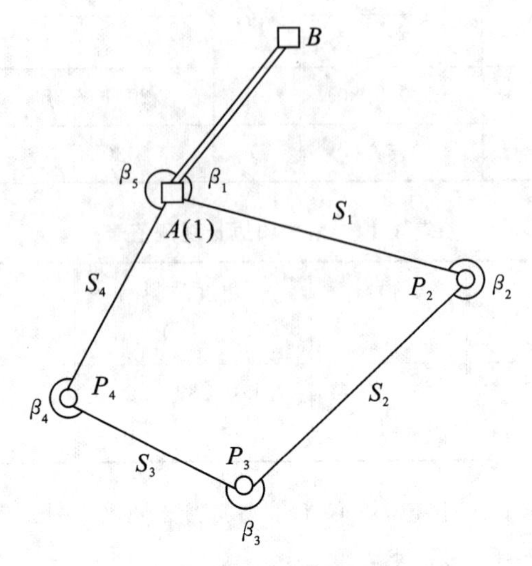

图 4.12　闭合导线

表 4.17　已知数据和观测值

已知点	X(m)		Y(m)	备　注
A	2272.045		5071.330	观测值中误差
B	2343.895		5140.882	
β_i	观测角 (° ′ ″)	S_i	观测边长(m)	$m_\beta=5''$ $m_{s_i}=3+2\times S_i$(mm) S_i 以 km 为单位
1	92　49　43	1	805.191	
2	316　43　58	2	269.486	
3	205　08　16	3	272.718	
4	235　44　38	4	441.596	
5	229　33　06			

试按条件平差法计算导线点 P_2、P_3、P_4 的坐标平差值及角度中误差。

9. 图 4.13 所示为单一附合四等导线，A、B 为已知点，P_2、P_3、P_4 为待定导线点，已知数据和观测值见表 4.18。

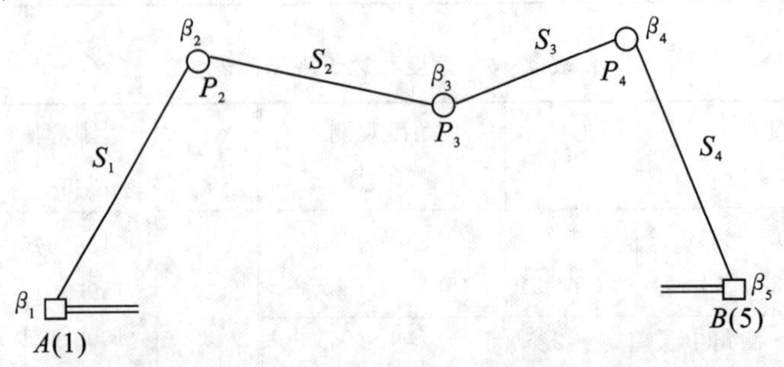

图 4.13　单一附合四等导线

表 4.18　已知数据和观测值

<table>
<tr><td>已知点</td><td colspan="2">X(m)</td><td>Y(m)</td><td>备　注</td></tr>
<tr><td>A</td><td colspan="2">6556.947</td><td>4101.735</td><td rowspan="2">观测值中误差</td></tr>
<tr><td>B</td><td colspan="2">8748.155</td><td>6667.647</td></tr>
<tr><td>已知方向</td><td colspan="3">$\alpha_{AB}=49°30'13.4''$</td><td rowspan="7">$m_\beta=3''$
$m_{s_i}=\sqrt{5^2+(5\times S_i)^2}$(mm)
S_i 以 km 为单位</td></tr>
<tr><td>β_i</td><td>观测角
(° ′ ″)</td><td>S_i</td><td>观测边长(m)</td></tr>
<tr><td>1</td><td>291　45　27.8</td><td>1</td><td>1628.524</td></tr>
<tr><td>2</td><td>275　16　43.8</td><td>2</td><td>1293.480</td></tr>
<tr><td>3</td><td>128　49　32.3</td><td>3</td><td>1229.421</td></tr>
<tr><td>4</td><td>274　57　18.2</td><td>4</td><td>1511.185</td></tr>
<tr><td>5</td><td>289　10　52.9</td><td></td><td></td></tr>
</table>

试按间接平差法计算 P_2、P_3、P_4 点的坐标平差值及其点位中误差。

项目 5　GNSS 网数据处理

学习目标

(1)了解 GNSS 基线向量网数据处理的目的、工作流程和作业步骤。

(2)理解 GNSS 基线向量网间接平差与条件平差的基本原理和方法。

(3)掌握 GNSS 网中各类几何图形条件闭合差的计算和闭合差限差验算方法与技能。

(4)能运用 MATLAB 工具软件平差计算较简单的 GNSS 基线向量网。

任务 5.1　GNSS 网数据处理概述

5.1.1　数据处理的目的和要求

GNSS 控制网(简称 GNSS 网)是指利用全球导航卫星系统(Global Navigation Satellite System,GNSS)定位技术建设的测量控制网。与常规的地面测量控制网一样,建立 GNSS 网的目的是确定地面点在所属空间坐标系下的三维坐标,其作用是为各项测量工作提供统一的空间位置基准。建立 GNSS 控制网不仅具有周期短、精度高等优点,而且还具有不需要相互通视等优点,因此 GNSS 定位测量是目前测量人员建立地面各等级控制网的主要方法。目前处于运行中的全球导航卫星系统(GNSS)主要有美国的全球定位系统(GPS)、俄罗斯的全球导航卫星系统(GLONASS)、欧洲的全球卫星导航系统(GALILEO),以及我国的北斗卫星导航系统(BDNSS)等。

我们知道,在 GNSS 定位中,在任意两个观测站上用 GNSS 卫星的同步观测成果,通过基线解算可得到两点之间的基线向量值,它是在所属空间坐标系下的三维坐标差。与常规的地面三角形测量或导线测量控制网不同,在 GNSS 测量控制网中,网中的观测值既不是边长也不是方向值,而是由多台 GNSS 接收机在不同时段观测后经基线解算得到的基线向量(包括基线向量的方差-协方差阵),因此 GNSS 网也称为 **GNSS 基线向量网**,GNSS 网数据处理的对象是网中的基线向量。为了提高 GNSS 定位结果的精度和可靠性,需要对 GNSS 基线向量网进行数据处理,并最终得到 GNSS 网测量成果。

GNSS 网数据处理的目的主要有:

(1)消除由基线向量组成的同步环和异步环所产生的闭合差、重复基线产生的不符值,以及由已知点条件产生的基线条件闭合差等,满足 GNSS 网的几何图形条件要求。

(2)按照最小二乘法则对 GNSS 基线网在所属空间坐标系下进行整体平差,求出 GNSS

网中基线向量及其参数的估值(平差值)等,并评定其精度。

(3)确定 GNSS 网中点在指定参照系下的坐标,以及其他所需参数的估值。

《全球定位系统(GPS)测量规范》(GB/T 18314—2009)规定,C、D、E 级 GPS 网无约束平差应以三维基线向量及其相应的方差-协方差阵作为观测信息,以一个点在 2000 国家大地坐标系中的三维坐标作为起算数据进行,并输出 2000 国家大地坐标系中各点的三维坐标、各基线向量及其改正数和其精度。约束平差应选择在 2000 国家大地坐标系或地方独立坐标系中进行,平差中对已知点坐标、已知距离和已知方位可以强制约束,也可以加权约束。平差结果应包括相应坐标系中的三维或二维坐标、基线向量改正数、基线边长、方位、转换参数及其相应的精度。

《卫星定位城市测量技术规范》(CJJ/T 73—2010)规定,三等及以下等级 GNSS 网无约束平差应以三维基线向量及其相应的方差-协方差阵作为观测信息,并按基线解算时确定的一个点的地心系三维坐标作为起算数据进行,并输出各点在地心系下的三维坐标、各基线向量、改正数和精度信息。约束平差可选择在国家大地坐标系或城市坐标系中进行,平差中对已知点坐标、已知距离和已知方位可以强制约束,也可以加权约束。平差结果宜包括相应坐标系中的三维或二维坐标、基线向量改正数、基线边长、方位、转换参数及其精度等信息。

5.1.2　数据处理的步骤和内容

1. GNSS 数据预处理

GNSS 数据预处理就是对原始 GNSS 静态观测数据进行传输、编辑、加工与整理,删除无效和无用的数据,形成有用的信息文件,为下一步的基线解算做准备。预处理工作的主要内容有:

1)数据传输

数据传输就是用 USB 专用数据线(或蓝牙无线)将 GNSS 接收机和计算机连接起来,将内存模块所记录的观测数据传输到计算机内。

2)文件编辑

对照外业静态观测记录表,以仪器号和观测时间(时段号)为依据,将 GNSS 数据文件名按规定的格式进行编辑和修改。通常 GNSS 数据文件名要求 8 个字符,前 4 个字符是测站名,第 5～7 个字符为年积日,最后 1 个字符为时段号。

3)数据编辑

将 GNSS 观测数据读入随机商用软件,对照外业静态观测记录表,输入所有测站天线高后,查看数据记录时间线图和卫星分布图,删除同步时间段或数据质量太差的数据。

4)格式转换

对于由不同型号的 GNSS 接收机观测得到的数据,需要统一转换为 RINEX 标准数据格式,以便软件统一处理。如果是同一类型的 GNSS 接收机,可以不进行转换。因此,数据格式转换这项工作不是必需的。

2. 基线向量解算与闭合差验算

1)基线向量解算

基线向量是利用两台及以上的 GNSS 接收机采集的同步观测数据所形成的差分观测值,通过参数估计的方法计算出所属空间坐标系下的两接收机间的三维坐标差。由于 GNSS 卫星位于约 2 万米的高空,卫星轨道误差、信号传播误差、接收机钟差等误差影响,而且处理的观测数据量大,加之采用的模型还在不断地完善当中,因此基线解算是一个复杂的过程。

当前,各类随机商用计算软件都具有基线解算功能,且自动化程度均较高,计算者只需根据实际情况设置好基线解算参数即可计算。需要指出的是,不同的参数设置其计算基线结果是不同的,因此基线解算是一个不断重复的过程,需要有一定的耐心。理想的基线解算结果通常为双差固定解,方差比最大,中误差最小,基线相对精度最高。

2)基线向量闭合差验算

GNSS 网闭合差验算的目的:一是根据 GNSS 网几何图形计算其基线向量闭合差,评定基线向量的质量,同时也间接地反映外业采集数据的质量;二是将实际计算的闭合差与根据规范计算出的闭合差限差进行比较,以此判别基线向量的质量是否符合要求。

3. GNSS 控制网平差计算

根据 GNSS 网中已知点的三维坐标和基线向量观测值,按照最小二乘法平差原理求得所属空间坐标系下的待定点的三维坐标及其精度,称为 **GNSS 控制网平差**。按照目前我国建立地面控制网的方法,GNSS 控制网平差通常分为无约束平差和约束平差两个阶段。

1)无约束平差

GNSS 网无约束平差也称为 GNSS 网独立平差,是指以基线向量作为观测值,以网中任一点测量坐标作为已知坐标,根据最小二乘法原理求出在 GNSS 所属空间坐标系下的基线向量、点的三维坐标等平差值,并评定其精度。无约束网平差的目的就是消除基线向量网中各类几何图形闭合条件不符值,并检查 GNSS 网本身的内部符合精度和基线向量之间有无明显的系统误差和粗差。GNSS 网无约束平差可采用条件平差,也可采用间接平差。

条件平差与间接平差的区别在于采用的函数模型不同。采用条件平差时,将基线向量改正数作为未知数,以 GNSS 网基线向量间满足的几何图形条件方程作为函数模型,根据最小二乘法原理求解改正数,并最终求得各基线向量的平差值和精度。采用间接平差时,通常把待定点的三维坐标作为未知数,以基线向量值与未知数之间的参数方程作为函数模型,根据最小二乘法原理解得未知参数,并求出未知参数及其函数的精度。由于将基线向量值作为平差对象,两种平差方法采用的函数模型都较简单,所列方程均为线性形式。

2)约束平差

约束平差是指以国家或区域地面点的固定坐标、固定大地方位角和固定空间弦长为约束条件,以 GNSS 网基线向量为平差对象在国家或区域坐标系中进行的 GNSS 网平差。由于 GNSS 所属的空间坐标系与国家或区域大地坐标系存在系统差,因此在平差过程中,除了坐标未知参数,还应包括两坐标系统之间的转换参数。约束平差既可以在三维空间坐标系中进行，也可以在二维平面上进行；平差时未知参数既可以选择待定点的三维空间直角坐标，也可以选择待定点的大地坐标。GNSS网约束平差的函数模型通常采用间接平差函数模型。

本项目所讨论的GNSS网平差，仅限于GNSS网无约束平差，有关GNSS网约束平差的内容请参考其他GNSS网平差的相关资料。

任务5.2 基线闭合差与限差计算

5.2.1 复测基线较差与限差

复测基线是指在同一条基线边上观测了多个时段而得到的多个基线结果。理论上说，复测基线的长度应相同，但由于各类误差及其他因素的影响，其差值不应超过一定的限值。复测基线只检查其长度较差是否满足限差要求，不检查坐标分量较差，与同步环或异步环不同。

任意两个时段的基线长度较差及限差计算公式如下：

$$\Delta S = S' - S'' \tag{5.1}$$

$$\Delta S_{限} = 2\sqrt{2}\sigma \tag{5.2}$$

式中，$\sigma=\sqrt{a^2+(b\times d)^2}$，在《卫星定位城市测量技术规范》(CJJ/T 73—2010)中称为基线长度中误差，其中 a 和 b 分别为固定误差系数和比例误差系数，其值按表5.1取值，d 为基线长度，以千米为单位。

表5.1 GNSS网的主要技术要求

等级	平均边长(km)	a(mm)	$b(1\times10^{-6})$	最弱边相对中误差
二等	9	≤5	≤2	1/120000
三等	5	≤5	≤2	1/80000
四等	2	≤10	≤5	1/45000
一级	1	≤10	≤5	1/20000
二级	<1	≤10	≤5	1/10000

《全球定位系统(GPS)测量规范》(GB/T 18314—2009)中称 σ 为基线测量中误差，其中 a 和 b 采用外业测量时使用的GPS接收机的标称精度，边长 d 按实际平均值计算。

表5.2为某复测基线长度、分量较差及限差计算实例。该基线平均边长2747.0690m，取 $a=10$mm，$b=5$ppm，按 $\sigma=\sqrt{a^2+(b\times d)^2}$ 求得基线测量中误差为16.99mm。长度较差和限差分别按式(5.1)和式(5.2)计算。

表 5.2　复测基线较差及限差计算表

复测基线名称	复测基线长度(m)	基线长度均值(m)	X 分量较差(mm)	Y 分量较差(mm)	Z 分量较差(mm)	长度较差(mm)	相对误差(ppm)	长度限差(mm)	质量评价
T01-T02 T01-T02	2747.0642 2747.0738	2747.0690	7.5	14.6	3.3	9.6	6.08	48.05	合格

5.2.2　几何条件闭合差与限差

1. 同步环闭合差与限差

当网中有 3 台或 3 台以上 GNSS 接收机同步观测时，其基线向量组成的闭合图形称为同步闭合环，简称同步环。同步闭合环中，由于各边是不独立的，所以无论是否有对中误差和天线高测量误差或粗差，其闭合差恒为零。基线解算模型误差和处理软件的内在缺陷，使得同步环的闭合差实际上仍可能不为零，不过这种闭合差一般数值很小。三边同步环闭合差及其限差计算公式如下：

$$W_X=\sum_1^3 \Delta X_i,W_Y=\sum_1^3 \Delta Y_i,W_Z=\sum_1^3 \Delta Z_i$$

$$W_S=\sqrt{W_X^2+W_Y^2+W_Z^2} \tag{5.3}$$

$$W_{XYZ限}=\frac{\sqrt{3}}{5}\sigma,W_{S限}=\frac{3}{5}\sigma \tag{5.4}$$

表 5.3 为某同步环分量闭合差、边长闭合差及限差计算实例。该三边闭合环长度平均后得平均基线长 3572.542m，取 $a=10$mm，$b=5$ppm，按 $\sigma=\sqrt{a^2+(b\times d)^2}$，求得基线测量中误差为 20.47mm。闭合差及限差分别按式(5.3)和式(5.4)计算。

表 5.3　同步环闭合差及限差计算表

闭合环名称	闭合环中的基线名称	X 分量闭合差(mm)	Y 分量闭合差(mm)	Z 分量闭合差(mm)	边长闭合差(mm)	闭合环长度(m)	相对误差(ppm)	分量闭合限差(mm)	长度闭合限差(mm)	质量评价
G027 G025 G029	G029-G027 G027-G025 G029-G025	5.7	−9.8	−14.2	18.2	10717.628	1.6981	7.09	12.28	超限

2. 异步环闭合差与限差

由不同时段基线向量组成的闭合图形称为异步闭合环或独立闭合环，简称异步环或独立环。异步闭合环中，由于各基线不是同时段观测的，其闭合差更能体现实际观测情况，是

GNSS 网的主要考核精度内容。

对于由 n 条独立基线组成的独立环，其坐标分量闭合差、全长闭合差及其相应的限差计算公式如下：

$$W_X = \sum_1^n \Delta X_i, W_Y = \sum_1^n \Delta Y_i, W_Z = \sum_1^n \Delta Z_i$$

$$W_S = \sqrt{W_X^2 + W_Y^2 + W_Z^2} \tag{5.5}$$

$$W_{XYZ限} = 2\sqrt{n}\sigma, W_{S限} = 2\sqrt{3n}\sigma \tag{5.6}$$

表 5.4 为某异步环分量闭合差、边长闭合差及限差计算实例。该三边闭合环长度平均后得平均基线长 4681.183m，取 $a=10\text{mm}$，$b=5\text{ppm}$，按 $\sigma=\sqrt{a^2+(b\times d)^2}$，求得基线测量中误差为 25.45mm。闭合差及限差分别按式(5.5)和式(5.6)计算。

表 5.4　异步环闭合差及限差计算表

异步环名称	异步环中的基线名称	X 分量闭合差(mm)	Y 分量闭合差(mm)	Z 分量闭合差(mm)	边长闭合差(mm)	闭合环长度(m)	相对误差(ppm)	分量闭合限差(mm)	长度闭合限差(mm)	质量评价
G029 G012 G025	G029-G025 G029-G012 G025-G012	−30.4	65.4	22.5	75.5	14043.549	5.3761	88.17	152.71	合格

3. 附合线路基线条件闭合差与限差

当网中有 2 个或 2 个以上已知点时，由 1 个已知点经过若干条基线连接到另一个已知点，附合线路上各基线向量和与两个已知点间的坐标差之差称为附合线路基线条件闭合差，简称附合线路闭合差。附合线路坐标闭合差及线路闭合差计算公式如下，其相应的限差计算式与式(5.6)相同。

$$W_X = X_A + \sum_1^n \Delta X_i - X_B, W_Y = Y_A + \sum_1^n \Delta Y_i - Y_B$$

$$W_Z = Z_A + \sum_1^n \Delta Z_i - Z_B, W_S = \sqrt{W_X^2 + W_Y^2 + W_Z^2} \tag{5.7}$$

5.2.3　基线改正数与限差

1. 无约束平差基线改正数与限差

将基线向量作为观测值，相应的方差-协方差阵作为观测值的精度进行无约束平差。平差后基线向量改正数应较小，其分量改正数绝对值不应超过规范规定的限值。

规范规定的限差值如下：

$$V_{\Delta X限} = V_{\Delta Y限} = V_{\Delta Z限} = 3\sigma \tag{5.8}$$

2. 约束平差基线改正数较差与限差

将基线向量作为观测值,相应的方差-协方差阵作为观测值的精度进行约束平差。约束平差输出的基线向量改正数与无约束平差输出的基线向量改正数之差,其分量改正数绝对值不应超过规范规定的限值。

规范规定的限差值如下:

$$dV_{\Delta X_{限}} = dV_{\Delta Y_{限}} = dV_{\Delta Z_{限}} = 2\sigma \tag{5.9}$$

任务 5.3 GNSS 网间接平差

5.3.1 GNSS 网间接平差概述

1. GNSS 网起算数据

确定一个 GNSS 控制网空间位置基准所必需的已知数据,称为 GNSS 网必要起算数据。通过分析三维测量控制网得知,确定三维测角网空间位置需要固定 1 个三维空间点的坐标、3 个方向角和 1 个边长,共需要 7 个已知数据;而对于测边或边角三维网,则只需要 6 个已知数据。进一步分析 GNSS 基线向量网可知,GNSS 网是由基线向量构成的,而基线向量不仅具有长度还具有方向,因此一个 GNSS 控制网空间位置基准实际只需要固定 1 个点的坐标。这就是说,GNSS 网只需要 1 个已知起算点就可以根据网中向量观测值计算出其他待定点的坐标,其必要起算数据为 3。

2. GNSS 网必要观测数

在项目 3 和项目 4 中,我们分别讨论了高程网和平面网的必要观测数,而且知道了控制网的必要观测数与网中观测值的个数多少无关,只与网本身有关,是控制网的固有属性。容易知道,要确定 GNSS 网中一个待定点的空间位置,只需要待定点与已知点之间的 3 个相对位置(ΔX_{ij} ΔY_{ij} ΔZ_{ij}),换言之,只要知道了待定点与已知点之间的一条基线向量,就可以计算出待定点的三维坐标,即网中有 1 个待定点时,其必要观测数为 3。若网中有 m 个待定点,则必要观测数为 $3m$。以上表明,GNSS 网中必要观测数等于网中待定点个数的 3 倍。

5.3.2 误差方程

1. 基线向量误差方程

设 GNSS 网中待定点 i 的空间直角坐标平差值为($\hat{X}_i$ $\hat{Y}_i$ $\hat{Z}_i$),坐标近似值为(X_i^0 Y_i^0 Z_i^0),坐标改正数为($\hat{x}_i$ $\hat{y}_i$ $\hat{z}_i$),则

$$\begin{pmatrix}\hat{X}_i\\ \hat{Y}_i\\ \hat{Z}_i\end{pmatrix}=\begin{pmatrix}X_i^0\\ Y_i^0\\ Z_i^0\end{pmatrix}+\begin{pmatrix}\hat{x}_i\\ \hat{y}_i\\ \hat{z}_i\end{pmatrix} \tag{5.10}$$

若网中待定点 i 到待定点 j 的 GNSS 基线向量观测值为(ΔX_{ij} ΔY_{ij} ΔZ_{ij})，相应的改正数为($V_{X ij}$ $V_{Y ij}$ $V_{Z ij}$)，则三维坐标差即基线向量观测值的平差值为

$$\begin{pmatrix}\Delta\hat{X}_{ij}\\ \Delta\hat{Y}_{ij}\\ \Delta\hat{Z}_{ij}\end{pmatrix}=-\begin{pmatrix}\hat{X}_i\\ \hat{Y}_i\\ \hat{Z}_i\end{pmatrix}+\begin{pmatrix}\hat{X}_j\\ \hat{Y}_j\\ \hat{Z}_j\end{pmatrix}=\begin{pmatrix}\Delta\hat{X}_{ij}+V_{X_{ij}}\\ \Delta\hat{Y}_{ij}+V_{Y_{ij}}\\ \Delta\hat{Z}_{ij}+V_{Z_{ij}}\end{pmatrix}$$

将基线向量改正数移到左边，整理后得到基线向量的误差方程为

$$\begin{pmatrix}V_{X_{ij}}\\ V_{Y_{ij}}\\ V_{Z_{ij}}\end{pmatrix}=-\begin{pmatrix}\hat{x}_i\\ \hat{y}_i\\ \hat{z}_i\end{pmatrix}+\begin{pmatrix}\hat{x}_j\\ \hat{y}_j\\ \hat{z}_j\end{pmatrix}+\begin{pmatrix}-X_i^0+X_j^0-\Delta X_{ij}\\ -Y_i^0+Y_j^0-\Delta Y_{ij}\\ -Z_i^0+Z_j^0-\Delta Z_{ij}\end{pmatrix}$$

或

$$\begin{pmatrix}V_{X_{ij}}\\ V_{Y_{ij}}\\ V_{Z_{ij}}\end{pmatrix}=-\begin{pmatrix}\hat{x}_i\\ \hat{y}_i\\ \hat{z}_i\end{pmatrix}+\begin{pmatrix}\hat{x}_j\\ \hat{y}_j\\ \hat{z}_j\end{pmatrix}-\begin{pmatrix}\Delta X_{ij}-\Delta X_{ij}^0\\ \Delta Y_{ij}-\Delta Y_{ij}^0\\ \Delta Z_{ij}-\Delta Z_{ij}^0\end{pmatrix} \tag{5.11}$$

令

$$\underset{3\times1}{\boldsymbol{V}_{ij}}=\begin{pmatrix}V_{X_{ij}}\\ V_{Y_{ij}}\\ V_{Z_{ij}}\end{pmatrix},\underset{3\times1}{\boldsymbol{X}_i^0}=\begin{pmatrix}X_i^0\\ Y_i^0\\ Z_i^0\end{pmatrix},\underset{3\times1}{\hat{\boldsymbol{x}}_i}=\begin{pmatrix}\hat{x}_i\\ \hat{y}_i\\ \hat{z}_i\end{pmatrix},\underset{3\times1}{\hat{\boldsymbol{x}}_j}=\begin{pmatrix}\hat{x}_j\\ \hat{y}_j\\ \hat{z}_j\end{pmatrix},\underset{3\times1}{\Delta\boldsymbol{X}_{ij}}=\begin{pmatrix}\Delta X_{ij}\\ \Delta Y_{ij}\\ \Delta Z_{ij}\end{pmatrix}$$

则由点 i 到点 j 的基线向量误差方程为

$$\underset{3\times1}{\boldsymbol{V}_{ij}}=-\boldsymbol{E}\underset{3\times1}{\hat{\boldsymbol{x}}_i}+\boldsymbol{E}\underset{3\times1}{\hat{\boldsymbol{x}}_j}-\underset{3\times1}{\boldsymbol{l}_{ij}} \tag{5.12}$$

式中：$\boldsymbol{E}$ 为 3×3 阶单位阵；常数项 $\underset{3\times1}{\boldsymbol{l}_{ij}}=\Delta\boldsymbol{X}_{ij}-\Delta\boldsymbol{X}_{ij}^0$，为基线向量观测值与基线向量近似值之差，其值较小，通常以 mm 为单位。

从上式可以看出，基线向量误差方程为线性方程，且形式较简单，方程中的未知参数为基线两端点坐标改正数，最多只有 6 个。当网中 i 或 j 点为已知点时，未知参数减为 3 个。特别情况下，当 i 和 j 点均为已知点时，基线向量的改正数等于其常数项的负值。

当网中有 m 个待定点、n 条基线向量时，GNSS 网的误差方程为

$$\underset{3n\times1}{\boldsymbol{V}}=\underset{3n\times3m}{\boldsymbol{B}}\underset{3m\times1}{\hat{\boldsymbol{x}}}-\underset{3n\times1}{\boldsymbol{l}} \tag{5.13}$$

2. 基线向量的权

现以两台 GNSS 接收机测得的结果为例，说明 GNSS 平差中基线向量权的确定方法。

用两台GNSS接收机测量，在一个时段内只能得到一条观测基线向量$(\Delta X_{ij}\Delta Y_{ij}\Delta Z_{ij})$，其中3个观测坐标分量是相关的，观测基线向量的协方差直接由基线解算软件给出，已知为

$$
\boldsymbol{D}_{ij}=\begin{pmatrix} \sigma_{\Delta X_{ij}}^{2} & \sigma_{\Delta X_{ij}\Delta Y_{ij}} & \sigma_{\Delta X_{ij}\Delta Z_{ij}} \\ & \sigma_{\Delta Y_{ij}}^{2} & \sigma_{\Delta Y_{ij}\Delta Z_{ij}} \\ \text{对} & \text{称} & \sigma_{\Delta Z_{ij}}^{2} \end{pmatrix} \tag{5.14}
$$

不同的观测基线向量之间是互相独立的。因此对于全网而言，式中的$\boldsymbol{D}$是块对角阵，即

$$
\boldsymbol{D}=\begin{pmatrix} \underset{3\times 3}{\boldsymbol{D}_1} & 0 & \cdots & 0 \\ 0 & \underset{3\times 3}{\boldsymbol{D}_2} & \cdots & 0 \\ \vdots & \vdots & & \vdots \\ 0 & 0 & \cdots & \underset{3\times 3}{\boldsymbol{D}_n} \end{pmatrix} \tag{5.15}
$$

方阵中的$\boldsymbol{D}_1,\boldsymbol{D}_2,\cdots,\boldsymbol{D}_n$分别为$n$个对应基线向量的协方差阵，其组成形式同$\boldsymbol{D}_{ij}$。

对于由多台GNSS接收机测量得到的多个同步基线向量协方差阵的组成，其原理同上，全网的$\boldsymbol{D}$也是一个块对角阵，但其中对角块阵是多个同步基线向量的协方差阵。

根据协方差阵、协因数阵和权阵的关系

$$
\boldsymbol{D}=\sigma_0^2\boldsymbol{Q}=\sigma_0^2\boldsymbol{P}^{-1}
$$

可得到基线向量观测值的权阵

$$
\boldsymbol{P}=\sigma_0^2\boldsymbol{D}^{-1}=\sigma_0^2\begin{pmatrix} \underset{3\times 3}{\boldsymbol{D}_1^{-1}} & 0 & \cdots & 0 \\ 0 & \underset{3\times 3}{\boldsymbol{D}_2^{-1}} & \cdots & 0 \\ \vdots & \vdots & & \vdots \\ 0 & 0 & \cdots & \underset{3\times 3}{\boldsymbol{D}_3^{-1}} \end{pmatrix} \tag{5.16}
$$

式中σ_0^2为单位权方差，为一任选常数。最简单的方法是设为1，但为了使权阵中各元素的值不要过大或过小，应适当选取。需要指出的是，由块对角阵$\boldsymbol{D}$求逆后的权阵$\boldsymbol{P}$也是块对角阵。

5.3.3 法方程的组成与解算

由于各基线向量观测值之间被认为是互相独立的，因而可把每个基线向量观测值的误差方程组成法方程，然后将这些单个法方程的系数阵及常数项按照未知参数和基线向量的位置添加到总的法方程对应的系数项和常数项上去。

下面说明法方程的组成。

$$\underset{3\times1}{\boldsymbol{V}_{ij}}=(-\boldsymbol{E}\quad\boldsymbol{E})\begin{pmatrix}\hat{x}_i\\\hat{x}_j\end{pmatrix}-\boldsymbol{l}_{ij}=\underset{3\times6}{\boldsymbol{B}_{ij}}\ \underset{6\times1}{\hat{\boldsymbol{x}}_{ij}}-\boldsymbol{l}_{ij}$$

权阵为$\underset{3\times3}{\boldsymbol{P}_{ij}}$，则法方程系数阵

$$\underset{6\times6}{\boldsymbol{N}_{ij}}=\boldsymbol{B}_{ij}^{\mathrm{T}}\boldsymbol{P}_{ij}\boldsymbol{B}_{ij}=(-\boldsymbol{E}\quad\boldsymbol{E})^{\mathrm{T}}\boldsymbol{P}_{ij}(-\boldsymbol{E}\quad\boldsymbol{E})$$

$$=\begin{pmatrix}\boldsymbol{P}_{ij}&-\boldsymbol{P}_{ij}\\-\boldsymbol{P}_{ij}&\boldsymbol{P}_{ij}\end{pmatrix}$$

法方程常数项

$$\underset{6\times1}{\boldsymbol{W}_{ij}}=\boldsymbol{B}_{ij}^{\mathrm{T}}\boldsymbol{P}_{ij}\boldsymbol{l}_{ij}=(-\boldsymbol{E}\quad\boldsymbol{E})^{\mathrm{T}}\boldsymbol{P}_{ij}\boldsymbol{l}_{ij}$$

$$=\begin{pmatrix}-\boldsymbol{P}_{ij}\boldsymbol{l}_{ij}\\\boldsymbol{P}_{ij}\boldsymbol{l}_{ij}\end{pmatrix}$$

相应的法方程为

$$\begin{pmatrix}\boldsymbol{P}_{ij}&-\boldsymbol{P}_{ij}\\-\boldsymbol{P}_{ij}&\boldsymbol{P}_{ij}\end{pmatrix}\begin{pmatrix}\hat{\boldsymbol{x}}_i\\\hat{\boldsymbol{x}}_j\end{pmatrix}-\begin{pmatrix}-\boldsymbol{P}_{ij}\boldsymbol{l}_{ij}\\\boldsymbol{P}_{ij}\boldsymbol{l}_{ij}\end{pmatrix}=\boldsymbol{0}\tag{5.17}$$

上式是单个基线向量组成法方程的通式。不难理解，如果有另一基线向量，例如由待定点 i 到 k 的基线向量，其误差方程为

$$\underset{3\times1}{\boldsymbol{V}_{ik}}=-\boldsymbol{E}\underset{3\times1}{\hat{\boldsymbol{x}}_i}+\boldsymbol{E}\underset{3\times1}{\hat{\boldsymbol{x}}_k}-\underset{3\times1}{\boldsymbol{l}_{ik}}$$

相应的法方程为

$$\begin{pmatrix}\boldsymbol{P}_{ik}&-\boldsymbol{P}_{ik}\\-\boldsymbol{P}_{ik}&P_{ik}\end{pmatrix}\begin{pmatrix}\hat{\boldsymbol{x}}_i\\\hat{\boldsymbol{x}}_k\end{pmatrix}-\begin{pmatrix}-\boldsymbol{P}_{ik}\boldsymbol{l}_{ik}\\\boldsymbol{P}_{ik}\boldsymbol{l}_{ik}\end{pmatrix}=\boldsymbol{0}$$

则总的法方程如下：

$$\begin{pmatrix}\boldsymbol{P}_{ij}+\boldsymbol{P}_{ik}&-\boldsymbol{P}_{ij}&-\boldsymbol{P}_{ik}\\&\boldsymbol{P}_{ij}&0\\\text{对}&\text{称}&\boldsymbol{P}_{ik}\end{pmatrix}\begin{bmatrix}\hat{x}_i\\\hat{x}_j\\\hat{x}_k\end{bmatrix}-\begin{pmatrix}-\boldsymbol{P}_{ij}\boldsymbol{l}_{ij}-\boldsymbol{P}_{ik}\boldsymbol{l}_{ik}\\\boldsymbol{P}_{ij}\boldsymbol{l}_{ij}\\\boldsymbol{P}_{ik}\boldsymbol{l}_{ik}\end{pmatrix}=\boldsymbol{0}$$

当网中有 m 个待定点、n 条基线向量时，则GNSS网总的法方程为

$$\underset{3m\times3m}{\boldsymbol{N}}\ \underset{3m\times1}{\hat{\boldsymbol{x}}}-\underset{3m\times1}{\boldsymbol{W}}=\boldsymbol{0}\tag{5.18}$$

按照求解一般线性方程组的方法，可求得未知数的解：

$$\underset{3m\times1}{\hat{\boldsymbol{x}}}=\underset{3m\times3m}{\boldsymbol{N}^{-1}}\ \underset{3m\times1}{\boldsymbol{W}}\tag{5.19}$$

5.3.4　精度评定

1. 平差值计算

网中待定点的坐标平差值为

$$\hat{X}_i = X_i^0 + \hat{x}_i, \hat{Y}_i = Y_i^0 + \hat{y}_i, \hat{Z}_i = Z_i^0 + \hat{z}_i \tag{5.20}$$

网中基线向量的平差值为

$$\Delta \hat{X}_{ij} = \Delta X_{ij}^0 + V_{X_{ij}}, \Delta \hat{Y}_{ij} = \Delta Y_{ij}^0 + V_{Y_{ij}}, \Delta \hat{Z}_{ij} = \Delta Z_{ij}^0 + V_{Z_{ij}} \tag{5.21}$$

2. 精度评定

(1)单位权中误差计算:

$$\hat{\sigma}_0 = \sqrt{\frac{[\boldsymbol{V}^{\mathrm{T}}\boldsymbol{PV}]}{3n-3m}} \tag{5.22}$$

式中:n 为基线向量总数;m 为待定点总数。

$$\boldsymbol{V}^{\mathrm{T}}\boldsymbol{PV} = [pvv] = p_1 v_1^2 + p_2 v_2^2 + \cdots + p_{3n} v_{3n}^2 \tag{5.23}$$

(2)未知参数及点位中误差。

未知数的权逆阵:

$$\boldsymbol{Q}_{XX} = \boldsymbol{N}^{-1} \tag{5.24}$$

未知数的方差阵:

$$\boldsymbol{D}_{XX} = \hat{\sigma}_0^2 \boldsymbol{Q}_{XX} \tag{5.25}$$

第 i 个待定点的子方差阵:

$$\boldsymbol{D}_{X_iX_i} = \begin{bmatrix} \hat{\sigma}_{x_i}^2 & \hat{\sigma}_{x_iy_i} & \hat{\sigma}_{x_iz_i} \\ & \hat{\sigma}_{y_i}^2 & \hat{\sigma}_{y_iz_i} \\ \text{对} & \text{称} & \hat{\sigma}_{z_i}^2 \end{bmatrix} = \hat{\sigma}_0^2 \begin{bmatrix} \boldsymbol{Q}_{x_ix_i} & \boldsymbol{Q}_{x_iy_i} & \boldsymbol{Q}_{x_iz_i} \\ & \boldsymbol{Q}_{y_iy_i} & \boldsymbol{Q}_{y_iz_i} \\ \text{对} & \text{称} & \boldsymbol{Q}_{z_iz_i} \end{bmatrix} \tag{5.26}$$

第 i 个待定点的点位中误差:

$$\hat{\sigma}_i = \sqrt{\hat{\sigma}_{x_i}^2 + \hat{\sigma}_{y_i}^2 + \hat{\sigma}_{z_i}^2} = \hat{\sigma}_0 \sqrt{Q_{x_ix_i} + Q_{y_iy_i} + Q_{z_iz_i}} \tag{5.27}$$

任务 5.4　GNSS 网间接平差技能训练

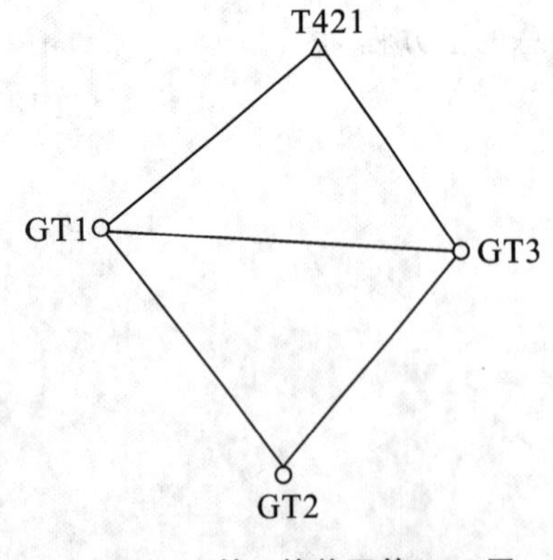

图 5.1　某一简单四等 GPS 网

图 5.1 所示为某一简单四等 GPS 网,用两台 GPS 接收机进行静态观测,观测数据经 GPS 软件解算得到 5 条基线向量及其相应的基线向量方差阵,每一条基线向量中三个坐标差观测值相关。由于只用两台 GPS 接收机观测,所以各观测基线向量互相独立。网中点 T421 的三维坐标已知,坐标为(−1974638.7340　4590014.8190　3953144.9235),其余三个为待定点,基线长度、基线向量及其方差-协方差阵见表 5.5,试根据已有数据进行 GPS 网间接平差。

表5.5　基线向量及方差-协方差阵

编号	基线名/基线长(m)	基线向量值(m)	基线向量方差-协方差阵		
1	GT1-T421 2363.166	−1218.561 −1039.227 1737.720	2.320999E-7	−5.097008E-7 1.339931E-6	−4.371401E-7 1.109356E-6 1.008592E-6
2	GT3-T421 1964.809	270.457 −503.208 1879.923	1.044894E-6	−2.396533E-6 6.341291E-6	−2.319683E-6 5.902876E-6 6.035577E-6
3	GT3-GT1 1588.935	1489.013 536.030 142.218	5.850064E-7	−1.329620E-6 3.362548E-6	−1.252374E-6 3.069820E-6 3.019233E-6
4	GT2-GT1 1838.311	1405.531 −178.157 1171.380	1.205319E-6	−2.636702E-6 6.858585E-6	−2.174106E-6 5.480745E-6 4.820125E-6
5	GT3-GT2 1255.483	83.497 714.153 −1029.199	9.662657E-6	−2.175476E-5 5.194777E-5	−1.971468E-5 4.633565E-5 4.324110E-5

解

(1)网中多余观测数。

网中基线条数为5,每条基线3个坐标分量,则观测总数为$n=15$。

网中未知点个数为3,必要观测总数为$t=9$,参数方程中应设9个未知数。

网中多余观测数为$r=n-t=6$,即网中有6个闭合环。

(2)闭合差及限差计算。

①三边异步环GT1-T421-GT3。

根据式(5.5),坐标分量闭合差:

$$W_X=(-1218.561-270.457+1489.013)\text{m}=-0.005\text{m}$$

$$W_Y=(-1039.227+503.208+536.030)\text{m}=0.011\text{m}$$

$$W_Z=(1737.720-1879.923+142.218)\text{m}=0.015\text{m}$$

环闭合差:

$$W_S=\sqrt{W_X^2+W_Y^2+W_Z^2}=0.019\text{m}$$

闭合环基线边长之和为5916.910m,平均边长为1972.303m,由此算得基线中误差为:$\sigma=\sqrt{10^2+1.972^2\times 5^2}\ \text{mm}=0.014\text{m}$。

根据式(5.6),坐标分量闭合差限差:

$$W_{限}=2\sqrt{3}\times0.014\text{m}=0.048\text{m}$$

环闭合差限差：

$$W_{限}=2\sqrt{3\times3}\times0.014\text{m}=0.084\text{m}$$

坐标分量闭合差和环闭合差均小于相应的限差，满足规范要求。

②三边异步环 GT2-GT1-GT3。

根据式(5.5)，坐标分量闭合差：

$$W_X=(1489.013-1405.531-83.497)\text{m}=-0.015\text{m}$$

$$W_Y=(536.030+178.157-714.153)\text{m}=0.034\text{m}$$

$$W_Z=(142.218-1171.380+1029.199)\text{m}=0.037\text{m}$$

环闭合差：

$$W_S=\sqrt{W_X^2+W_Y^2+W_Z^2}=0.052\text{m}$$

闭合环基线边长之和为 4682.729m，平均边长为 1560.910m，由此算得基线中误差为：$\sigma=\sqrt{10^2+1.561^2\times5^2}\ \text{mm}=0.013\text{m}$。

根据式(5.6)，坐标分量闭合差限差：

$$W_{限}=2\sqrt{3}\times0.013\text{m}=0.044\text{m}$$

环闭合差限差：

$$W_{限}=2\sqrt{3\times3}\times0.013\text{m}=0.076\text{m}$$

坐标分量闭合差和环闭合差均小于相应的限差，满足规范要求。

(3)设置坐标未知参数，计算坐标近似值。

设 GT1、GT2 和 GT3 的三维坐标平差值为参数，即

$$\hat{\boldsymbol{X}}=(\hat{X}_1\quad\hat{Y}_1\quad\hat{Z}_1\quad\hat{X}_2\quad\hat{Y}_2\quad\hat{Z}_2\quad\hat{X}_3\quad\hat{Y}_3\quad\hat{Z}_3)^{\mathrm{T}}$$

根据已知点 T421 的三维坐标和表 5.5 中列出的基线向量，可求得 GT1、GT2 和 GT3 的三维坐标近似值，如表 5.6 所示。

表 5.6　未知参数近似坐标表(m)

点名	X^0	Y^0	Z^0
GT1	−1973420.1740	4591054.0467	3951407.2050
GT2	−1974825.7010	4591232.1940	3950235.8130
GT3	−1974909.1980	4590518.0410	3951265.0120

(4)列立误差方程。

根据式(5.11)和式(5.12)，可列出误差方程如下

$$\underset{15\times1}{\boldsymbol{V}}=\underset{15\times9}{\boldsymbol{B}}\ \underset{9\times1}{\hat{\boldsymbol{x}}}-\underset{15\times1}{\boldsymbol{l}}$$

$$
\begin{pmatrix} v_1 \\ v_2 \\ v_3 \\ v_4 \\ v_5 \\ v_6 \\ v_7 \\ v_8 \\ v_9 \\ v_{10} \\ v_{11} \\ v_{12} \\ v_{13} \\ v_{14} \\ v_{15} \end{pmatrix} = \begin{pmatrix} -1 & 0 & 0 & 0 & 0 & 0 & 0 & 0 & 0 \\ 0 & -1 & 0 & 0 & 0 & 0 & 0 & 0 & 0 \\ 0 & 0 & -1 & 0 & 0 & 0 & 0 & 0 & 0 \\ 0 & 0 & 0 & 0 & 0 & 0 & -1 & 0 & 0 \\ 0 & 0 & 0 & 0 & 0 & 0 & 0 & -1 & 0 \\ 0 & 0 & 0 & 0 & 0 & 0 & 0 & 0 & -1 \\ 1 & 0 & 0 & 0 & 0 & 0 & -1 & 0 & 0 \\ 0 & 1 & 0 & 0 & 0 & 0 & 0 & -1 & 0 \\ 0 & 0 & 1 & 0 & 0 & 0 & 0 & 0 & -1 \\ 1 & 0 & 0 & -1 & 0 & 0 & 0 & 0 & 0 \\ 0 & 1 & 0 & 0 & -1 & 0 & 0 & 0 & 0 \\ 0 & 0 & 1 & 0 & 0 & -1 & 0 & 0 & 0 \\ 0 & 0 & 0 & 1 & 0 & 0 & -1 & 0 & 0 \\ 0 & 0 & 0 & 0 & 1 & 0 & 0 & -1 & 0 \\ 0 & 0 & 0 & 0 & 0 & 1 & 0 & 0 & -1 \end{pmatrix} \begin{pmatrix} \hat{x}_1 \\ \hat{y}_1 \\ \hat{z}_1 \\ \hat{x}_2 \\ \hat{y}_2 \\ \hat{z}_2 \\ \hat{x}_3 \\ \hat{y}_3 \\ \hat{z}_3 \end{pmatrix} - \begin{pmatrix} -0.0010 \\ 0.0007 \\ 0.0015 \\ -0.0070 \\ 0.0140 \\ 0.0115 \\ -0.0110 \\ 0.0243 \\ 0.0250 \\ 0.0040 \\ -0.0097 \\ -0.0120 \\ 0 \\ 0 \\ 0 \end{pmatrix} \tag{5.28}
$$

(5)基线向量的权阵。

取先验权单位权中误差 $\sigma_0=0.0029833$,其权阵按式(5.14)、式(5.16)可得到5条基线向量的权阵：

$$
\boldsymbol{P}_1=\begin{pmatrix} 249.53 & 60.20 & 41.94 \\ & 88.85 & -71.63 \\ \text{对} & \text{称} & 105.79 \end{pmatrix},\boldsymbol{P}_2=\begin{pmatrix} 71.43 & 16.07 & 11.73 \\ & 19.28 & -12.68 \\ \text{对} & \text{称} & 18.38 \end{pmatrix},
$$

$$
\boldsymbol{P}_3=\begin{pmatrix} 169.83 & 39.60 & 30.18 \\ & 46.12 & -30.46 \\ \text{对} & \text{称} & 46.44 \end{pmatrix},\boldsymbol{P}_4=\begin{pmatrix} 49.05 & 12.89 & 7.47 \\ & 17.59 & -14.19 \\ \text{对} & \text{称} & 21.35 \end{pmatrix},
$$

$$
\boldsymbol{P}_5=\begin{pmatrix} 17.74 & 4.86 & 2.88 \\ & 5.21 & -3.36 \\ \text{对} & \text{称} & 5.12 \end{pmatrix}
$$

(6)法方程的组成与解算。

根据法方程的组成计算公式,法方程如下：

$$
\underset{9\times 9}{\boldsymbol{N}}\ \underset{9\times 1}{\hat{\boldsymbol{x}}}-\underset{9\times 1}{\boldsymbol{W}}=\boldsymbol{0}
$$

式中：

$$
\boldsymbol{N}=\underset{9\times 15}{\boldsymbol{B}^{\mathrm{T}}}\ \underset{15\times 15}{\boldsymbol{P}}\ \underset{15\times 9}{\boldsymbol{B}}
$$

$$
\boldsymbol{W}=\underset{9\times 15}{\boldsymbol{B}^{\mathrm{T}}}\ \underset{15\times 15}{\boldsymbol{P}}\ \underset{15\times 1}{\boldsymbol{l}}
$$

$\boldsymbol{N}=$

$$
\begin{pmatrix}
468.4142 & 112.6840 & 79.5936 & -49.0502 & -12.8852 & -7.4728 & -169.8336 & -39.6002 & -30.1830 \\
 & 152.5534 & -116.2839 & -12.8852 & -17.5868 & 14.1853 & -39.6002 & -46.1183 & 30.4649 \\
 & & 173.5805 & -7.4728 & 14.1853 & -21.3465 & -30.1830 & 30.4649 & -46.4430 \\
 & & & 14.1853 & 17.7451 & 10.3510 & -17.7351 & -4.8599 & -2.8782 \\
\text{对} & & & & 22.7947 & -17.5501 & -4.8599 & -5.2079 & 3.3648 \\
 & & & & & 26.4702 & -2.8782 & 3.3648 & -5.1237 \\
 & & & & & & 259.0030 & 60.5337 & 44.7957 \\
 & & & \text{称} & & & & 70.6066 & -46.5086 \\
 & & & & & & & & 69.9513
\end{pmatrix}
$$

$$
\boldsymbol{W}=\begin{pmatrix} -0.0253 \\ 0.0801 \\ -0.0665 \\ 0.0185 \\ -0.0512 \\ 0.0887 \\ 0.2914 \\ 0.0649 \\ -0.0405 \end{pmatrix}
$$

求解上述法方程,得到未知数的改正数:

$$
\hat{\boldsymbol{x}}=(0.0007 \quad -0.0002 \quad -0.0006 \quad -0.0023 \quad 0.0073 \quad 0.0087 \quad 0.0096 \quad -0.0198 \quad -0.0197)^{\mathrm{T}}
$$

(7)平差值计算。

根据求得的未知数改正数和未知数的近似值,计算未知坐标参数的平差值(见表5.7)。

表 5.7 坐标平差值计算表(m)

点名	$\hat{X}$	$\hat{Y}$	$\hat{Z}$
GT1	−1973420.1733	4591054.0465	3951407.2044
GT2	−1974825.7033	4591232.2013	3950235.8217
GT3	−1974909.1984	4590518.0212	3951265.9923

(8)精度评定。

①根据式(5.24)求未知数的权逆阵为:

$\boldsymbol{Q}_{\hat{x}\hat{x}}=$

$$
\begin{pmatrix}
0.0020 & -0.0044 & -0.0038 & 0.0019 & -0.0042 & -0.0037 & 0.0013 & -0.0028 & -0.0025 \\
 & 0.0116 & 0.0097 & -0.0042 & 0.0111 & 0.0093 & -0.0028 & 0.0076 & 0.0064 \\
 & & 0.0089 & -0.0037 & 0.0093 & 0.0086 & -0.0025 & 0.0064 & 0.0060 \\
 & & & 0.0124 & -0.0273 & -0.0231 & 0.0016 & -0.0035 & -0.00302 \\
\text{对} & & & & 0.0700 & 0.05751 & -0.0036 & 0.0097 & 0.0080 \\
 & & & & & 0.0515 & -0.0032 & 0.0082 & 0.0076 \\
 & & & & & & 0.0044 & -0.0100 & -0.0094 \\
 & & & \text{称} & & & & 0.0260 & 0.0235 \\
 & & & & & & & & 0.0231
\end{pmatrix}
$$

②单位权中误差估值：

$$\hat{\sigma}_0=\sqrt{\frac{\boldsymbol{V}^{\mathrm{T}}\boldsymbol{PV}}{n-t}}=\sqrt{\frac{0.0006}{15-9}}\mathrm{m}=0.010\mathrm{m}$$

③计算点位坐标分量中误差和点位中误差：

$\hat{\sigma}_{\hat{x}_1}=\hat{\sigma}_0\sqrt{Q_{\hat{x}_1\hat{x}_1}}=0.0015\mathrm{m}$，$\hat{\sigma}_{\hat{y}_1}=\hat{\sigma}_0\sqrt{Q_{\hat{y}_1\hat{y}_1}}=0.0036\mathrm{m}$，$\hat{\sigma}_{\hat{z}_1}=\hat{\sigma}_0\sqrt{Q_{\hat{z}_1\hat{z}_1}}=0.0032\mathrm{m}$，$\hat{\sigma}_{\mathrm{GT1}}=0.0050\mathrm{m}$

$\hat{\sigma}_{\hat{x}_2}=\hat{\sigma}_0\sqrt{Q_{\hat{x}_2\hat{x}_2}}=0.0037\mathrm{m}$，$\hat{\sigma}_{\hat{y}_2}=\hat{\sigma}_0\sqrt{Q_{\hat{y}_2\hat{y}_2}}=0.0089\mathrm{m}$，$\hat{\sigma}_{\hat{z}_2}=\hat{\sigma}_0\sqrt{Q_{\hat{z}_2\hat{z}_2}}=0.0076\mathrm{m}$，$\hat{\sigma}_{\mathrm{GT2}}=0.0123\mathrm{m}$

$\hat{\sigma}_{\hat{x}_3}=\hat{\sigma}_0\sqrt{Q_{\hat{x}_3\hat{x}_3}}=0.0022\mathrm{m}$，$\hat{\sigma}_{\hat{y}_3}=\hat{\sigma}_0\sqrt{Q_{\hat{y}_3\hat{y}_3}}=0.0054\mathrm{m}$，$\hat{\sigma}_{\hat{z}_3}=\hat{\sigma}_0\sqrt{Q_{\hat{z}_3\hat{z}_3}}=0.0051\mathrm{m}$，$\hat{\sigma}_{\mathrm{GT3}}=0.0077\mathrm{m}$

(9)基线向量改正数及限差计算。

①将求得的未知数的值代入误差方程(5.28)得基线向量改正数为：

$$V_1=(0.0003\quad -0.0005\quad -0.0009),V_2=(-0.0026\quad 0.0058\quad 0.0082),$$
$$V_3=(0.0021\quad -0.0047\quad -0.0059),V_4=(-0.0011\quad 0.0022\quad 0.0027)$$
$$V_5=(-0.0119\quad 0.0271\quad 0.0284)$$

②根据表5.2中基线的长度和式(5.8)计算各基线向量分量的限差值如下：

$$V_{1\Delta X}=V_{1\Delta Y}=V_{1\Delta Z}=3\sqrt{10^2+(5\times 2.363)^2}\mathrm{mm}=0.046\mathrm{m}$$
$$V_{2\Delta X}=V_{2\Delta Y}=V_{2\Delta Z}=3\sqrt{10^2+(5\times 1.965)^2}\mathrm{mm}=0.042\mathrm{m}$$
$$V_{3\Delta X}=V_{3\Delta Y}=V_{3\Delta Z}=3\sqrt{10^2+(5\times 1.589)^2}\mathrm{mm}=0.038\mathrm{m}$$
$$V_{4\Delta X}=V_{4\Delta Y}=V_{4\Delta Z}=3\sqrt{10^2+(5\times 1.838)^2}\mathrm{mm}=0.041\mathrm{m}$$
$$V_{5\Delta X}=V_{5\Delta Y}=V_{5\Delta Z}=3\sqrt{10^2+(5\times 1.255)^2}\mathrm{mm}=0.035\mathrm{m}$$

根据计算结果，所有基线向量分量改正数的绝对值均小于相应的限差。

任务5.5　GNSS网条件平差

5.5.1　GNSS网条件平差概述

任务5.1已述及，GNSS网无约束平差既可采用间接平差，也可采用条件平差。任务5.3和任务5.4已就间接平差进行了详细的介绍和计算技能训练，下面将进一步介绍GNSS网无约束条件平差。

与间接平差采用的函数模型不同，条件平差将基线向量改正数作为未知数，以GNSS网基线向量间满足的几何图形条件方程作为函数模型，根据最小二乘法原理求解改正数，并最终求得各基线向量的平差值和精度。因此，GNSS网无约束平差采用条件平差的核心，是根据网中几何图形条件的个数，即多余观测数，列出网中独立基线闭合环条件方程的具体形式，并确保所列闭合环条件方程线性无关。

将基线向量值作为平差对象,与高程网平差以高差作为平差对象类似,函数模型均基于几何图形条件形成,所列方程均为线性形式。

1. 多余观测数

在任务 5.3 中,我们讨论了 GNSS 网的必要观测数等于网中待定点个数的 3 倍,当网中有 m 个待定点,则必要观测数为 $3m$。若网中有 n 条基线向量,则 GNSS 网的多余观测数为:

$$r=3n-3m \tag{5.29}$$

根据前面论述,控制网的多余观测数等于网中独立条件方程的个数,也就是网中几何图形条件方程的个数。

如图 5.1 中,基线向量条数 $n=5$,待定点个数 $m=3$,根据式(5.29)可以计算出多余观测数 $r=3\times5-3\times3=6$。结合图 5.1 可知,基线向量存在两个独立的三边形闭合环,即共有 6 个独立闭合图形条件方程。

2. 几何图形条件

GNSS 网无约束平差时网中只有一个已知点,因此网中基线向量只有多边形图形闭合条件。对于由 n 条独立基线组成的闭合环,如果所观测的基线没有误差,则按闭合环计算的基线边分量代数和等于零,即基线边理论上应满足方程:

$$\sum_1^n \Delta\widetilde{X}_i=0,\sum_1^n \Delta\widetilde{Y}_i=0,\sum_1^n \Delta\widetilde{Z}_i=0 \tag{5.30}$$

式(5.30)即为 GNSS 基线网条件平差的函数模型。

事实上,任何观测基线边均存在误差,其图形闭合差计算公式如下:

$$W_X=\sum_1^n \Delta X_i,W_Y=\sum_1^n \Delta Y_i,W_Z=\sum_1^n \Delta Z_i \tag{5.31}$$

上面分析了图 5.1 中基线向量存在两个独立的三边形闭合环,共有 6 个独立闭合图形条件。按照基线编号,不难看出两个独立三边形闭合环分别是由基线边①-②-③和基线边③-④-⑤组成。根据式(5.30)、式(5.31)两式即可写出相应的函数模型和闭合差计算式。

这里需要特别说明,间接平差的相关公式表达中,其下标为控制点编号。为了在条件平差中表述方便,条件平差的相关公式中,其下标按基线向量编号。

5.5.2 条件方程

1. 平差值条件方程

设第 i 条基线向量观测值的三个分量分别为 ΔX_i、ΔY_i 和 ΔZ_i,其平差值为 $\Delta\widehat{X}_i$、$\Delta\widehat{Y}_i$ 和 $\Delta\widehat{Z}_i$,相应的改正数为 V_{X_i}、V_{Y_i} 和 V_{Z_i},则有:

$$\Delta\widehat{X}_i=\Delta X_i+V_{X_i},\Delta\widehat{Y}_i=\Delta Y_i+V_{Y_i},\Delta\widehat{Z}_i=\Delta Z_i+V_{Z_i} \tag{5.32}$$

前已述及，基线网平差的主要目的，就是要消除由基线向量组成的闭合环所产生的闭合差，满足 GNSS 网的几何图形条件要求。因此，平差后的基线边，即基线边平差值也应满足几何图形条件，将式(5.30)中的基线边分量真值用平差值代替，即得到按平差值表达的 n 条基线组成的多边形闭合环方程：

$$\sum_{1}^{n}\Delta\hat{X}_i=0,\sum_{1}^{n}\Delta\hat{Y}_i=0,\sum_{1}^{n}\Delta\hat{Z}_i=0 \tag{5.33}$$

上式即为基线向量平差值条件方程。

2. 条件方程

将式(5.32)代入式(5.33)，并考虑式(5.31)，即有：

$$\sum_{1}^{n}V_{X_i}+W_X=0,\sum_{1}^{n}V_{Y_i}+W_Y=0,\sum_{1}^{n}V_{Z_i}+W_Z=0 \tag{5.34}$$

上式即为按改正数表达的由 n 条基线组成的多边形闭合环的条件方程。当网中有 r 个多余观测数时，就应按上式列立 r 个条件方程。

下面以一个由三条基线边组成的三边形闭合环为例，看看条件方程的具体形式。由式(5.34)可知，按照三条基线边组成的三边形闭合环的条件方程为：

$$\begin{cases}V_{X_1}+V_{X_2}+V_{X_3}+W_{X_k}=0\\V_{Y_1}+V_{Y_2}+V_{Y_3}+W_{Y_k}=0\\V_{Z_1}+V_{Z_2}+V_{Z_3}+W_{Z_k}=0\end{cases}$$

上述条件方程中，k 为闭合环编号。用矩阵形式表达：

$$\begin{pmatrix}1&0&0&1&0&0&1&0&0\\0&1&0&0&1&0&0&1&0\\0&0&1&0&0&1&0&0&1\end{pmatrix}\begin{pmatrix}V_{X_1}\\V_{Y_1}\\V_{Z_1}\\V_{X_2}\\V_{Y_2}\\V_{Z_2}\\V_{X_3}\\V_{Y_3}\\V_{Z_3}\end{pmatrix}+\begin{pmatrix}W_{X_k}\\W_{Y_k}\\W_{Z_k}\end{pmatrix}=\mathbf{0}$$

或者

$$\left(\underset{3\times3}{\boldsymbol{E}}\quad\underset{3\times3}{\boldsymbol{E}}\quad\underset{3\times3}{\boldsymbol{E}}\right)\begin{pmatrix}\boldsymbol{V}_1\\\boldsymbol{V}_2\\\boldsymbol{V}_3\end{pmatrix}+\boldsymbol{W}_k=\mathbf{0} \tag{5.35}$$

式中：$\boldsymbol{E}$ 为 3×3 单位矩阵，$\boldsymbol{V}_i=(V_{X_i}\quad V_{Y_i}\quad V_{Z_i})^{\mathrm{T}}$ 为第 i 条基线向量的改正数，$\boldsymbol{W}_k$

$=(W_{X_k} \quad W_{Y_k} \quad W_{Z_k})^{\mathrm{T}}$ 为第 k 个闭合环产生的闭合差。此式即为每一个三边形闭合环条件方程的矩阵形式。

显然,若有另一个相邻三边形闭合环,假设 3 号基线边共有,闭合环编号为 j,则该闭合环条件方程的矩阵形式为:

$$\left(\underset{3\times3}{\boldsymbol{E}} \quad \underset{3\times3}{\boldsymbol{E}} \quad \underset{3\times3}{\boldsymbol{E}}\right)\begin{pmatrix}\boldsymbol{V}_3\\ \boldsymbol{V}_4\\ \boldsymbol{V}_5\end{pmatrix}+\boldsymbol{W}_j=\boldsymbol{0}$$

最后条件方程为:

$$\begin{pmatrix}\boldsymbol{E} & \boldsymbol{E} & \boldsymbol{E} & 0 & 0\\ 0 & 0 & \boldsymbol{E} & \boldsymbol{E} & \boldsymbol{E}\end{pmatrix}\begin{pmatrix}\boldsymbol{V}_1\\ \boldsymbol{V}_2\\ \boldsymbol{V}_3\\ \boldsymbol{V}_4\\ \boldsymbol{V}_5\end{pmatrix}+\begin{pmatrix}\boldsymbol{W}_k\\ \boldsymbol{W}_j\end{pmatrix}=\boldsymbol{0} \tag{5.36}$$

当网中共有 n 条基线向量、r 个多余观测数$\left(闭合环个数\ p=\dfrac{r}{3}\right)$时,条件方程为:

$$\underset{r\times3n}{\boldsymbol{A}}\ \underset{3n\times1}{\boldsymbol{V}}+\underset{r\times1}{\boldsymbol{W}}=\boldsymbol{0} \tag{5.37}$$

式中:

$$\underset{r\times3n}{\boldsymbol{A}}=\begin{pmatrix}\overbrace{A_{11} \quad A_{12} \quad \cdots \quad A_{1n}}^{n}\\ A_{21} \quad A_{22} \quad \cdots \quad A_{2n}\\ \vdots \qquad \vdots \qquad\qquad \vdots\\ A_{p1} \quad A_{p2} \quad \cdots \quad A_{pn}\end{pmatrix},\ \underset{3n\times1}{\boldsymbol{V}}=\begin{pmatrix}\boldsymbol{V}_1\\ \boldsymbol{V}_2\\ \boldsymbol{V}_3\\ \vdots\\ \boldsymbol{V}_n\end{pmatrix},\ \underset{r\times1}{\boldsymbol{W}}=\begin{pmatrix}\boldsymbol{W}_1\\ \boldsymbol{W}_2\\ \boldsymbol{W}_3\\ \vdots\\ \boldsymbol{W}_p\end{pmatrix}$$

由式(5.36)不难看出,每行只会连续出现 3 个单位阵,其他位置均为零阵,即当处在基线对应的系数位置时为单位阵$\boldsymbol{A}_{ij}=\boldsymbol{E}$,否则为零阵$\boldsymbol{A}_{ij}=\boldsymbol{0}$。

需要说明的是,当某条基线向量的方向与其他基线向量方向相反时,在单位阵前加负号即可,此时$\boldsymbol{A}_{ij}=-\boldsymbol{E}$。

3. 基线观测值的协因数阵$\boldsymbol{Q}_{LL}$

用两台 GNSS 接收机同步测量得到第 i 条观测基线向量$(\Delta X_i \ \Delta Y_i \ \Delta Z_i)$,观测基线向量的协方差直接由基线解算软件给出,已知为

$$\boldsymbol{D}_i=\begin{pmatrix}\sigma_{\Delta X_i}^2 & \sigma_{\Delta X_i\Delta Y_i} & \sigma_{\Delta X_i\Delta Z_i}\\ & \sigma_{\Delta Y_i}^2 & \sigma_{\Delta Y_i\Delta Z_i}\\ 对 & 称 & \sigma_{\Delta Z_i}^2\end{pmatrix} \tag{5.38}$$

不同的观测基线向量之间是互相独立的。因此对于全网而言,式中的 $\boldsymbol{D}$ 是块对角阵,即

$$
\boldsymbol{D}=\begin{pmatrix} \underset{3\times3}{\boldsymbol{D}_1} & \boldsymbol{0} & \cdots & \boldsymbol{0} \\ \boldsymbol{0} & \underset{3\times3}{\boldsymbol{D}_2} & \cdots & \boldsymbol{0} \\ \vdots & \vdots & & \vdots \\ \boldsymbol{0} & \boldsymbol{0} & \cdots & \underset{3\times3}{\boldsymbol{D}_n} \end{pmatrix} \tag{5.39}
$$

方阵中的 $\boldsymbol{D}_1,\boldsymbol{D}_2,\cdots,\boldsymbol{D}_n$ 分别为 n 个对应基线向量的协方差阵，其组成形式同式(5.38)。

对于由多台GNSS接收机测量得到的多个同步基线向量协方差阵的组成，其原理同上，全网的 $\boldsymbol{D}$ 也是一个块对角阵，但其中的对角块阵是多个同步基线向量的协方差阵。

根据协方差阵、协因素阵和权阵的关系，可得到每条基线向量的3×3阶协因数阵：

$$
\boldsymbol{Q}_i=\boldsymbol{P}_i^{-1}=\frac{1}{\sigma_0^2}\boldsymbol{D}_i=\frac{1}{\sigma_0^2}\begin{pmatrix} \sigma_{\Delta X_i}^2 & \sigma_{\Delta X_i \Delta Y_i} & \sigma_{\Delta X_i \Delta Z_i} \\ & \sigma_{\Delta Y_i}^2 & \sigma_{\Delta Y_i \Delta Z_i} \\ \text{对} & \text{称} & \sigma_{\Delta Z_i}^2 \end{pmatrix} \tag{5.40}
$$

当网中共有 n 条基线向量时，其协因数阵是由每条基线方差阵构成的块对角阵。全网基线向量观测值的协因数阵为：

$$
\boldsymbol{Q}_{LL}=\frac{1}{\sigma_0^2}\begin{pmatrix} \underset{3\times3}{\boldsymbol{D}_1} & \boldsymbol{0} & \cdots & \boldsymbol{0} \\ \boldsymbol{0} & \underset{3\times3}{\boldsymbol{D}_2} & \cdots & \boldsymbol{0} \\ \vdots & \vdots & & \vdots \\ \boldsymbol{0} & \boldsymbol{0} & \cdots & \underset{3\times3}{\boldsymbol{D}_n} \end{pmatrix} \tag{5.41}
$$

式中 σ_0^2 为单位权方差，为一任选常数。最简单的方法是将其设为1，但为了使权阵中各元素的值不要过大或过小，应适当选取。需要指出的是，由块对角阵 $\boldsymbol{D}$ 求逆后的权阵 $\boldsymbol{P}$ 也是块对角阵。

5.5.3　法方程的组成与解算

由条件方程(5.37)，根据最小二乘法组成法方程，法方程如下：

$$
\underset{r\times r}{\boldsymbol{N}}\ \underset{r\times 1}{\boldsymbol{K}}+\underset{r\times 1}{\boldsymbol{W}}=\boldsymbol{0} \tag{5.42}
$$

式中，法方程系数阵 $\boldsymbol{N}=\boldsymbol{A}\boldsymbol{Q}_{LL}\boldsymbol{A}^{\mathrm{T}}$，$\boldsymbol{K}$ 为联系数。

下面仍以一个由三条基线边组成的三边形闭合环为例，看看法方程的具体形式。由条件方程式(5.35)可知，法方程系数阵：

$$
\boldsymbol{N}_K=(\boldsymbol{E}\quad \boldsymbol{E}\quad \boldsymbol{E})\begin{pmatrix} \boldsymbol{Q}_1 & 0 & 0 \\ 0 & \boldsymbol{Q}_2 & 0 \\ 0 & 0 & \boldsymbol{Q}_3 \end{pmatrix}\begin{pmatrix} \boldsymbol{E} \\ \boldsymbol{E} \\ \boldsymbol{E} \end{pmatrix}=(\boldsymbol{Q}_1+\boldsymbol{Q}_2+\boldsymbol{Q}_3)=\sum_{i=1}^{3}\boldsymbol{Q}_i
$$

法方程式：

$$\left(\sum_{i=1}^{3} Q_i\right)\boldsymbol{K}_k + \boldsymbol{W}_k = \boldsymbol{0} \tag{5.43}$$

式中:第 k 个闭合环形成条件方程后,按最小二乘法原理组成法方程,其联系数 $\boldsymbol{K}_k = (K_{X_k} \quad K_{Y_k} \quad K_{Z_k})^{\mathrm{T}}$,闭合差$\boldsymbol{W}_k = (W_{X_k} \quad W_{Y_k} \quad W_{Z_k})^{\mathrm{T}}$,以下同。

显然,若有另一个相邻三边形闭合环,假设 3 号基线边共有,闭合环编号为 j,则该闭合环条件方程组成的法方程矩阵形式为:

$$\left(\sum_{i=3}^{5} Q_i\right)\boldsymbol{K}_j + \boldsymbol{W}_j = \boldsymbol{0}$$

则总的法方程如下:

$$\begin{bmatrix} \sum\limits_{i=1}^{3} Q_i & Q_3 \\ Q_3 & \sum\limits_{i=3}^{5} Q_i \end{bmatrix} \begin{pmatrix} \boldsymbol{K}_k \\ \boldsymbol{K}_j \end{pmatrix} + \begin{pmatrix} \boldsymbol{W}_k \\ \boldsymbol{W}_j \end{pmatrix} = \boldsymbol{0}$$

可见,当网中有 r 个多余观测数时,网中基线间存在 $p = r/3$ 个闭合环条件,法方程一般形式为:

$$\begin{bmatrix} \sum Q_1 & Q_{12} & Q_{13} & \cdots & Q_{1p} \\ & \sum Q_2 & Q_{23} & \cdots & Q_{2p} \\ \text{对} & & \sum Q_3 & \cdots & Q_{3p} \\ & & & \ddots & \vdots \\ & \text{称} & & & \sum Q_p \end{bmatrix} \begin{bmatrix} K_1 \\ K_2 \\ K_3 \\ \vdots \\ K_p \end{bmatrix} + \begin{bmatrix} W_1 \\ W_2 \\ W_3 \\ \vdots \\ W_p \end{bmatrix} = \boldsymbol{0} \tag{5.44}$$

不难看出,法方程式中,系数阵中的块元素是以闭合环为组成单位的,对角线上的块元素$\sum Q_i$ 为构成每个多边形闭合环的基线的协因数分量相加的和;当两闭合环存在公共基线边时,非对角线上的元素为公共边的协因数块,否则非对角线上的元素为零。

解上式法方程式,求联系数 $\boldsymbol{K}$:

$$\underset{3p\times 1}{\boldsymbol{K}} = -\boldsymbol{N}^{-1}\boldsymbol{W} \tag{5.45}$$

5.5.4 平差值计算与精度评定

1. 改正数计算

改正数方程公式:

$$\underset{3n\times 1}{\boldsymbol{V}} = \boldsymbol{Q}_{LL}\boldsymbol{A}^{\mathrm{T}}\boldsymbol{K} \tag{5.46}$$

按式(5.41)和式(5.45)已计算出的协因数阵、联系数 $\boldsymbol{K}$,按上式计算改正数 $\boldsymbol{V}$。

2. 基线向量平差值与坐标平差值计算

按照式(5.32)计算经改正数改正后的基线向量:

$$\Delta\hat{X}_i=\Delta X_i+V_{X_i},\Delta\hat{Y}_i=\Delta Y_i+V_{Y_i},\Delta\hat{Z}_i=\Delta Z_i+V_{Z_i} \tag{5.47}$$

坐标平差值等于已知点坐标加上线路基线平差值的和，计算式如下：

$$\hat{X}_j=X_0+\sum_1^k\Delta\hat{X}_i,\hat{Y}_j=Y_0+\sum_1^k\Delta Y_i,\hat{Z}_j=Z_0+\sum_1^k\Delta\hat{Z}_i \tag{5.48}$$

式中求和符号上的字符 k 表示待求 j 号点距已知点有 k 条基线。

3. 单位权中误差计算

$$\hat{\sigma}_0=\sqrt{\frac{[\boldsymbol{V}^{\mathrm{T}}\boldsymbol{PV}]}{r}} \tag{5.49}$$

式中：r 为多余观测数，$\boldsymbol{V}^{\mathrm{T}}\boldsymbol{PV}=p_1v_1^2+p_2v_2^2+\cdots+p_{3n}v_{3n}^2$。

4. 坐标平差值的中误差

设 P_1 为已知点，待定点 P_i 的坐标平差值为 $\hat{X}_{P_i}$、$\hat{Y}_{P_i}$ 和 $\hat{Z}_{P_i}$，网中任一点的坐标平差值可表达为基线向量平差值的函数，一般形式如下：

$$\begin{cases}\hat{X}_{P_i}=F_X(X_1,\Delta\hat{X}_1,\Delta\hat{Y}_1,\Delta\hat{Z}_1,\Delta\hat{X}_2,\Delta\hat{Y}_2,\Delta\hat{Z}_2,\cdots,\Delta\hat{X}_n,\Delta\hat{Y}_n,\Delta\hat{Z}_n)\\ \hat{Y}_{P_i}=F_Y(Y_1,\Delta\hat{X}_1,\Delta\hat{Y}_1,\Delta\hat{Z}_1,\Delta\hat{X}_2,\Delta\hat{Y}_2,\Delta\hat{Z}_2,\cdots,\Delta\hat{X}_n,\Delta\hat{Y}_n,\Delta\hat{Z}_n)\\ \hat{Z}_{P_i}=F_Z(Z_1,\Delta\hat{X}_1,\Delta\hat{Y}_1,\Delta\hat{Z}_1,\Delta\hat{X}_2,\Delta\hat{Y}_2,\Delta\hat{Z}_2,\cdots,\Delta\hat{X}_n,\Delta\hat{Y}_n,\Delta\hat{Z}_n)\end{cases} \tag{5.50}$$

对第一式微分，得其权函数式：

$$\begin{aligned}\mathrm{d}\hat{X}_{P_i}=&\left(\frac{\partial F_X}{\partial\Delta\hat{X}_1}\right)_0\mathrm{d}\Delta\hat{X}_1+\left(\frac{\partial F_X}{\partial\Delta\hat{Y}_1}\right)_0\mathrm{d}\Delta\hat{Y}_1+\left(\frac{\partial F_X}{\partial\Delta\hat{Z}_1}\right)_0\mathrm{d}\Delta\hat{Z}_1+\cdots\\&+\left(\frac{\partial F_X}{\partial\Delta\hat{X}_n}\right)_0\mathrm{d}\Delta\hat{X}_n+\left(\frac{\partial F_X}{\partial\Delta\hat{Y}_n}\right)_0\mathrm{d}\Delta\hat{Y}_n+\left(\frac{\partial F_X}{\partial\Delta\hat{Z}_1}\right)_0\mathrm{d}\Delta\hat{Z}_n\end{aligned} \tag{5.51}$$

令上式系数向量 $f_{x_i}=\left(\frac{\partial F_X}{\partial\Delta\hat{X}_i}\right)_0$，$f_{y_i}=\left(\frac{\partial F_Y}{\partial\Delta\hat{Y}_i}\right)_0$，$f_{z_i}=\left(\frac{\partial F_Z}{\partial\Delta\hat{Z}_i}\right)_0$，有

$$f_X=(f_{x_1}f_{y_1}f_{z_1}\cdots f_{x_n}f_{y_n}f_{z_n})$$

基线向量

$$\mathrm{d}\hat{L}=(\mathrm{d}\Delta\hat{X}_1\mathrm{d}\Delta\hat{Y}_1\mathrm{d}\Delta\hat{Z}_1\cdots\mathrm{d}\Delta\hat{X}_n\mathrm{d}\Delta\hat{Y}_n\mathrm{d}\Delta\hat{Z}_n)$$

则式(5.51)的矩阵形式为：

$$\mathrm{d}\hat{\boldsymbol{X}}_{P_i}=\boldsymbol{f}_X\mathrm{d}\hat{\boldsymbol{L}} \tag{5.52}$$

将上式应用协因数传播律，并顾及基线观测值向量平差值 $\hat{L}$ 的协因数阵 $\boldsymbol{Q}_{\hat{L}\hat{L}}=\boldsymbol{Q}_{LL}-\boldsymbol{Q}_{LL}\boldsymbol{A}^{\mathrm{T}}\boldsymbol{N}^{-1}\boldsymbol{AQ}_{LL}$，则待定点 P_i 的坐标平差值分量 X 方向协因数：

$$\boldsymbol{Q}_{X_iX_i}=\boldsymbol{f}_X\boldsymbol{Q}_{LL}\boldsymbol{f}_X^{\mathrm{T}}-\boldsymbol{f}_X\boldsymbol{Q}_{LL}\boldsymbol{A}^{\mathrm{T}}\boldsymbol{N}^{-1}\boldsymbol{AQ}_{LL}\boldsymbol{f}_X^{\mathrm{T}} \tag{5.53-1}$$

同理，待定点 P_i 的坐标平差值分量 Y 和 Z 方向协因数：

$$Q_{Y_iY_i}=f_YQ_{LL}f_Y^T-f_YQ_{LL}A^TN^{-1}AQ_{LL}f_Y^T \tag{5.53-2}$$

$$Q_{Z_iZ_i}=f_ZQ_{LL}f_Z^T-f_ZQ_{LL}A^TN^{-1}AQ_{LL}f_Z^T \tag{5.53-3}$$

于是待定点 P_i 的坐标平差值中误差为:

$$m_{P_i}=m_0\sqrt{Q_{X_iX_i}+Q_{Y_iY_i}+Q_{Z_iZ_i}} \tag{5.54}$$

任务 5.6 GNSS 网条件平差技能训练

本案例同任务 5.4,基线编号与基线向量方向见图 5.2。下面按照条件平差法求解。

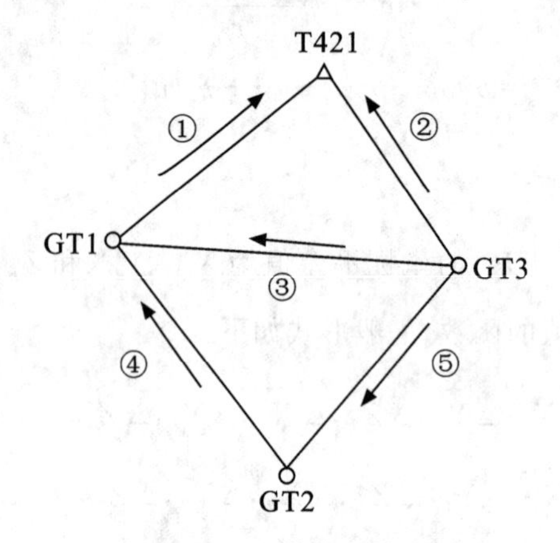

图 5.2 GPS 基线向量网图

根据前面 5.5.1 小节的分析,本例多余观测数 $r=3\times5-3\times3=6$,即基线间存在 2 个闭合环,共 6 个条件方程。

5.6.1 条件方程

1. 列立条件方程

下面结合图 5.1 和表 5.5 中的基线观测数据,按照式(5.34)可列出条件方程(单位:mm):

$$\begin{cases} V_{X_1}-V_{X_2}+V_{X_3}-5=0 \\ V_{Y_1}-V_{Y_2}+V_{Y_3}+11=0 \\ V_{Z_1}-V_{Z_2}+V_{Z_3}+15=0 \\ V_{X_3}-V_{X_4}-V_{X_5}-15=0 \\ V_{Y_3}-V_{Y_4}-V_{Y_5}+34=0 \\ V_{Z_3}-V_{Z_4}-V_{Z_5}+37=0 \end{cases} \tag{5.55}$$

前面 3 个方程是由基线编号①、②、③三条基线形成的条件方程,后面 3 个是由基线编号③、④、⑤三条基线形成的条件方程。

方程(5.55)的矩阵形式是：

$$\underset{6\times15}{\boldsymbol{A}}\ \underset{15\times1}{\boldsymbol{V}}+\underset{6\times1}{\boldsymbol{W}}=\boldsymbol{0} \tag{5.56}$$

式中 **A** 为条件方程系数阵，其值为：

$$\boldsymbol{A}=\begin{bmatrix}1&0&0&-1&0&0&1&0&0&0&0&0&0&0&0\\0&1&0&0&-1&0&0&1&0&0&0&0&0&0&0\\0&0&1&0&0&-1&0&0&1&0&0&0&0&0&0\\0&0&0&0&0&0&1&0&0&-1&0&0&-1&0&0\\0&0&0&0&0&0&0&1&0&0&-1&0&0&-1&0\\0&0&0&0&0&0&0&0&1&0&0&-1&0&0&-1\end{bmatrix}$$

或者

$$\boldsymbol{A}=\begin{pmatrix}\boldsymbol{E}&-\boldsymbol{E}&\boldsymbol{E}&\boldsymbol{0}&\boldsymbol{0}\\\boldsymbol{0}&\boldsymbol{0}&\boldsymbol{E}&-\boldsymbol{E}&-\boldsymbol{E}\end{pmatrix}$$

基线改正数向量：

$$\boldsymbol{V}=(V_{X_1}\ V_{Y_1}\ V_{Z_1}\ V_{X_2}\ V_{Y_2}\ V_{Z_2}\cdots\ V_{X_5}\ V_{Y_5}\ V_{Z_5})^{\mathrm{T}}$$

条件方程常数项：

$$\boldsymbol{W}=(-5\quad 11\quad 15\quad -15\quad 34\quad 37)^{\mathrm{T}}$$

2. 基线观测值的协因数阵$\boldsymbol{Q}_{LL}$

由表 5.5 可知基线的方差阵已给出，按式(5.40)计算，仍然取 $\sigma_0=0.0029833$，得到每条基线向量的协因数阵：

$$\boldsymbol{Q}_1=\begin{pmatrix}0.0261&-0.0572&-0.0491\\&0.1504&0.1246\\\text{对}&\text{称}&0.1133\end{pmatrix},$$

$$\boldsymbol{Q}_2=\begin{pmatrix}0.1175&-2695&-0.2609\\&0.7132&0.6640\\\text{对}&\text{称}&0.6790\end{pmatrix},$$

$$\boldsymbol{Q}_3=\begin{pmatrix}0.0655&-0.1488&-0.1402\\&0.3764&0.3436\\\text{对}&\text{称}&0.3380\end{pmatrix},$$

$$\boldsymbol{Q}_4=\begin{pmatrix}0.1358&-0.2972&-0.2451\\&0.7730&0.6178\\\text{对}&\text{称}&0.5432\end{pmatrix},$$

$$\boldsymbol{Q}_5=\begin{pmatrix}1.0441&-2.3453&-2.1264\\&5.6009&4.9948\\\text{对}&\text{称}&4.6693\end{pmatrix}$$

根据式(5.41)，上述 5 条基线协因数阵为全网基线向量协因数阵的块对角阵，即全网基线向量协因数阵：

$$Q_{LL}=\begin{bmatrix} \boldsymbol{Q}_1 & \boldsymbol{0} & \boldsymbol{0} & \boldsymbol{0} & \boldsymbol{0} \\ \boldsymbol{0} & \boldsymbol{Q}_2 & \boldsymbol{0} & \boldsymbol{0} & \boldsymbol{0} \\ \boldsymbol{0} & \boldsymbol{0} & \boldsymbol{Q}_3 & \boldsymbol{0} & \boldsymbol{0} \\ \boldsymbol{0} & \boldsymbol{0} & \boldsymbol{0} & \boldsymbol{Q}_4 & \boldsymbol{0} \\ \boldsymbol{0} & \boldsymbol{0} & \boldsymbol{0} & \boldsymbol{0} & \boldsymbol{Q}_5 \end{bmatrix} \tag{5.57}$$

5.6.2 法方程的组成与解算

由条件方程(5.55),根据最小二乘法组成法方程,法方程如下:

$$\underset{6\times 6}{\boldsymbol{N}}\ \underset{6\times 1}{\boldsymbol{K}}+\underset{6\times 1}{\boldsymbol{W}}=\boldsymbol{0} \tag{5.58}$$

式中:法方程系数阵 $\boldsymbol{N}=\underset{6\times 15}{\boldsymbol{A}}\ \underset{15\times 15}{\boldsymbol{Q}_{LL}}\ \underset{15\times 6}{\boldsymbol{A}^{\mathrm{T}}}$,其条件方程系数阵 $\boldsymbol{A}$ 和协因数阵 $\boldsymbol{Q}$ 分别已由式(5.56)和式(5.57)给出;$\boldsymbol{K}$ 为联系数向量,为待求未知数。法方程系数阵 $\boldsymbol{N}$ 的值为:

$$\boldsymbol{N}=\begin{bmatrix} 0.2090 & -0.4755 & -0.4501 & 0.0655 & -0.1488 & -0.1402 \\ & 1.2400 & 1.1321 & -0.1488 & 0.3764 & 0.3436 \\ & & 1.1302 & -0.1402 & 0.3436 & 0.3380 \\ & & & 1.2454 & -2.7914 & -2.5117 \\ & \text{对} & & & 6.7504 & 5.9562 \\ & & & \text{称} & & 5.5505 \end{bmatrix},\boldsymbol{W}=\begin{bmatrix} -5 \\ 11 \\ 15 \\ -15 \\ 34 \\ 37 \end{bmatrix}$$

根据法方程式(5.58),解算法方程,求联系数向量 $\boldsymbol{K}$:

$$\boldsymbol{K}=(-2.3822\quad 34.5326\quad -46.786\quad -1.83\quad 12.1915\quad -19.926)^{\mathrm{T}}$$

5.6.3 平差值计算与精度评定

1. 改正数计算

根据已计算出的协因数阵、条件方程系数阵及联系数 $\boldsymbol{K}$,按照式(5.46)计算改正数,单位 mm:

$$\boldsymbol{V}=(0.26\quad -0.50\quad -0.88\quad -2.62\quad 5.80\quad 8.22\quad 2.12\quad -4.71\quad -5.90\quad -1.01\quad 2.34\quad 2.84\quad -11.87\quad 26.95\quad 28.25)^{\mathrm{T}}$$

2. 基线向量平差值计算

按照式(5.47)计算经改正数改正后的基线向量:

$\hat{\boldsymbol{L}}_1=(-1218.5607\quad -1039.2275\quad 1737.7191)$,

$\hat{\boldsymbol{L}}_2=(270.4544\quad -503.2022\quad 1879.9312)$,

$\hat{\boldsymbol{L}}_3=(1489.0151\quad 536.0253\quad 142.2121)$,

$\hat{\boldsymbol{L}}_4=(1405.5300\quad -178.1547\quad 1171.3828)$

$$\hat{L}_5=(83.4851\quad 714.1800\quad -1029.1707)$$

3. 单位权中误差计算

$[pvv]$按下式计算：

$$V^{T}PV=p_1v_1^2+p_2v_2^2+\cdots+p_{3n}v_{3n}^2=605.3160$$

单位权中误差计算公式按式(5.49)计算，多余观测数 $r=6$。

$$\hat{\sigma}_0=\mathrm{m}_0=\sqrt{\frac{[pvv]}{r}}=10.04\mathrm{mm}$$

4. 坐标平差值的中误差

下面以计算图中最弱点GT2为例，说明该点中误差计算过程。

根据图5.2所示，GT2点平差后的 X 坐标为：

$$\hat{X}_2=X_{T421}-\Delta\hat{X}_1-\Delta\hat{X}_4$$

微分后，得分量 X 方向权函数式为：

$$\mathrm{d}\hat{X}_2=-\mathrm{d}\Delta\hat{X}_1-\mathrm{d}\Delta\hat{X}_4$$

矩阵形式为：

$$\mathrm{d}\hat{X}_2=\boldsymbol{f}_X\mathrm{d}\hat{\boldsymbol{L}} \tag{5.59}$$

式中：

$$\boldsymbol{f}_X=(-1\ 0\ 0\ 0\ 0\ 0\ 0\ 0\ 0\ -1\ 0\ 0\ 0\ 0\ 0),\mathrm{d}\hat{\boldsymbol{L}}=\begin{pmatrix}\mathrm{d}\Delta\hat{X}_1\\ \mathrm{d}\Delta\hat{Y}_1\\ \mathrm{d}\Delta\hat{Z}_1\\ \vdots\\ \mathrm{d}\Delta\hat{X}_5\\ \mathrm{d}\Delta\hat{Y}_5\\ \mathrm{d}\Delta\hat{Z}_5\end{pmatrix}$$

仿照上述方法，可分别写出得分量 X 方向和 Y 方向的权函数式。

根据式(5.53-1)，X 方向协因数为：

$$\boldsymbol{Q}_{X_iX_i}=\boldsymbol{f}_X\boldsymbol{Q}_{LL}\boldsymbol{f}_X^{T}-\boldsymbol{f}_X\boldsymbol{Q}_{LL}\boldsymbol{A}^{T}\boldsymbol{N}^{-1}\boldsymbol{A}\boldsymbol{Q}_{LL}\boldsymbol{f}_X^{T}=0.134202$$

同样方法，根据式(5.53-2)、式(5.53-3)可计算出：

$$\boldsymbol{Q}_{Y_iY_i}=0.776492,\boldsymbol{Q}_{Z_iZ_i}=0.566219$$

平差后GT2点的坐标中误差：

$$m_{P_i}=m_0\sqrt{(\boldsymbol{Q}_{X_iX_i}+\boldsymbol{Q}_{Y_iY_i}+\boldsymbol{Q}_{Z_iZ_i})}=12.27\mathrm{mm}$$

项目小结

一、主要知识点

(1)GNSS网的基本概念、数据处理的基本内容。

(2)GNSS网各类几何图形闭合差及限差的计算方法。

(3)GNSS网无约束间接平差原理和计算步骤。

(4)GNSS网无约束条件平差原理和计算步骤。

(5)GNSS网无约束平差计算案例。

二、GNSS网无约束间接平差法计算步骤

(1)根据已知点坐标和观测基线向量,按式 $X_j^0=X_i^0+\Delta X_{ij}$,$Y_j^0=Y_i^0+\Delta Y_{ij}$,$Z_j^0=Z_i^0+\Delta Z_{ij}$ 计算网中所有待定点的三维坐标;

(2)按式(5.11)分别列立每条基线的误差方程式,最后表达为式(5.13)的误差方程矩阵形式;

(3)先根据式(5.14)中给出的协方差,计算每条基线的权阵,最后构成式(5.16)全网的权阵;

(4)根据最小二乘法原理,按式(5.18)组成法方程,然后按式(5.19)求解坐标未知数,最后按式(5.20)计算未知点的三维坐标平差值;

(5)将求得的坐标未知数代入误差方程(5.13),计算基线向量改正数,按式(5.22)计算单位权中误差;

(6)根据单位权中误差 $\hat{\sigma}_0$ 和未知数的协因数阵 $\boldsymbol{Q}_{XX}$,按式(5.26)、式(5.27)两式进一步计算坐标点的中误差。

三、GNSS网无约束条件平差法计算步骤

(1)计算网中多余观测数 $r=3n-3m$,查找独立多边形闭合环条件;

(2)按式(5.34)分别列立每条独立闭合环的条件方程式,并最终表达为式(5.37)的矩阵形式;

(3)先按式(5.40)计算每条基线的协因数阵 Q_i,然后组成式(5.41)全网协因数矩阵 $\boldsymbol{Q}_{LL}$;

(4)按式(5.44)组成法方程后,按式(5.45)求解联系数;

(5)按式(5.46)计算基线向量改正数 V_{X_i}、V_{Y_i} 和 V_{Z_i},按式(5.47)计算基线向量平差值 $\Delta\hat{X}_i$、$\Delta\hat{Y}_i$ 和 $\Delta\hat{Z}_i$;

(6)先计算$[\boldsymbol{V}^{\mathrm{T}}\boldsymbol{PV}]$,然后按式(5.49)计算单位权中误差 $\hat{\sigma}_0$;

(7)根据要求按式(5.50)列出未知数的坐标函数式,微分后表达为式(5.52)矩阵形式,然后按式(5.53)计算坐标平差值分量协因数,最后按式(5.54)计算坐标平差值中误差。

思考与训练题

1.什么叫GNSS测量控制网?与常规地面三角形网相比,它有哪些优点?

2.GNSS网数据处理有哪些内容?

3.GNSS网中有哪些几何图形条件闭合差?这些闭合差应满足什么限差要求?

4. GNSS网无约束平差的目的是什么？

5. 试叙述GNSS网无约束间接平差法和条件平差法的计算步骤。

6. 某D级GNSS网如图5.3所示，用GPS接收机测得5条基线，每一条基线向量中3个坐标差观测值相关，各基线向量互相独立，观测数据见表5.8，网中点T413的三维坐标已知，坐标为(−2274068.663　5028376.692　3186896.499)。试分别按间接平差法和条件平差法对该基线网进行闭合差验算并平差，求出基线及三维坐标平差值，并评定精度。

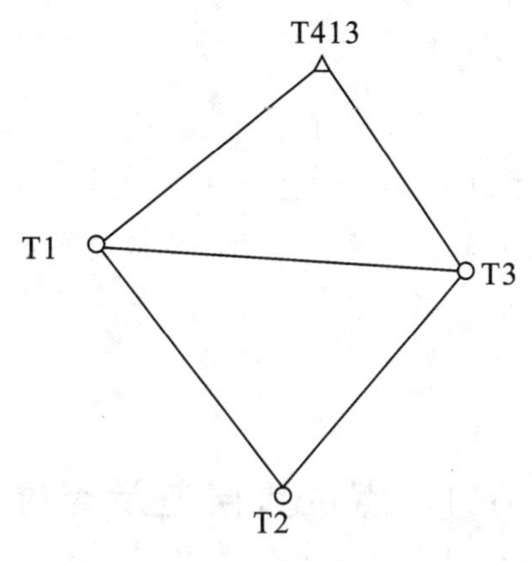

图5.3　某D级GNSS网

表5.8　基线向量及基线方差阵表

基线号	ΔX(m)	ΔY(m)	ΔZ(m)	基线方差阵		
1	T1-T413			0.047032471	0.050200881	−0.032814456
	−4627.5876	1730.2583	−885.4004		0.092187688	−0.046967872
						0.056233982
2	T3-T413			0.024731438	0.028768590	−0.015097736
	−6711.4297	466.8445	−3961.6028		0.066550876	−0.028511112
						0.030943899
3	T2-T3			0.040700998	0.044145301	−0.027486494
	−5016.0719	2392.4410	−221.3953		0.084743714	−0.041399034
						0.048869842
4	T2-T1			0.0277944384	0.031522638	−0.017758496
	−7099.8788	1129.1231	−3297.6530		0.069205198	−0.031060325
						0.034708320
5	T3-T1			0.037316010	0.040744956	−0.024528004
	−2083.8123	−1263.3628	−3076.2452		0.080016272	−0.038028641
						0.044694078

项目6　误差椭圆

学习目标

(1)理解点位误差、任意方向上位差、误差曲线、误差椭圆和相对误差椭圆的含义。

(2)掌握点位误差在任意方向上位差和位差极值的计算方法。

(3)掌握误差椭圆和相对误差椭圆的参数计算和误差椭圆绘制技能。

(4)初步学会误差椭圆在实际测量工作中的具体应用。

任务6.1　点位真误差及点位误差

6.1.1　点位真误差

在测量中,为了确定待定点的平面直角坐标,通常需要进行一系列观测。由于观测值总是带有观测误差,因而根据观测值,通过平差计算所获得的是待定点坐标的平差值 $\hat{x}$,$\hat{y}$,而不是待定点坐标的真值 $\tilde{x}$,$\tilde{y}$。

在图6.1中,A 为已知点,假定其坐标值没有误差。图中 P 点为待定点的真位置,而 P'则是根据平差后求出的该点实际点位,两点位在平面上的距离为 Δp,称之为点 P 的**真误差**,又称为**真位差**。

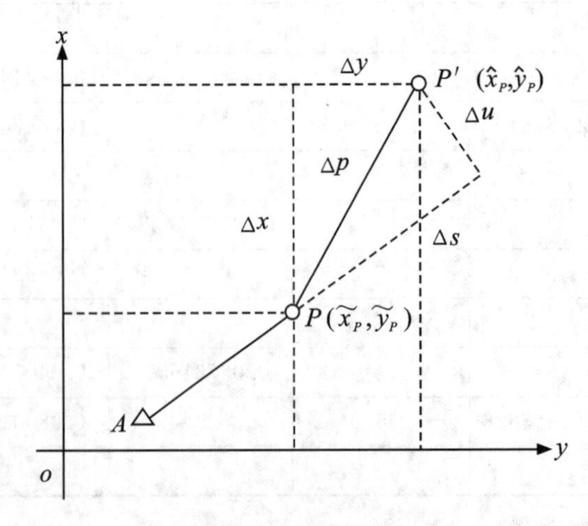

图6.1　点位真误差

由图不难看出，点位真误差 Δp 在两坐标轴上的分量为 Δx 和 Δy，且有关系式

$$\begin{cases}\Delta x=\tilde{x}-\hat{x}\\ \Delta y=\tilde{y}-\hat{y}\end{cases} \tag{6.1}$$

则有下述关系式：

$$\Delta p^2=\Delta x^2+\Delta y^2 \tag{6.2}$$

上式中的 Δx，Δy 也可理解为真位差在坐标轴上的投影。设由 Δx，Δy 计算出的中误差为 σ_x，σ_y，根据 式(6.2)可得到点 P 的真位差 Δp 的方差为

$$\sigma_p^2=\sigma_x^2+\sigma_y^2 \tag{6.3}$$

式中，σ_p^2 通常定义为点 P 的点位方差，σ_p 为**点位中误差**。

如果将图6.1中的坐标系旋转某一角度，即以 $x'oy'$ 为坐标系(见图6.2)，则可以看出 Δp 的大小将不受坐标轴的变动而发生变化，此时 $\Delta p^2=\Delta x'^2+\Delta y'^2$，仿式(6.3)可得

$$\sigma_p^2=\sigma_{x'}^2+\sigma_{y'}^2$$

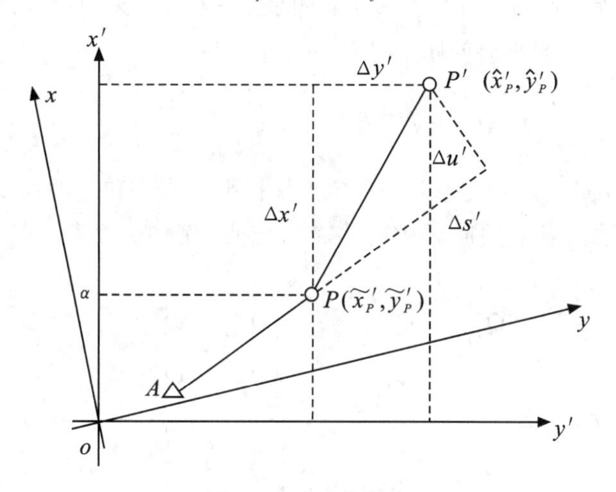

图6.2 点位真误差

这说明，尽管点位真误差 Δp 在不同坐标系的两个坐标轴上的投影长度不等，但点位方差 σ_P^2 总是等于两个相互垂直的方向上的坐标方差之和，即它与坐标系的选择无关。

如果再将点 P 的真位差 Δp 投影于 AP 方向和垂直于 AP 的方向上(见图6.1)，则得 Δs 和 Δu，Δs、Δu 为点 P 的**纵向误差**和**横向误差**，此时有

$$\Delta p^2=\Delta s^2+\Delta u^2 \tag{6.4}$$

即

$$\sigma_p^2=\sigma_s^2+\sigma_u^2 \tag{6.5}$$

通过纵、横向误差来求定点位误差，这在测量工作中也是一种常用的方法。

上述的 σ_x 和 σ_y 分别为点在 x 轴和 y 轴方向上的中误差，或称为 x 轴和 y 轴方向上的位差。同样，σ_s 和 σ_u 是点在 AP 的纵向和横向上的位差。为了衡量待定点的精度，一般是求出其点位中误差 σ_p，为此，可先求出它在两个相互垂直方向上的中误差，然后由式(6.3)或式(6.5)计算点位中误差。

6.1.2 点位误差及其计算

点位方差可用式(6.3)计算,由定权的基本公式可知

$$\sigma_x^2=\sigma_0^2\frac{1}{p_x}=\sigma_0^2Q_{xx},\sigma_y^2=\sigma_0^2\frac{1}{p_y}=\sigma_0^2Q_{yy} \tag{6.6}$$

将上式代入式(6.3)可得

$$\sigma_p^2=\sigma_x^2+\sigma_y^2=\sigma_0^2(Q_{xx}+Q_{yy}) \tag{6.7}$$

可见,只要计算出 Q_{xx} 和 Q_{yy} 以及单位权方差 σ_0^2,就可以按式(6.7)计算 P 点的点位中误差。下面再重复一下关于 Q_{xx}、Q_{yy} 的计算问题。

1. 间接平差方法

当以平面网中待定点的坐标作为参数,按间接平差法平差时,法方程系数阵的逆阵就是参数的协因数阵 $\boldsymbol{Q}_{XX}$,当平差问题中只有一个待定点时:

$$\boldsymbol{Q}_{XX}=(\boldsymbol{B}^{\mathrm{T}}\boldsymbol{PB})^{-1}=\begin{pmatrix}Q_{xx} & Q_{xy}\\ Q_{yx} & Q_{yy}\end{pmatrix} \tag{6.8}$$

其中主对角线元素 Q_{xx} 和 Q_{yy} 就是待定点坐标平差值 x 和 y 的权倒数,而 Q_{xy}、Q_{yx} 则是它们的相关权倒数。当平差问题中有多个待定点,例如 s 个待定点时,参数的协因数阵为:

$$\boldsymbol{Q}_{XX}=(\boldsymbol{B}^{\mathrm{T}}\boldsymbol{PB})^{-1}=\begin{pmatrix}Q_{x_1x_1} & Q_{x_1y_1} & \cdots & Q_{x_1x_i} & Q_{x_1y_i} & \cdots & Q_{x_1x_s} & Q_{x_1y_s}\\ Q_{y_1x_1} & Q_{y_1y_1} & \cdots & Q_{y_1x_i} & Q_{y_1y_i} & \cdots & Q_{y_1x_s} & Q_{y_1y_s}\\ \vdots & \vdots & & \vdots & \vdots & & \vdots & \vdots\\ Q_{x_sx_1} & Q_{x_sy_1} & \cdots & Q_{x_sx_i} & Q_{x_sy_i} & \cdots & Q_{x_sx_s} & Q_{x_sy_s}\\ Q_{y_sx_1} & Q_{y_sy_1} & \cdots & Q_{y_sx_i} & Q_{y_sy_i} & \cdots & Q_{y_sx_s} & Q_{y_sy_s}\end{pmatrix}$$

待定点坐标的权倒数仍为相应的主对角线上的元素,而相关权倒数则在相应权倒数连线的两侧。

第 i 个待定点坐标协因数子块与式(6.8)相同,即

$$\boldsymbol{Q}_{ii}=\begin{pmatrix}Q_{x_ix_i} & Q_{x_iy_i}\\ Q_{y_ix_i} & Q_{y_iy_i}\end{pmatrix}$$

2. 条件平差方法

设待定点 P 的最或然坐标为 $\hat{x}_p$ 和 $\hat{y}_p$,则有下述函数式:

$$\begin{cases}\hat{x}_p=x(L)\\ \hat{y}_p=y(L)\end{cases}$$

对上式微分,得其权函数式:

$$
\begin{cases}
d\hat{x}_p = f_x d\hat{L} \\
d\hat{y}_p = f_y d\hat{L}
\end{cases}
$$

顾及观测值的平差值 $\hat{L}$ 的协因数阵 $\boldsymbol{Q}_{\hat{L}\hat{L}}=\boldsymbol{P}^{-1}-\boldsymbol{P}^{-1}\mathbf{A}^{\mathrm{T}}\mathbf{N}^{-1}\mathbf{A}\boldsymbol{P}^{-1}$，则

$$
\begin{cases}
\boldsymbol{Q}_{xx}=\boldsymbol{f}_x\boldsymbol{P}^{-1}\boldsymbol{f}_x^{\mathrm{T}}-\boldsymbol{f}_x\boldsymbol{P}^{-1}\mathbf{A}^{\mathrm{T}}\mathbf{N}^{-1}\mathbf{A}\boldsymbol{P}^{-1}\boldsymbol{f}_x^{\mathrm{T}} \\
\boldsymbol{Q}_{yy}=\boldsymbol{f}_y\boldsymbol{P}^{-1}\boldsymbol{f}_y^{\mathrm{T}}-\boldsymbol{f}_y\boldsymbol{P}^{-1}\mathbf{A}^{\mathrm{T}}\mathbf{N}^{-1}\mathbf{A}\boldsymbol{P}^{-1}\boldsymbol{f}_y^{\mathrm{T}} \\
\boldsymbol{Q}_{xy}=\boldsymbol{f}_x\boldsymbol{P}^{-1}\boldsymbol{f}_y^{\mathrm{T}}-\boldsymbol{f}_x\boldsymbol{P}^{-1}\mathbf{A}^{\mathrm{T}}\mathbf{N}^{-1}\mathbf{A}\boldsymbol{P}^{-1}\boldsymbol{f}_y^{\mathrm{T}}
\end{cases} \tag{6.9}
$$

6.1.3　任意方向上的位差

平差时，一般只求出待定点坐标的中误差和点位中误差。点位中误差虽然可以用来评定待定点的点位精度，但是它却与方向无关，不能代表该点在某一任意方向上的位差大小。而上面提到的 $\sigma_x,\sigma_y,\sigma_s,\sigma_u$ 等，也只能代表待定点在 x 轴和 y 轴方向上以及 AP 边的纵向和横向上的位差。在有些情况下，往往需要研究点位在某些特殊方向上的位差大小。例如，在线路工程中和各种地下工程中，贯通工程是经常性的重要工作之一，如图 6.3 所示，此种工程就需要控制在贯通点上的纵向和横向（在贯通工程中称为重要方向）误差的大小，特别是横向误差。此外，有时还要了解点位在哪一个方向上的位差最大，在哪一个方向上的位差最小。

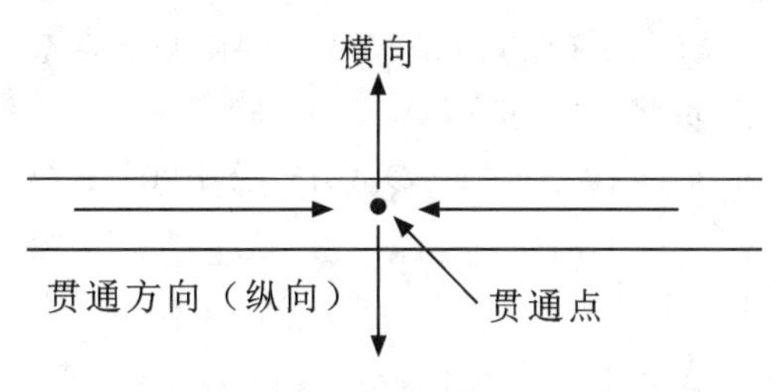

图 6.3　贯通工程

1. 在方位 ϕ 方向上的位差

如图 6.4 所示，P 为待定点的真位置，而 P' 点为经过平差所得的点位。为了求 P 点在某一方向 ϕ 上的位差，需先找出待定点 P 在 ϕ 方向上的真误差 $\Delta\phi$ 与纵横坐标的真误差 Δx、Δy 的函数关系，然后求出该方向的位差。

由图可知点位真误差 PP' 在 ϕ 方向上的投影值为 PP'''，即

$$
\Delta\phi = PP''' = PP'' + P''P'''
$$

图中 $PP''=\Delta x\cos\phi$，$P''P'''=\Delta y\sin\phi$。因此，$\Delta\phi$ 与 Δx、Δy 的关系为

$$
\Delta\phi = \Delta x\cos\phi + \Delta y\sin\phi = (\cos\phi \quad \sin\phi)\begin{pmatrix}\Delta x \\ \Delta y\end{pmatrix} \tag{6.10}
$$

由协因数传播律知

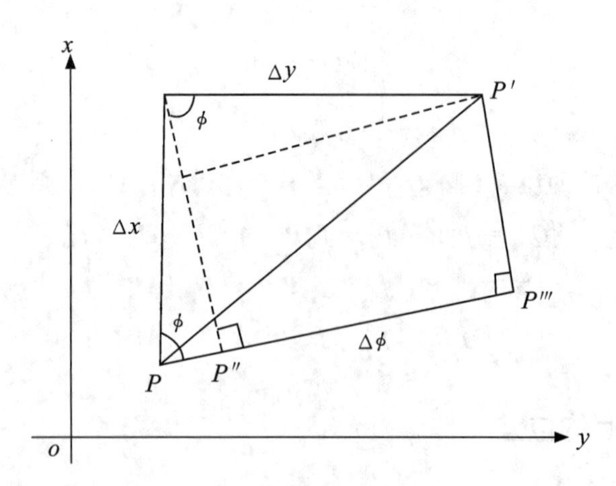

图 6.4　任意方向上位差

$$Q_{\phi\phi}=(\cos\phi \quad \sin\phi)\begin{pmatrix}Q_{\Delta x\Delta x} & Q_{\Delta x\Delta y}\\ Q_{\Delta y\Delta x} & Q_{\Delta y\Delta y}\end{pmatrix}\begin{pmatrix}\cos\phi\\ \sin\phi\end{pmatrix} \tag{6.11}$$

由于 $Q_{\Delta x\Delta x}=Q_{xx}$，$Q_{\Delta x\Delta y}=Q_{\Delta y\Delta x}=Q_{xy}$，$Q_{\Delta y\Delta y}=Q_{yy}$，于是有

$$Q_{\phi\phi}=Q_{xx}\cos^2\phi+Q_{yy}\sin^2\phi+Q_{xy}\sin2\phi \tag{6.12}$$

因此，待定点 P 在 ϕ 方向上的位差为

$$\sigma_\phi^2=\sigma_0^2Q_{\phi\phi}=\sigma_0^2(Q_{xx}\cos^2\phi+Q_{yy}\sin^2\phi+Q_{xy}\sin2\phi) \tag{6.13}$$

上式即为任意方向 ϕ 上的位差计算公式，式中单位权方差 σ_0^2 为常量。

由上式可知，σ_ϕ^2 的大小取决于 $Q_{\phi\phi}$，而 $Q_{\phi\phi}$ 是 ϕ 的函数。若想求得与 ϕ 方向垂直方向(即 $\phi+90°$方向)上的方差，可将 $\phi+90°$代入式(6.13)得

$$\begin{aligned}\sigma_{\phi+90°}^2&=\sigma_0^2[Q_{xx}\cos^2(\phi+90°)+Q_{yy}\sin^2(\phi+90°)+Q_{xy}\sin2(\phi+90°)]\\&=\sigma_0^2(Q_{xx}\sin^2\phi+Q_{yy}\cos^2\phi-Q_{xy}\sin2\phi)\end{aligned} \tag{6.14}$$

将以上两式相加，即得

$$\sigma_\phi^2+\sigma_{\phi+90°}^2=\sigma_0^2(Q_{xx}+Q_{yy})=\sigma_p^2$$

上式再一次表明，任何一点的点位方差总是等于两个相互垂直方向上的方差分量之和。

2. 位差的极大值 *E* 和极小值 *F*

由式(6.13)可知，σ_ϕ^2 的大小与 ϕ 有关，当方向 ϕ 取图 6.2 中的 x，y，x'，y'或 AP 方向以及垂直于 AP 的方向时，相应方向上的位差权倒数为 Q_{xx}，Q_{yy}，$Q_{x'x'}$，$Q_{y'y'}$和 Q_{ss}，Q_{uu}。在众多方向的位差权倒数中，必有一对权倒数取得极大值和极小值，分别设为 Q_{EE} 和 Q_{FF}，而相应的方向分别设为 ϕ_E 和 ϕ_F，其中在 ϕ_E 方向上的位差具有极大值，而在 ϕ_F 方向上的位差具有极小值，很显然，ϕ_E 和 ϕ_F 两方向之差为 90°。

为求 Q_{EE} 和 Q_{FF}，可利用协因数阵(6.8)，因为 Q_{EE} 和 Q_{FF} 就是这个协因数阵特征值的两个根。不妨设协因数阵(6.8)的特征值为 λ，对应的特征向量为 $\boldsymbol{X}$，则由线性代数知，特征向量方程为

$$(\boldsymbol{Q}_{XX}-\lambda\boldsymbol{I})\boldsymbol{X}=\boldsymbol{0} \tag{6.15}$$

考虑到特征向量 $\boldsymbol{X}=(x \quad y)^{\mathrm{T}}$，则上述特征向量方程进一步表达为

$$\begin{pmatrix} Q_{xx}-\lambda & Q_{xy} \\ Q_{xy} & Q_{yy}-\lambda \end{pmatrix}\begin{pmatrix} x \\ y \end{pmatrix}=\mathbf{0} \tag{6.16}$$

由特征值方程

$$\begin{vmatrix} Q_{xx}-\lambda & Q_{xy} \\ Q_{xy} & Q_{yy}-\lambda \end{vmatrix}=0$$

展开得关于 λ 的一元二次方程，解此方程：

$$\lambda_{E,F}=\frac{1}{2}\{(Q_{xx}+Q_{yy})\pm\sqrt{(Q_{xx}-Q_{yy})^2+4Q_{xy}^2}\} \tag{6.17}$$

令 $K=\sqrt{(Q_{xx}-Q_{yy})^2+4Q_{xy}^2}$，则有

$$\begin{cases} Q_{EE}=\lambda_E=\dfrac{1}{2}(Q_{xx}+Q_{yy}+K) \\ Q_{FF}=\lambda_F=\dfrac{1}{2}(Q_{xx}+Q_{yy}-K) \end{cases} \tag{6.18}$$

位差的极大值和极小值为

$$\begin{cases} E^2=\sigma_0^2 Q_{EE}=\dfrac{1}{2}(Q_{xx}+Q_{yy}+K) \\ F^2=\sigma_0^2 Q_{FF}=\dfrac{1}{2}(Q_{xx}+Q_{yy}-K) \end{cases} \tag{6.19}$$

将上式开平方根，取正值得

$$\begin{cases} E=\sigma_0\sqrt{Q_{EE}} \\ F=\sigma_0\sqrt{Q_{FF}} \end{cases} \tag{6.20}$$

实际上，ϕ_E、ϕ_F 分别是特征值 λ_E 和 λ_F 对应的特征向量的方位角，将式(6.18)中的两个特征根 Q_{EE} 和 Q_{FF} 分别代入特征向量方程式(6.16)，并由 $\tan\phi=\dfrac{y}{x}$ 即可分别求得位差极值的两个方向 ϕ_E 和 ϕ_F

$$\begin{cases} \tan\phi_E=\dfrac{Q_{EE}-Q_{xx}}{Q_{xy}}=\dfrac{Q_{xy}}{Q_{EE}-Q_{yy}} \\ \tan\phi_F=\dfrac{Q_{FF}-Q_{xx}}{Q_{xy}}=\dfrac{Q_{xy}}{Q_{FF}-Q_{yy}} \end{cases} \tag{6.21}$$

因为两个极值方向相互垂直，因此将方程(6.19)两式求和，可得

$$E^2+F^2=\sigma_0^2(Q_{EE}+Q_{FF})=\sigma_0^2(Q_{xx}+Q_{yy})=\sigma_p^2$$

3. 用极值 E、F 表示任意方向上的位差

利用极值 E、F 也可表示任意方向上的位差。由式(6.13)计算任意方向 ϕ 上的位差时，ϕ 是从纵坐标 x 轴顺时针方向起算转至某方向的方位角。现推导出用 E、F 表示并以 E 轴(即方向 ϕ_E 轴)为起算的任意方向上的位差，这个任意方向用 θ 表示，如图 6.5 所示。

若以 E 轴为坐标轴，计算任意方向 θ 的位差，仿照任意方向 ϕ 上位差的推导过程，有

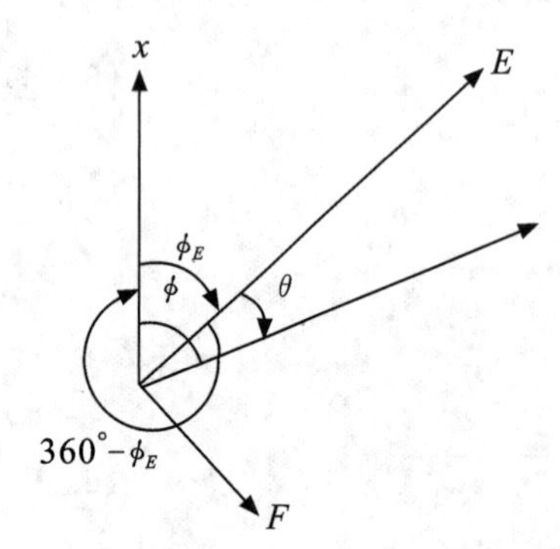

图 6.5 任意方向上的位差与极值

$$\Delta\theta=\Delta E\cos\theta+\Delta F\sin\theta$$

由协因数传播律,在 E、F 坐标系中的任意方向上位差的协因数(权倒数)的表达式为

$$Q_{\theta\theta}=Q_{EE}\cos^2\theta+Q_{FF}\sin^2\theta+Q_{EF}\sin2\theta \tag{6.22}$$

下面来推导关系式 $Q_{EF}=0$。

仿照式(6.10),并顾及 $\phi_E=\phi_F+90°$,于是

$$\begin{cases}\Delta E=\Delta x\cos\phi_E+\Delta y\sin\phi_E\\ \Delta F=-\Delta x\sin\phi_E+\Delta y\cos\phi_E\end{cases}$$

由协因数传播律得

$$\begin{aligned}Q_{EF}&=(\cos\phi_E\quad \sin\phi_E)\begin{pmatrix}Q_{xx}&Q_{xy}\\Q_{xy}&Q_{yy}\end{pmatrix}\begin{pmatrix}-\sin\phi\\ \cos\phi\end{pmatrix}\\&=-\frac{1}{2}(Q_{xx}-Q_{yy})\sin2\phi_E+Q_{xy}\cos2\phi_E\end{aligned} \tag{6.23}$$

由于 ϕ_E 是位差极大值方向,因此将式(6.12)对 ϕ 求导后,ϕ_E 应满足该方程,即

$$\frac{\mathrm{d}}{\mathrm{d}\phi}(Q_{xx}\cos^2\phi+Q_{yy}\sin^2\phi+Q_{xy}\sin2\phi)\big|_{\phi=\phi_E}=0$$

整理得

$$-(Q_{xx}-Q_{yy})\sin2\phi_E+2Q_{xy}\cos2\phi_E=0$$

对照式(6.23)可知,$Q_{EF}=0$,即在 E、F 方向上平差后坐标是不相关的。于是在 E、F 坐标系中的任意方向上位差的协因数(权倒数)的表达式为

$$Q_{\theta\theta}=Q_{EE}\cos^2\theta+Q_{FF}\sin^2\theta \tag{6.24}$$

以极值 E、F 表示任意方向 θ 上的位差公式为

$$\sigma_\theta^2=\sigma_0^2(Q_{EE}\cos^2\theta+Q_{FF}\sin^2\theta)=E^2\cos^2\theta+F^2\sin^2\theta \tag{6.25}$$

【例 6.1】 已知某平面控制网中待定点 P 的协因数阵的元素为:

$$\boldsymbol{Q}_P=\begin{pmatrix}Q_{xx}&Q_{xy}\\Q_{xy}&Q_{yy}\end{pmatrix}=\begin{pmatrix}0.4494&-0.2082\\-0.2082&0.3806\end{pmatrix}$$

协因数的单位为 cm/(″)²,单位权中误差 $\mu=5.0''$。

试求:最大位差方向 ϕ_E 和最小位差方向 ϕ_F、最大位差 E 和最小位差 F,以及该点点位中误差 m_p。

解 (1)由式(6.18)求 E、F 方向协因数:

$$K=\sqrt{(0.4494-0.3806)^2+4\times(-0.2082)^2}=0.4220$$

$$Q_{EE}=\frac{1}{2}(0.4494+0.3806+0.4220)=0.6260$$

$$Q_{FF}=\frac{1}{2}(0.4494+0.3806-0.4220)=0.2040$$

于是由式(6.21)求位差极值方向:

$$\phi_E=\tan^{-1}\left(\frac{Q_{EE}-Q_{xx}}{Q_{xy}}\right)=\tan^{-1}\left(\frac{0.6260-0.4494}{-0.2082}\right)=139°41'40''$$

或

$$\phi_E = 139°41'40'' + 180° = 319°41'40''$$

同理可求得 $\phi_F = 49°41'40''$ 或 $\phi_F = 229°41'40''$。

(2)由式(6.20)求最大位差和最小位差：

$$E = \mu\sqrt{Q_{EE}} = 5.0 \times \sqrt{0.6260}\,\text{cm} = 3.94\text{cm}$$

$$F = \mu\sqrt{Q_{FF}} = 5.0 \times \sqrt{0.2040}\,\text{cm} = 2.26\text{cm}$$

点位中误差

$$m_p = \sqrt{E^2 + F^2} = \sqrt{3.94^2 + 2.26^2}\,\text{cm} = 4.54\text{cm}$$

【例 6.2】 数据同例 6.1，试计算 $\theta = 15°18'20''$ 这一方向上的位差。

解　(1)按式(6.13)计算位差。由题意知，$\phi = \phi_E + \theta = 139°41'40'' + 15°18'20'' = 155°$，故有

$$m_\phi^2 = 5.0^2 \times (0.4494\cos^2 155° + 0.3806\sin^2 155° - 0.2082\sin 310°) = 14.9150$$

$$m_\phi = \sqrt{14.9150}\,\text{cm} = 3.86\text{cm}$$

(2)按式(6.25)计算位差：

$$m_\phi^2 = 5.0^2 \times (0.6260\cos^2 15°18'20'' + 0.2040\sin^2 15°18'20'') = 14.9149$$

$$m_\phi = \sqrt{14.9150}\,\text{cm} = 3.86\text{cm}$$

任务 6.2　误差曲线与误差椭圆

6.2.1　误差曲线

1. 误差曲线的概念

如图 6.6 所示，根据式(6.13)，以待定点为极点，x 轴为极轴，ϕ 为极角变量，相应的 σ_ϕ 为极径(向径)变量(或极大值 E 方向为极轴，θ 为极角变量，相应的 σ_θ 极径变量)确定的点的轨迹为一闭合曲线。习惯上，将这条曲线称为**点位误差曲线**(或点位精度曲线)。由图可知，整个曲线把各方向的位差的大小直观地、清楚地图解出来了。例如，图中直线 OP 的长度就等于 ϕ 方向上的位差。另外从图形的形状来看，它是关于两个极轴(E 轴和 F 轴)对称的。

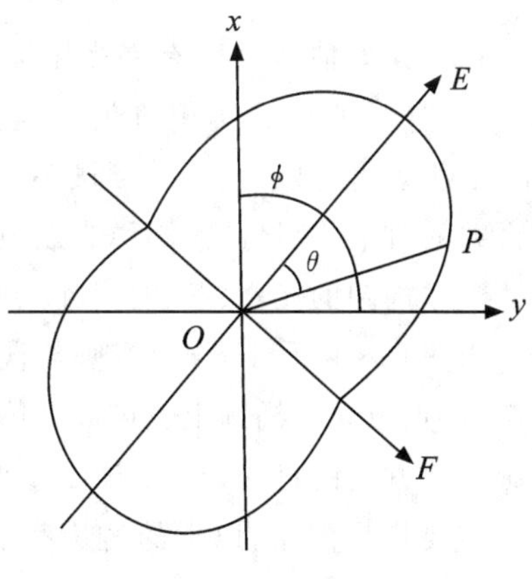

图 6-6　点位误差曲线

2. 误差曲线的作用

在测量工程中，点位误差曲线图的应用很广泛，在它上面可以图解出控制点在各个方向上的位差，从而进行精度评定。

如图 6.7 所示,A、B 和 C 点为已知点,P 为待定点,根据平差后的数据绘出了 P 点点位误差曲线图,利用此图可以图解和计算出以下一些中误差,以达到精度评定的目的。

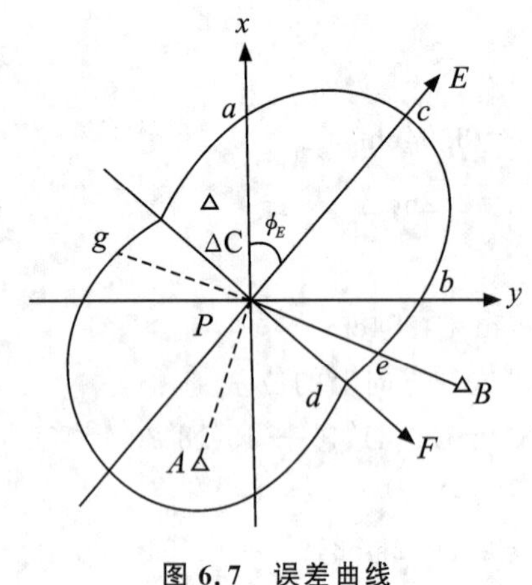

图 6.7 误差曲线

(1)坐标轴方向的中误差。从图上可直接量出沿 x 轴和 y 轴的中误差,即

$$\hat{\sigma}_x = Pa, \hat{\sigma}_y = Pb$$

(2)极大值和极小值。从图上可直接量出沿 E 轴和 F 轴的中误差,即

$$E = Pc, F = Pd$$

(3)平差后的边长中误差。例如,要求点 P 和点 B 之间的边长中误差,从图上可直接量出沿 B 方向的中误差,即

$$m_{S_{PB}} = Pe$$

同理可量出边 PA、PC 的中误差。

(4)平差后的方位角的中误差。要求平差后方位角 α_{PA} 的中误差 $m_{\alpha_{PA}}$,则可先从图中量出垂直于 PA 方向上的位差 Pg,这就是 PA 边的横向误差 $m_{u_{PA}}$。

因为 $m_{u_{PA}} \approx \frac{m_{\alpha_{PA}}}{\rho''} S_{PA}$,所以可求得

$$m_{\alpha_{PA}} \approx \frac{m_{u_{PA}}}{S_{PA}} \rho'' = \frac{Pg}{S_{PA}} \rho'' \tag{6.26}$$

6.2.2 误差椭圆

点位误差曲线虽然有许多用途,但在工程应用领域里不是一种典型曲线,作图不太方便,因此降低了它的实用价值。但其总体形状与以 E、F 为长短半轴的椭圆很相似,如图 6.8 所示,而且可以证明,通过一定的变通方法,用此椭圆可以代替点位误差曲线进行各类误差的量取,故将此椭圆称为**点位误差椭圆**(习惯上称为**误差椭圆**),而 ϕ_E、E 和 F 称为点位误差椭圆的元素(参数)。使用中常以点位误差椭圆代替点位误差曲线。

由图 6.8 可看出,误差椭圆与误差曲线的两个极值方向完全重合,其他各处两者差距也甚微,在点位误差椭圆上也可以图解出任意方向 θ 的位差 σ_θ。其方法是:从图 6.8 所示,自椭圆作 θ 方向的正交切线 PD,P 为切点,D 为垂点,可以证明 $\sigma_\theta = OD$。

需要指出的是,以上的讨论都是以一个待定点为例,说明了如何确定该点点位误差椭圆或点位误差曲线的问题。如果网中有多个待定点,也可以利用与上述相同的方法,为每一个待定点确定一个点位误差椭圆或点位误差曲线。

若平差采用间接平差法,设有 s 个待定点,则有 $2s$ 个坐标未知数,其相应的协因数阵为 $\underset{2s\times 2s}{Q_{XX}}$。为了计算第 i 点点位误差椭圆的元素,需用到矩阵子块 $Q_{x_ix_i}$、$Q_{y_iy_i}$ 和 $Q_{x_iy_i}$,并按前面所述的方法,由式(6.13)或式(6.25),作出该点的点位误差椭圆。

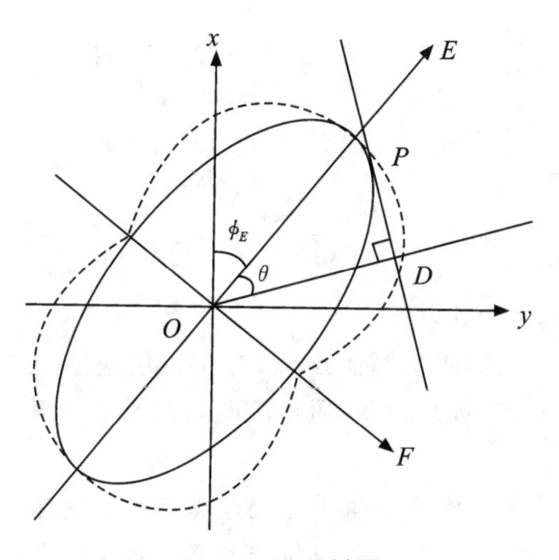

图 6.8 误差椭圆

这里需要指出的是,前面的讨论是针对一个待定点的情况,或者说是待定点相对已知点的情况。如果网中有多个待定点,则可作出多个点位误差曲线,此时,也可利用这些点位误差曲线,确定已知点与任一待定点之间的边长中误差或方位角中误差,但不能确定待定点之间的边长中误差或方位角中误差,这是因为这些待定点的坐标是相关的。要解决这个问题,需要了解任意两个待定点间相对位置的精度情况。

任务6.3 相对误差椭圆

为了确定任意两个待定点之间相对位置的精度,需要进一步作出两个待定点之间的相对误差椭圆。

设坐标系中有两个待定点为 P_i 及 P_k,这两点的相对位置可通过其坐标差来表示,即

$$\begin{cases}\Delta x_{ik}=x_k-x_i\\ \Delta y_{ik}=y_k-y_i\end{cases}\tag{6.27}$$

根据协因数传播律可得

$$\begin{cases}Q_{\Delta x\Delta x}=Q_{x_kx_k}+Q_{x_ix_i}-2Q_{x_kx_i}\\ Q_{\Delta y\Delta y}=Q_{y_ky_k}+Q_{y_iy_i}-2Q_{y_ky_i}\\ Q_{\Delta x\Delta y}=Q_{x_ky_k}-Q_{x_ky_i}-Q_{x_iy_k}+Q_{x_iy_i}\end{cases}\tag{6.28}$$

由上式可以看出,如果 P_i 和 P_k 两点中有一个点为已知点,如 P_i 已知,则有

$$Q_{\Delta x\Delta x}=Q_{x_kx_k},\quad Q_{\Delta y\Delta y}=Q_{y_ky_k},\quad Q_{\Delta x\Delta y}=Q_{x_ky_k}$$

由此可见,两点之间坐标差的协因数就等于待定点坐标的协因数。在前几个任务中,所有的讨论都是以此为基础的。因此,这样作出的点位误差曲线都是待定点相对于已知点的。

利用式(6.28)算出的协因数,再根据式(6.19)和式(6.21),就可以得到计算 P_i 及 P_k 点间相对误差椭圆的三个参数的公式:

$$\begin{cases} E_{ik}^2=\frac{1}{2}\sigma_0^2(Q_{\Delta x\Delta x}+Q_{\Delta y\Delta y}+K) \\ F_{ik}^2=\frac{1}{2}\sigma_0^2(Q_{\Delta x\Delta x}+Q_{\Delta y\Delta y}-K) \\ \tan\phi_{E_{ik}}=\frac{Q_{EE}-Q_{\Delta x\Delta x}}{Q_{\Delta x\Delta y}}=\frac{Q_{\Delta x\Delta y}}{Q_{EE}-Q_{\Delta y\Delta y}} \end{cases} \tag{6.29}$$

式中:$K=\sqrt{(Q_{\Delta x\Delta x}-Q_{\Delta y\Delta y})^2+4Q_{\Delta x\Delta y}^2}$。

相对误差椭圆的绘制方法,可仿照任务 6.2 中的方法进行。二者的不同之处在于:点位误差椭圆一般以待定点中心为极来绘制,而相对误差椭圆是以两个待定点连线的中心为极进行绘制。

前面介绍了点位误差椭圆和两点间相对误差椭圆的做法和用途,在测量工作中,特别在精度要求较高的工程测量中,往往利用点位误差椭圆对布网方案进行精度分析。因为在确定点位误差椭圆的三个元素 ϕ_E、E 和 F 时,除了单位权中误差 σ_0 外,只需要知道各个协因数 Q_{ii} 的大小。而协因数阵$\boldsymbol{Q}_{\hat{X}\hat{X}}$ 是相应平差问题的法方程式系数的逆阵。当在适当比例尺的地形图上设计了控制网的点位以后,可以从图上量取各边边长和方位角的概略值,根据这些可以算出误差方程的系数,而观测值的权则可根据需要事先加以确定。因此,可以求出该网的协因数阵$\boldsymbol{Q}_{\hat{X}\hat{X}}$。另一方面,根据设计中所选定的观测仪器来确定单位权中误差 σ_0 的大小,从而估算出 ϕ_E、E 和 F 等数值,如果估算的结果符合工程建设对控制网所提出的精度要求,则可认为该设计方案是可采用的,否则,可改变设计方案,重新估算,以达到预期的精度要求。有时也可以根据不同设计方案的精度要求,同时考虑到各种因素,例如,建网的经费开支、施测工期的长短、布网的难易程度等,在满足精度要求的前提下,从中选择最优的布网方案。

☞ **【例 6.3】** 某导线网有 P_1 和 P_2 两个待定点。设用间接平差法平差该网,待定点坐标近似值的改正数为 $\hat{x}_1,\hat{y}_1$ 和 $\hat{x}_2,\hat{y}_2$,单位为 dm。其法方程如下。试求:

(1)P_1 和 P_2 点的点位误差椭圆元素,以及 P_1 和 P_2 点间的相对误差椭圆元素;

(2)绘制 P_1 和 P_2 点的误差椭圆和它们之间的相对误差椭圆。

$$\begin{cases} 906.91\hat{x}_1+107.07\hat{y}_1-426.42\hat{x}_2-172.17\hat{y}_2-94.23=0 \\ 107.07\hat{x}_1+486.22\hat{y}_1-177.64\hat{x}_2-142.65\hat{y}_2+41.40=0 \\ -426.42\hat{x}_1-177.64\hat{y}_1+716.39\hat{x}_2+60.25\hat{y}_2+52.78=0 \\ -172.17\hat{x}_1-142.65\hat{y}_1+60.25\hat{x}_2+444.60\hat{y}_2+1.06=0 \end{cases}$$

解 经平差计算,得单位权中误差为 $m_0=0.8''$。令 $\boldsymbol{N}$ 表示法方程式系数,则未知参数的协因数为

$$\boldsymbol{Q}_{\hat{X}\hat{X}}=\boldsymbol{N}^{-1}=\begin{bmatrix} 0.0016 & 0.0002 & 0.0010 & 0.0005 \\ & 0.0024 & 0.0006 & 0.0008 \\ & & 0.0021 & 0.0003 \\ \text{对称} & & & 0.0027 \end{bmatrix}$$

(1)P_1 点的误差椭圆参数的计算:

$$K=\sqrt{(Q_{x_1x_1}-Q_{y_1y_1})^2+4Q_{x_1y_1}^2}=\sqrt{(0.0016-0.0024)^2+4\times 0.0002^2}=0.0009$$

$$Q_{EE}=\frac{1}{2}(Q_{x_1x_1}+Q_{y_1y_1}+K)=\frac{1}{2}(0.0016+0.0024+0.0009)=0.0024$$

$$Q_{FF}=\frac{1}{2}(Q_{x_1x_1}+Q_{y_1y_1}-K)=\frac{1}{2}(0.0016+0.0024-0.0009)=0.0016$$

$$\phi_E=\tan^{-1}\left(\frac{Q_{EE}-Q_{x_1x_1}}{Q_{x_1y_1}}\right)=\tan^{-1}\left(\frac{0.0024-0.0016}{0.0002}\right)=75°58'$$

$$E_1=m_0\sqrt{Q_{EE}}=0.039\text{dm},F_1=m_0\sqrt{Q_{FF}}=0.032\text{dm}$$

(2)P_2 点的误差椭圆参数的计算:

$$K=\sqrt{(Q_{x_2x_2}-Q_{y_2y_2})^2+4Q_{x_2y_2}^2}=\sqrt{(0.0021-0.0027)^2+4\times 0.0003^2}=0.0008$$

$$Q_{EE}=\frac{1}{2}(Q_{x_2x_2}+Q_{y_2y_2}+K)=\frac{1}{2}(0.0021+0.0027+0.0008)=0.0028$$

$$Q_{FF}=\frac{1}{2}(Q_{x_2x_2}+Q_{y_2y_2}-K)=\frac{1}{2}(0.0021+0.0027-0.0008)=0.0020$$

$$\phi_E=\tan^{-1}\left(\frac{Q_{EE}-Q_{x_2x_2}}{Q_{x_2y_2}}\right)=\tan^{-1}\left(\frac{0.0028-0.0021}{0.0003}\right)=66°48'$$

$$E_2=m_0\sqrt{Q_{EE}}=0.042\text{dm},F_2=m_0\sqrt{Q_{FF}}=0.036\text{dm}$$

(3)P_1 和 P_2 点间相对误差椭圆参数的计算。

先计算出相对误差椭圆的协因数:

$$Q_{\Delta x\Delta x}=Q_{x_1x_1}+Q_{x_2x_2}-2Q_{x_1x_2}=0.0016+0.0021-2\times 0.0010=0.0017$$

$$Q_{\Delta y\Delta y}=Q_{y_1y_1}+Q_{y_2y_2}-2Q_{y_1y_2}=0.0024+0.0027-2\times 0.0008=0.0035$$

$$Q_{\Delta x\Delta y}=Q_{x_1y_1}-Q_{x_1y_2}-Q_{x_2y_1}+Q_{x_2y_2}=0.0002-0.0005-0.0006+0.0003=-0.0006$$

再根据公式计算误差椭圆参数:

$$K=\sqrt{(Q_{\Delta x\Delta x}-Q_{\Delta y\Delta y})^2+4Q_{\Delta x\Delta y}^2}=\sqrt{(0.0017-0.0035)^2+4\times(-0.0006)^2}=0.0022$$

$$Q_{EE}=\frac{1}{2}(Q_{\Delta x\Delta x}+Q_{\Delta y\Delta y}+K)=\frac{1}{2}(0.0017+0.0035+0.0022)=0.0037$$

$$Q_{FF}=\frac{1}{2}(Q_{\Delta x\Delta x}+Q_{\Delta y\Delta y}-K)=\frac{1}{2}(0.0017+0.0035-0.0022)=0.0015$$

$$\phi_E=\tan^{-1}\left(\frac{Q_{EE}-Q_{\Delta x\Delta x}}{Q_{\Delta x\Delta y}}\right)=\tan^{-1}\left(\frac{0.0037-0.0017}{-0.0006}\right)=106°42'$$

$$E_2=m_0\sqrt{Q_{EE}}=0.049\text{dm},F_2=m_0\sqrt{Q_{FF}}=0.031\text{dm}$$

(4)绘制误差椭圆。

根据以上算得的 P_1 和 P_2 两点的点位误差椭圆元素以及相对误差椭圆元素,即可绘出 P_1 和 P_2 两点的点位误差椭圆以及 P_1 和 P_2 点间的相对误差椭圆,相对误差椭圆一般绘制在 P_1 和 P_2 两点连线的中间部分,如图 6.9 所示。

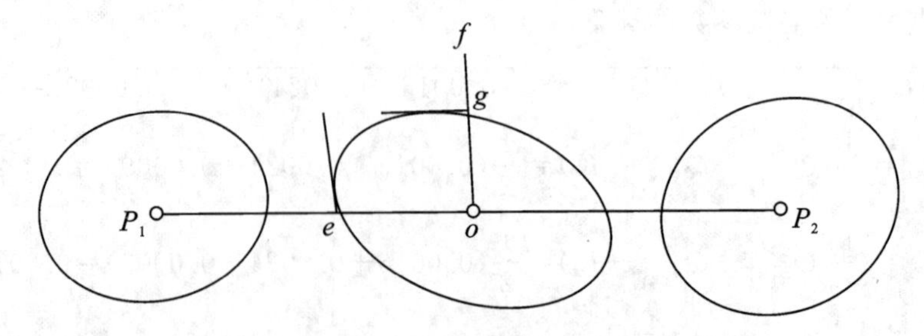

图 6.9　相对误差椭圆

项目小结

一、主要内容

(1)点位真误差、点位中误差、方向位差、误差曲线、误差椭圆和相对误差椭圆等基本概念;

(2)平面控制网点位误差和方向位差的计算;

(3)位差极大值、极小值及极值方向的计算;

(4)误差曲线、误差椭圆和相对误差椭圆的绘制;

(5)误差椭圆在测量中的应用。

二、主要计算公式

(1)待定点 P 在 ϕ 方向上的位差:

$$\sigma_\phi^2=\sigma_0^2 Q_{\phi\phi}=\sigma_0^2(Q_{xx}\cos^2\phi+Q_{yy}\sin^2\phi+Q_{xy}\sin 2\phi)$$

(2)位差极大值和极小值及其方向:

$$K=\sqrt{(Q_{xx}-Q_{yy})^2+4Q_{xy}^2}$$

$$\begin{cases} Q_{EE}=\lambda_E=\dfrac{1}{2}(Q_{xx}+Q_{yy}+K) \\ Q_{FF}=\lambda_F=\dfrac{1}{2}(Q_{xx}+Q_{yy}-K) \end{cases}$$

位差的极大值 E 和极小值 F 为:

$$\begin{cases} E^2=\sigma_0^2 Q_{EE}=\dfrac{1}{2}(Q_{xx}+Q_{yy}+K) \\ F^2=\sigma_0^2 Q_{FF}=\dfrac{1}{2}(Q_{xx}+Q_{yy}-K) \end{cases}$$

$$\begin{cases} E=\sigma_0\sqrt{Q_{EE}} \\ F=\sigma_0\sqrt{Q_{FF}} \end{cases}$$

极大值和极小值方向 ϕ_E 和 ϕ_F:

$$\begin{cases} \tan\phi_E=\dfrac{Q_{EE}-Q_{xx}}{Q_{xy}}=\dfrac{Q_{xy}}{Q_{EE}-Q_{yy}} \\ \tan\phi_F=\dfrac{Q_{FF}-Q_{xx}}{Q_{xy}}=\dfrac{Q_{xy}}{Q_{FF}-Q_{yy}} \end{cases}$$

思考与训练题

1.什么是点位真误差和点位误差？如何计算点位误差？

2.为什么说用点位误差表示点精度是不全面的？

3.如何确定位差的极大值与极小值，以及极大值方向 ϕ_E 和极小值方向 ϕ_F？

4.如何绘制误差曲线？试举例说明在误差曲线图上可以求出哪些量的中误差。

5.如何根据点位误差椭圆确定点位在任意方向上的位差？

6.ϕ、ϕ_E、θ 各是怎样定义的？它们有何关系？

7.如何计算相对误差椭圆的3个参数？

8.怎样在相对误差椭圆上图解两待定点的相对位置精度？

9.某插点图形用间接平差(坐标平差)法所组成的法方程为

$$\begin{cases}1.287\delta_x+0.411\delta_y+0.534=0\\0.411\delta_x+1.762\delta_y-0.394=0\end{cases}$$

已知单位权中误差为 $\mu=1''$，δ_x、δ_y 以分米为单位。试求：

(1)位差的极大值方向 ϕ_E 及极小值方向 ϕ_F；

(2)位差的极大值 E 和极小值 F；

(3)点位中误差 M；

(4)计算当 $\phi=60°$时的位差。

10.某导线网经平差后得到待定点 P_1 和 P_2 的坐标的协因数阵为

$$\boldsymbol{Q}_{XX}=\begin{pmatrix}0.2677 & 0.1267 & -0.0561 & 0.0806\\ & 0.7569 & -0.0684 & 0.1626\\ \text{对　称} & & 0.4914 & 0.2106\\ & & & 0.8624\end{pmatrix}$$

平差后单位权中误差为 $\mu^2=4.5\text{cm}^2$。试求：

(1)P_1 点误差椭圆参数；

(2)P_2 点误差椭圆参数；

(3)P_1 点与 P_2 点间相对误差椭圆参数；

(4)若已知 P_1、P_2 的坐标方位角为90°，边长为2.4km，求 P_1、P_2 两点间边长的相对中误差和坐标方位角中误差；

(5)绘制出 P_1 点与 P_2 点的误差椭圆和它们之间的相对误差椭圆。

项目 7　测量平差软件应用

学习目标

(1)熟悉科傻和南方平差易控制网平差软件(简称南方平差易软件或平差易)的基本功能。

(2)掌握用科傻和南方平差易软件进行控制网平差的作业步骤和平差过程。

(3)学会用科傻及南方平差易软件进行导线网和高程网平差。

任务 7.1　科傻控制网平差

7.1.1　科傻平差软件简介

科傻(COSA)是“测量工程控制与施工测量内外业一体化和数据处理自动化系统”的简称,包括 EREPS、CODAPS 和 COSAGPS 三个子系统。

子系统 EREPS 是“基于掌上型电脑的测量数据采集和处理系统”的简称,在掌上型电脑 PDA 上运行,该子系统灵活方便,适合外业环境,主要用于外业水准测量、控制测量、碎部测量、断面测量、道路和桥梁测设、工程放样等外业测量数据采集和计算工作。它能自动控制和引导整个作业过程并进行质量检测,CODAPS 系统除具有概算、平差、精度评定及成果输出等功能外,还提供了许多实用的功能,如网的模拟设计、网图显绘、粗差剔除、方差分量估计、贯通误差影响值计算及闭合差计算等。

子系统 CODAPS 是“地面测量工程控制测量数据处理通用软件包”的简称,在便携式或台式微机的 Windows 环境下运行,既可独立使用,也可与 EREPS 联合使用。可对掌上型电脑传输过来的水准测量、二三维控制测量原始观测数据进行转换,完成从概算到高程(水准高程、三角高程)网、平面网平差的自动化数据处理流程,同时具有控制网优化设计、粗差探测与剔除、方差分量估计、闭合差计算、贯通误差影响值估算、坐标转换、换带计算、网图显绘、报表打印以及叠置分析等功能。

子系统 COSAGPS 是“GPS 工程测量控制网通用平差软件包”的简称,在便携式或台式微机的 Windows 环境下运行,主要功能是读取各种 GPS 接收机的基线向量解算文件,进行网的三维无约束平差和二维约束平差,并具有坐标转换、网图显绘、报表打印以及与地面观测边长联合平差等功能。

本项目主要针对CODAPS子系统进行控制网平差介绍。

7.1.2 科傻导线网平差

1. 建立数据文件

平差处理的对象是通过野外观测得到的并经各种改正后的数据。在平差过程中,数据可以按要求像填空一样逐个录入,也可以按一定格式要求用文本方式批量录入后保存在文件中,计算时直接读入文件。由于填空式的录入效率较低,因此科傻系统平差时要求直接读入文件,因而在平差之前,必须要建立平差数据文件。

1)建立数据文件的格式

科傻系统规定平面网数据文件保存时的命名规则为“网名.in2”,“网名”可以是任意字符或者汉字,但后缀“in2”不能更改。后缀字母“in”是输入的意思,“2”表示的是二维网,即平面控制网。科傻平差数据文件采用网点数据结构,数据以测站为单位组织,数据中除包含控制网的所有已知点、未知点和观测值信息外,还隐含了控制网的拓扑信息。

平面观测文件为标准的ASCⅡ码文件,可以使用系统菜单中“文件”栏下拉“新建”子菜单项或单击工具栏左边第一个快捷键建立平面观测文件,也可以使用任何文本编辑器来建立并进行编辑和修改。数据文件包含三个部分,每部分结构如下:

第一部分:观测精度信息。

Ⅰ{
方向中误差1,测边固定误差1,比例误差1,精度号1
方向中误差2,测边固定误差2,比例误差2,精度号2
……,……,……
方向中误差n,测边固定误差n,比例误差n,精度号n

第二部分:已知点坐标信息。

Ⅱ{
已知点点号1,纵坐标$X1$,横坐标$Y1$
已知点点号2,纵坐标$X2$,横坐标$Y2$
……,……,……

第三部分:测站观测信息。

Ⅲ{
测站点点号
照准点点号1,观测值类型,观测值,观测值精度号
照准点点号2,观测值类型,观测值,观测值精度号
……,……,……,……

2)数据文件示例

一级闭合导线如图7.1所示,观测4条边长和5个左转折角,已知数据和观测值见表7.1,计算2,3,4点的坐标平差值,并评定各点的点位精度。

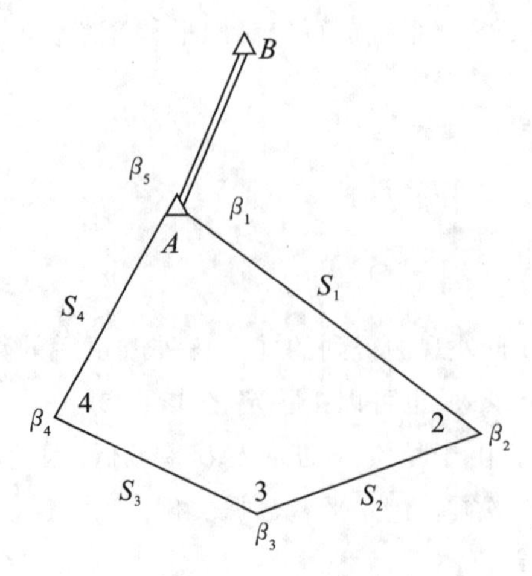

图 7.1 闭合导线

表 7.1 已知数据和观测数据

已知点	X(m)		Y(m)	备注
A B	2272.045 2343.895		5071.330 5140.882	观测值中误差
β_i	观测角 (° ′ ″)	S_i	观测边长(m)	
1 2 3 4 5	92 49 43 316 43 58 205 08 16 235 44 38 229 33 06	1 2 3 4	805.191 269.486 272.718 441.596	$m_\beta=5''$ $m_{S_i}=3\text{mm}+2\times10^{-6}S_i$, S_i 以 km 为单位

启动 COSA 后,使用系统菜单中“文件”栏下拉“新建”子菜单项,将上述数据按照前述平差数据格式录入文本编辑窗中,如图 7.2 所示,然后用鼠标左键点击系统菜单中“文件”栏下拉“另存为”子菜单项,将文件以 Cosawi1. in2 为名称保存在桌面或某一盘符中。

3)数据文件说明

数据文件格式非常重要,下面对上述数据文件的三个部分进行说明。

(1)第一行为第一部分,描述了控制网的观测精度信息,是观测值定权的依据,它包括先验的方向观测精度和先验测边精度。

观测精度信息排列顺序为:方向中误差,测边固定误差,测边比例误差。

$$\underbrace{3.54}_{\text{方向中误差}},\quad \underbrace{3}_{\text{测边固定误差}},\quad \underbrace{2}_{\text{测边比例误差}}$$

方向中误差单位为秒(如果为角度中误差,需要除以 $\sqrt{2}$),测边固定误差单位为毫米,测边比例误差单位为 ppm。第一行的三个值都必须赋值。若为纯测角网,则测边固定误差和测边比例误差不起作用,输入任意的非零值即可;若为纯测边网,方向中误差也不起作用,

图7.2　观测数据文件

这时可输入一个默认值“1”。程序始终将第一行的方向中误差值作为单位权中误差。若只有一种(或称为一组)测角、测边精度,则可不输入精度号。若有几种测角、测边精度,则需按精度分组,组数为测角、测边中最多的精度种类数,每一组占一行,精度号输入1,2,…。如两种测角精度、三种测边精度,则应分成三组。

(2)第二部分是控制网已知点坐标,包括点号和纵横坐标。

第二部分的排列顺序为:已知点点号及其坐标值,每一个已知点数据占一行。已知点点号(或点名,下同)为字符型数据,可以是数字、英文字母(大小写均可)、汉字或它们的组合(测站点、照准点亦然),X、Y坐标以米为单位。

A, 2272.045,5071.330

B, 2343.895,5140.882

已知点点名　已知点X坐标　已知点Y坐标

(3)第三部分为控制网的测站观测数据,包括方向、边长、方位角观测值。

第三部分的排列顺序为:第一行为测站点点号,从第二行开始为照准点点号,观测值类型,观测值和观测值精度。每一个有观测值的测站在文件中只能出现一次。没有设站的已知点(如附合导线的定向点)和未知点(如前方交会点)在第二部分不必也不能给出任何虚拟测站信息。

观测值分三种,分别用一个字符(大小写均可)表示:L表示方向,以“度.分秒”数据格式形式书写;S表示边长,以米为单位;A表示方位角,以“度.分秒”数据格式形式书写。观测值精度与第一部分中的精度号相对应。若只有一组观测精度,则可省略;否则在观测值精度一栏中须输入与该观测值对应的精度号。已知边长和已知方位角的精度值一定要输“0”。在同测站上的方向和边长观测值按顺时针顺序排列,边角同测时,边长观测值最好紧放在方向观测值的后面。

A→测站点点号

B	, L	, 0
照准点点号	观测类型角度	B为0方向
2	, L	,92.4943
照准点点号	观测类型角度	B到2的角度值
2	, S	,805.191
照准点点号	观测类型距离	B到2的水平距离
4	, L	,130.2654
照准点点号	观测类型角度	B到4的角度值
4	, S	,441.596
照准点点号	观测类型距离	B到4的水平距离

2. 平差过程

准备好控制网观测文件以后,即可进行平差处理。

1)平差参数设置

平差前,一般还需要对平差过程中的某些参数进行设置(见图 7.3),如平差迭代限值,边长定权公式,精度评定时是使用先验单位权中误差还是后验单位权中误差,是否作网点优化排序,是否作观测值概算,是否设置用边长交会推算网点近似坐标等。

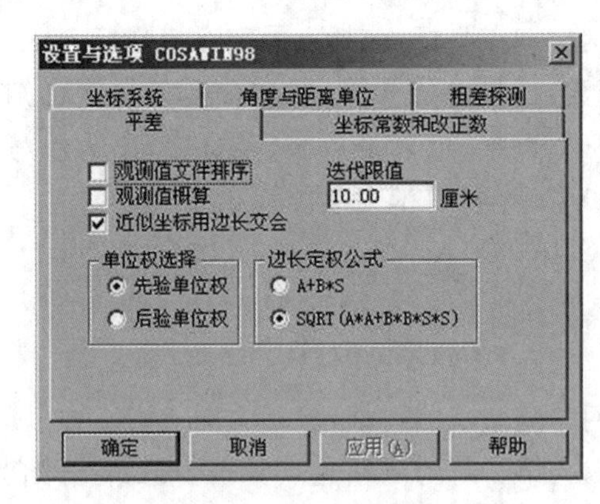

图 7.3　平差参数设置

2)闭合差计算

为了了解观测数据的质量情况,在平差计算前还需要计算平面网图形条件闭合及其限差值。调用“工具”栏中“闭合差计算”下的“平面网”菜单项进行平面网闭合差计算,检查闭合差是否超限。本例计算结果显示闭合差没有超限,如图 7.4 所示。另外,闭合差过大,在平差过程中可能出现迭代次数多且不收敛的情况,或出现其他提示,平差不能继续进行,这时应检查平面观测文件是否有大的错误。若平差结果文件的后验单位权中误差显著偏大(例如是先验单位权中误差的 1.5 倍以上),则应怀疑观测值可能含有粗差。对于观测值粗差,可以查看观测值改正数的大小,必要情况下可调用“粗差探测”功能,探测和剔除粗差。

3)平差

设置好后,用鼠标单击“平差”栏中的“平面网”(见图 7.5)或单击工具条中的平差快捷

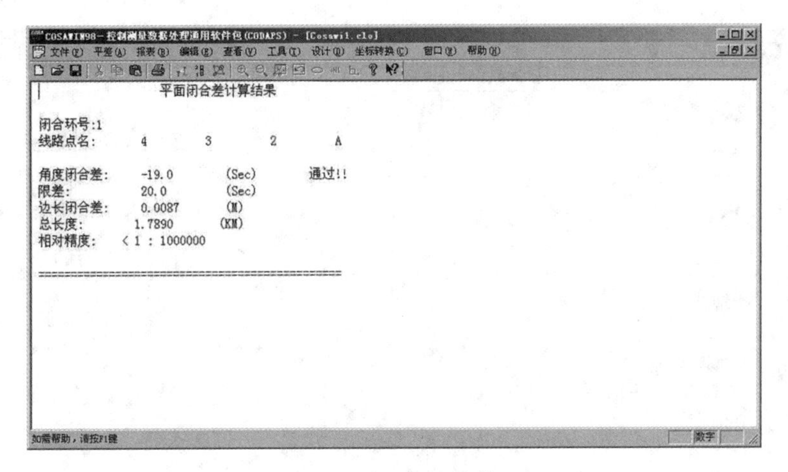

图 7.4　闭合差计算

键，主菜单窗口弹出对话框。在该对话框中选择并打开要进行平差的平面观测值文件，将自动进行概算、组成并解算法方程、法方程求逆和精度评定及成果输出等工作，平差结果自动存于平面平差结果文件“Cosawi1. ou2”，并自动打开以供查看。

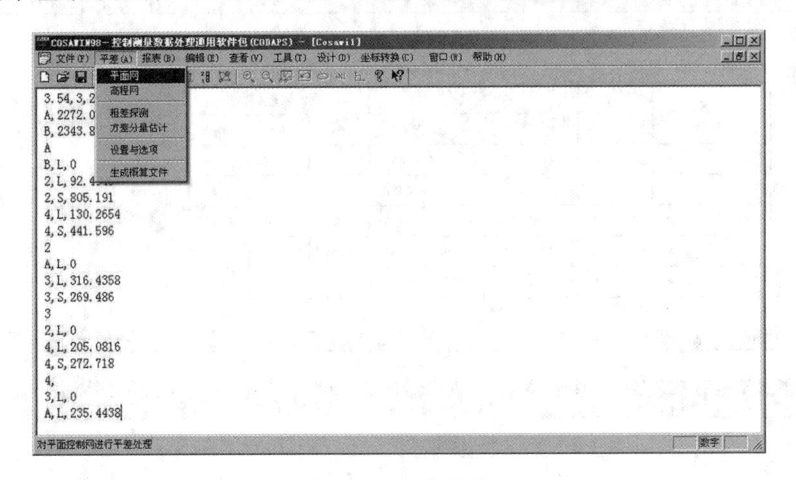

图 7.5　平差计算

3. 平差成果

(1)平差报告:平差后自动生成平差结果报表。

在“报表”菜单栏中的“平差结果”下点击“平面网”，选择所需要的平面网平差结果文件(OU2 文件)，系统自动生成平面网平差结果报表文件，文件名为“Cosawi1. rt2”，并用记事本自动打开，显示平面控制网平差成果表(见图 7.6)。

(2)网图显绘:显绘平面网误差椭圆图。

单击“工具”栏中的“网图显绘”或单击工具条中的快捷键，主菜单窗口弹出选择网图信息文件对话框。在该对话框中选择并打开所需要的网图显绘文件“Cosawi1. map”(该文件是在对控制网平差时自动生成的)，则会自动在窗口显绘该控制网的网图，如图 7.7 所示。

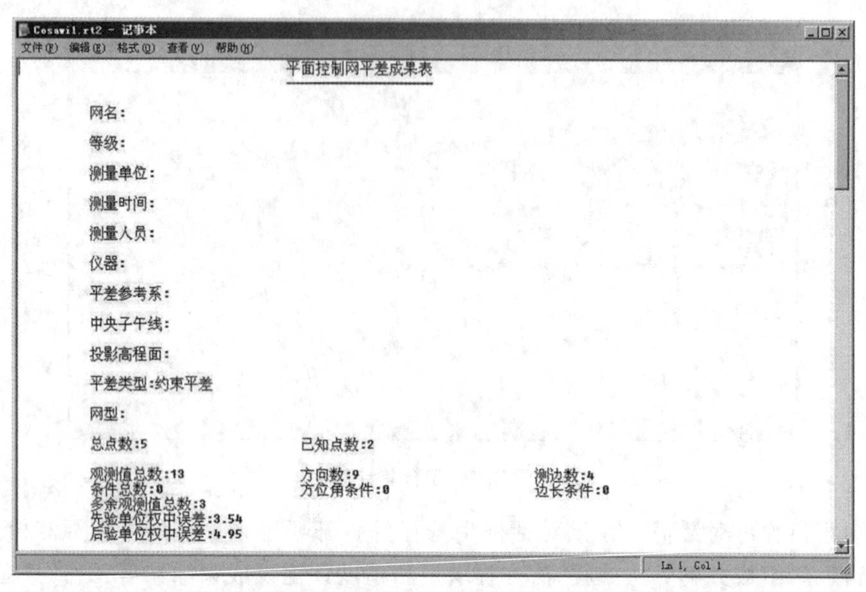

Cosawil.rt2 - 记事本

文件(F) 编辑(E) 格式(O) 查看(V) 帮助(H)

平面控制网平差成果表

网名:

等级:

测量单位:

测量时间:

测量人员:

仪器:

平差参考系:

中央子午线:

投影高程面:

平差类型:约束平差

网型:

总点数:5　　已知点数:2

观测值总数:13　　方向数:9　　测边数:4

条件总数:0　　方位角条件:0　　边长条件:0

多余观测值总数:3

先验单位权中误差:3.54

后验单位权中误差:4.95

Ln 1, Col 1

Cosawil.rt2 - 记事本

文件(F) 编辑(E) 格式(O) 查看(V) 帮助(H)

坐标和点位精度成果表

点 名	点 号	坐 标 (米)		点位误差(厘米)		
		X	Y	Mx	MY	Mp
A	A	2272.0450	5071.3300	0.00	0.00	0.00
B	B	2343.8950	5140.8820	0.00	0.00	0.00
2	2	1684.1436	5621.5191	1.22	1.26	1.76
3	3	1701.2111	5352.5753	0.69	1.22	1.40
4	4	1832.4710	5113.5251	0.31	0.95	0.99

Ln 1, Col 1

Cosawil.rt2 - 记事本

文件(F) 编辑(E) 格式(O) 查看(V) 帮助(H)

边长方位角和相对精度成果表

起 点	终 点	方位角	中误差	边 长	中误差	相对中误差
		A(度.分秒)	Ma(秒)	S(米)	Ms(厘米)	S/Ms
A	2	136.53524	4.44	805.1932	0.31	262000
A	4	174.31010	4.44	441.5945	0.29	150000
2	A	316.53524	4.44	805.1932	0.31	262000
2	3	273.37523	5.25	269.4848	0.29	93000
3	2	93.37523	5.25	269.4848	0.29	93000
3	4	298.46146	5.18	272.7163	0.28	96000
4	3	118.46146	5.18	272.7163	0.28	96000
4	A	354.31010	4.44	441.5945	0.29	150000

Ln 1, Col 1

图 7.6　平差成果表

Cosawi1.rt2 - 记事本

文件(F)　编辑(E)　格式(O)　查看(V)　帮助(H)

方向观测值平差成果表

测站点号	照准点号	方向观测值	改正数	方向平差值	中误差
Nc	Nz	(度.分秒)	(秒)	(度.分秒)	ml(秒)
A	B	0.00000	0.00	0.00000	3.54
A	2	92.49430	1.22	92.49442	3.54
A	4	130.26540	-1.22	130.26528	3.54
2	A	0.00000	-0.95	-0.00010	3.54
2	3	316.43580	0.95	316.43590	3.54
3	2	0.00000	-3.14	-0.00031	3.54
3	4	205.08160	3.14	205.08191	3.54
4	3	0.00000	-4.20	-0.00042	3.54
4	A	235.44380	4.20	235.44422	3.54

Ln 1, Col 1

Cosawi1.rt2 - 记事本

文件(F)　编辑(E)　格式(O)　查看(V)　帮助(H)

边长观测值平差成果表

测站点号	照准点号	边长观测值	改正数	边长平差值	中误差
Nc	Nz	(米)	(厘米)	(米)	(厘米)
A	2	805.1910	0.22	805.1932	0.34
A	4	441.5960	-0.15	441.5945	0.31
2	3	269.4860	-0.12	269.4848	0.30
3	4	272.7180	-0.17	272.7163	0.30

Ln 1, Col 1

续图 7.6

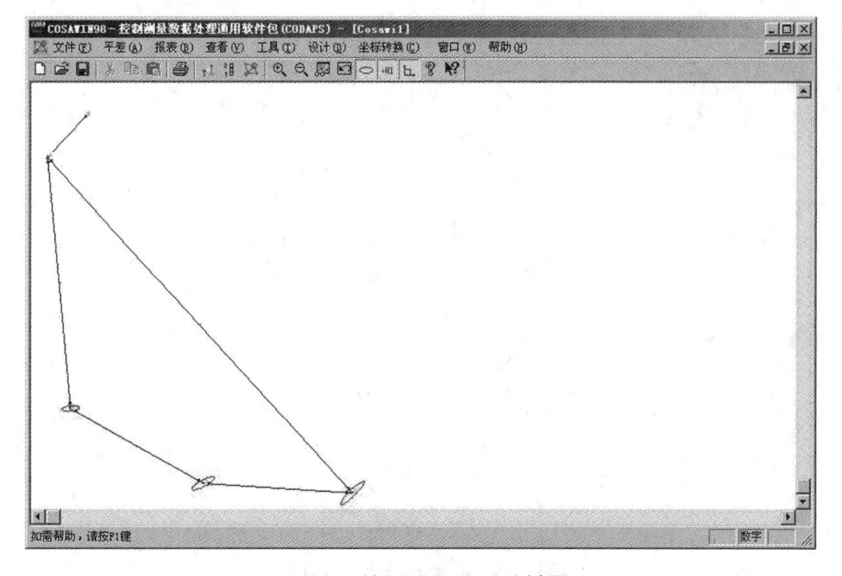

图 7.7　控制网图及误差椭圆

7.1.3 科傻高程网平差

1. 建立数据文件

高程观测文件,取名规则为“网名.in1”。后缀“in1”中的“in”意义同前(输入),“1”表示一维网,即高程网。

1)高程数据文件格式

高程观测文件也是标准的ASCⅡ码文件,也可以用系统的文本编辑器或记事本录入,其结构如下:

第一部分:已知高程点信息。

Ⅰ{ 已知点点号1,已知点高程1
已知点点号2,已知点高程2
……………,………………

第二部分:测段观测信息。

Ⅱ{ 测段起点点号,测段终点点号,测段高差,测段距离,测段测站数,精度号
………………,………………,…………,…………,……………,………

2)数据文件实例

在图7.8所示的四等高程控制网图中,A、B为已知高程水准点,C、D、E和F是待定点。已知高程值和高差观测值如表7.2所示,计算各待定点的高程平差值和C点高程平差值中误差。

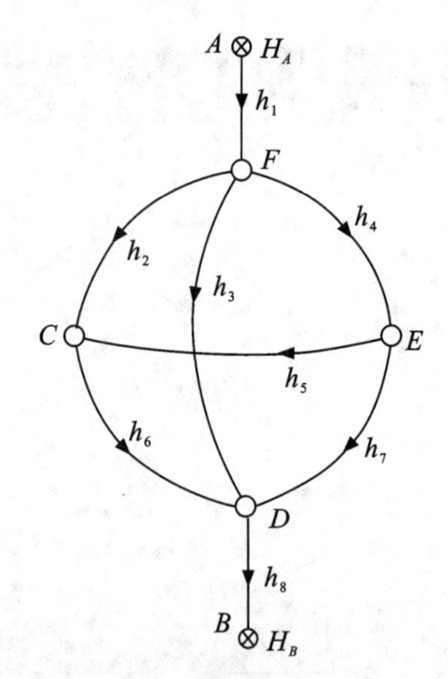

图7.8 四等高程控制网图

表 7.2　已知高程值和高差观测值表

已知高程值(m)			
$H_A=31.100$		$H_B=34.165$	
高差观测值(m)和测段长度(km)			
$h_1=1.001$	$S_1=1.0$	$h_5=0.504$	$S_5=2.0$
$h_2=1.002$	$S_2=2.0$	$h_6=0.060$	$S_6=2.0$
$h_3=1.064$	$S_3=2.0$	$h_7=0.560$	$S_7=2.5$
$h_4=0.500$	$S_4=1.0$	$h_8=1.000$	$S_8=2.5$

根据平差数据文件格式，其观测数据录入如图 7.9 所示，并保存文件 Cosawi2. in1。

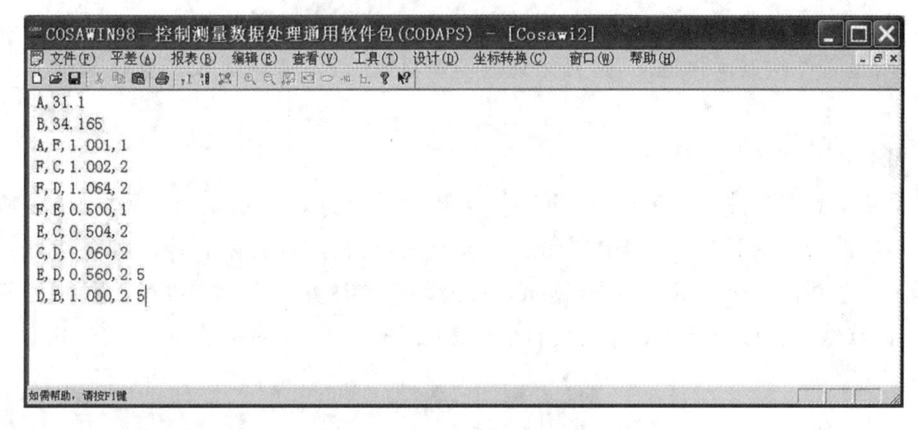

图 7.9　高程控制网数据文件

3)数据文件说明

该文件分为两部分：

(1)第一部分为高程控制网的已知数据，即已知高程点点号及其高程值。

第一部分中每一个已知高程点占一行，已知高程以米为单位，其顺序可以任意排列。

$$\underbrace{\text{A}}_{\text{已知高程点点名}}\ ,\ \underbrace{31.1}_{\text{已知点高程}}$$

$$\underbrace{\text{B}}_{\text{已知高程点点名}}\ ,\underbrace{34.165}_{\text{已知点高程}}$$

(2)第二部分为高程控制网的观测数据，它包括测段的起点点号，终点点号，测段高差，测段距离、测段测站数和精度号(见文件的第Ⅱ部分)。

$$\underbrace{\text{A}}_{\text{起点点名}}\ ,\ \underbrace{\text{F}}_{\text{终点点名}}\ ,\underbrace{1.001}_{\text{测段高差}},\ \underbrace{1}_{\text{测段距离}}$$

$$\underbrace{\text{F}}_{\text{起点点名}}\ ,\ \underbrace{\text{C}}_{\text{终点点名}}\ ,\underbrace{1.002}_{\text{测段高差}},\ \underbrace{2}_{\text{测段距离}}$$

第二部分中每一个测段占一行，对于水准测量，两高程点间的水准线路为一测段，测段高差以米为单位,测段距离以千米为单位。对于光电测距三角高程网,测段表示每条光电测距边,测段距离为该边的平距(单位千米)。如果平差时每一测段观测按距离定权,则"测段测站数"这一项不要输入或输入一个负整数如-1。若输入了测段测站数,则平差时自动按测段测站数定权。该文件中测段的顺序可以任意排列。当只有一种精度时,精度号可以不输入。对于多种精度(多等级)的水准网,第一部分的前面还要增加几行,每行表示一种精度,有三个数据,即水准等级,每千米精度值(单位 mm/km),精度号。

2. 高程网平差过程

准备好控制网观测文件以后,即可进行平差处理。

1)平差参数设置

平差前,一般还需要对平差过程中的某些参数进行设置(见图 7.10),如平差迭代限值,边长定权公式,水准尺每米真长改正,精度评定时是使用先验单位权中误差还是后验单位权中误差,是否作网点优化排序,是否作观测值概算,是否设置用边长交会推算网点近似坐标等。

2)闭合差计算

根据高程观测文件自动寻找出水准(高程)附合线路和最小独立闭合环线路,存放于闭合差线路文件"Cosawi2. gci"中,根据闭合差线路文件,自动计算附合线路和多边形闭合环的高程闭合差并作超限提示,同时根据闭合环的闭合差计算每千米水准(高程)观测值的全中误差,计算结果存放于闭合差结果文件"Cosawi3. gco"中(见图 7.11)。

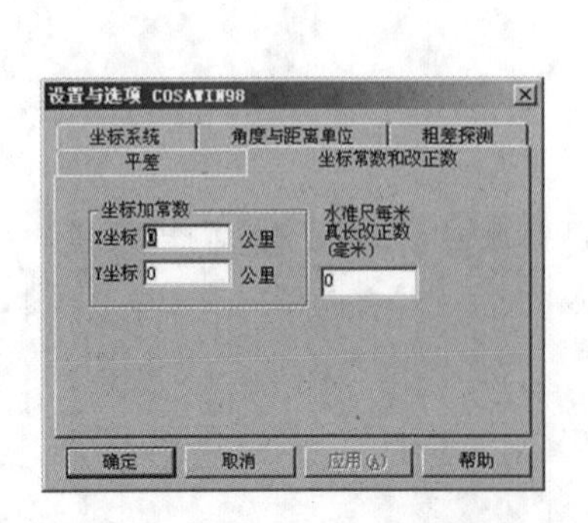

图 7.10 平差参数设置

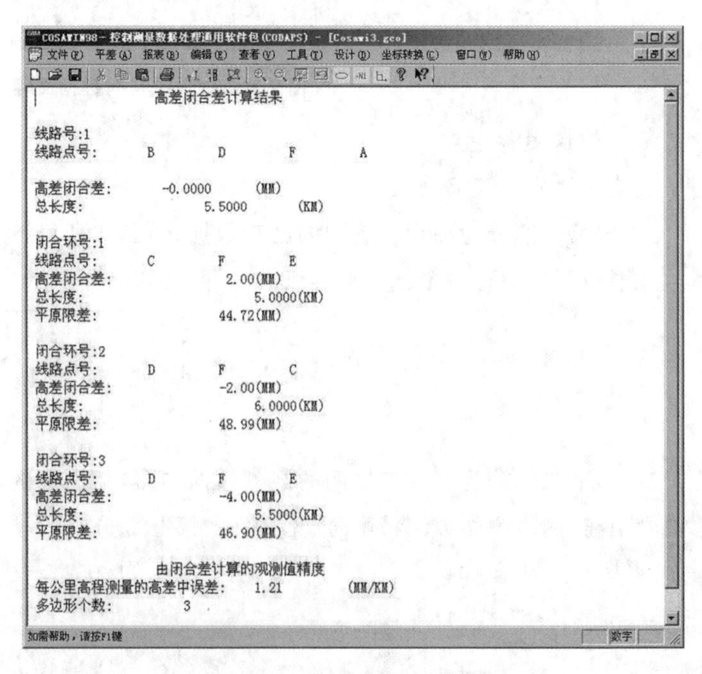

图 7.11 高差闭合差计算结果

3)平差

设置好后,用鼠标单击“平差”栏中的“高程网”(见图7.12)或单击工具条中的平差快捷键,主菜单窗口弹出对话框。在该对话框中选择并打开要进行平差的高程观测值文件,将自动进行概算、组成并解算法方程、法方程求逆和精度评定及成果输出等工作,平差结果存于相同文件目录下文件“Cosawi2.ou1”,并自动打开以供查看。

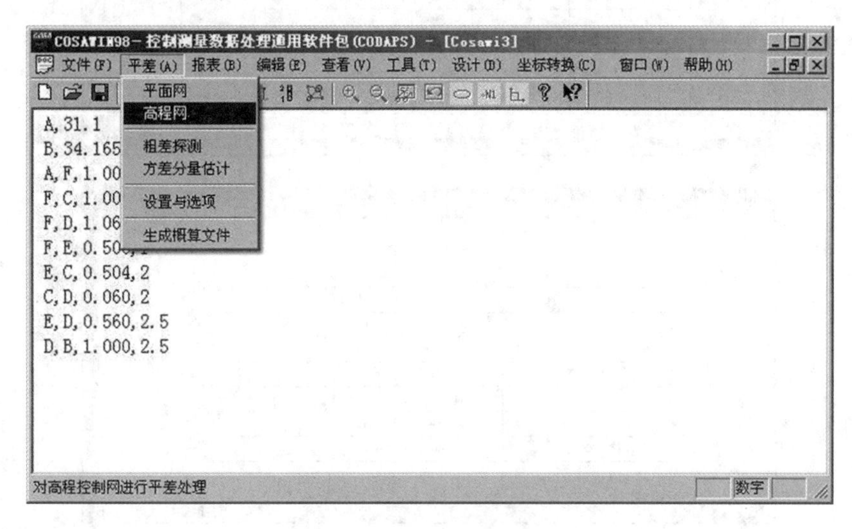

图7.12　平差计算

3.平差成果

平差报告:平差后自动生成平差结果报表。

在“报表”菜单栏中的“平差结果”下点击“高程网”,选择所需要的高程平差结果文件(OU1文件),系统自动生成高程网平差结果报表文件,文件名为“Cosawi3.rt1”(见图7.13)。

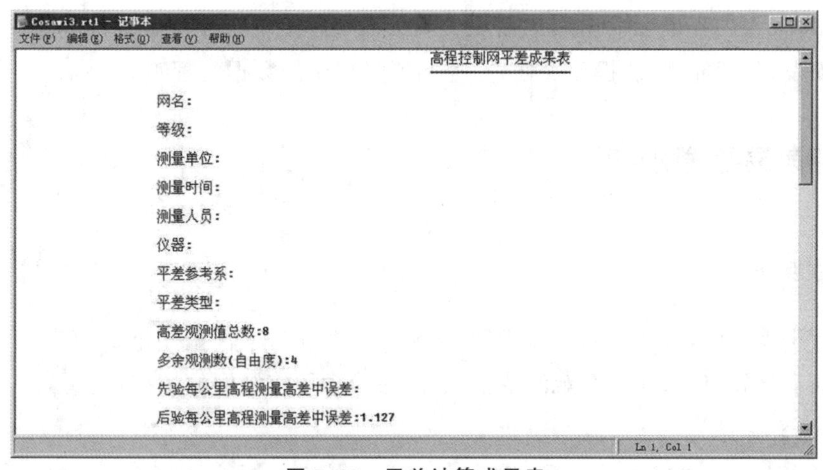

图7.13　平差计算成果表

Cosawi3.rtl - 记事本
文件(F) 编辑(E) 格式(O) 查看(V) 帮助(H)

高差观测值平差成果表

起点 N1	终点 N2	观测高差 Dh(米)	改正数 Vh(毫米)	平差值 DH^(米)	精度 Mh(毫米)	距离 S(公里)
A	F	1.0010	0.33	1.0013	0.99	1.000
F	C	1.0020	1.07	1.0031	1.06	2.000
F	D	1.0640	-1.14	1.0629	0.98	2.000
F	E	0.5000	0.36	0.5004	0.91	1.000
E	C	0.5040	-1.29	0.5027	1.09	2.000
C	D	0.0600	-0.21	0.0598	1.11	2.000
E	D	0.5600	2.50	0.5625	1.08	2.500
D	B	1.0000	0.81	1.0008	1.18	2.500

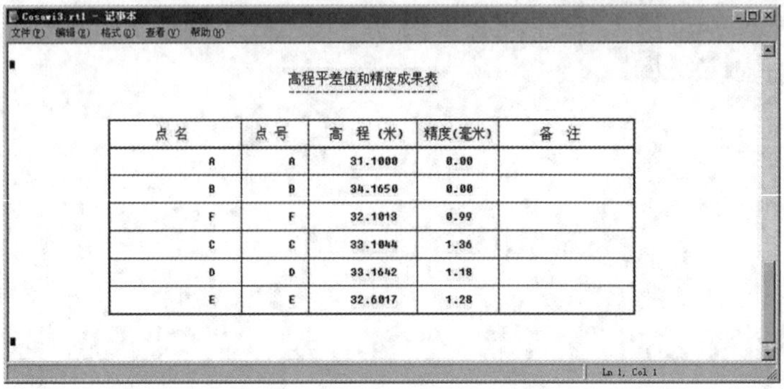

Ln 1, Col 1

Cosawi3.rtl - 记事本
文件(F) 编辑(E) 格式(O) 查看(V) 帮助(H)

高程平差值和精度成果表

点名	点号	高 程 (米)	精度(毫米)	备 注
A	A	31.1000	0.00	
B	B	34.1650	0.00	
F	F	32.1013	0.99	
C	C	33.1044	1.36	
D	D	33.1642	1.18	
E	E	32.6017	1.28	

Ln 1, Col 1

续图 7.13

任务 7.2 南方平差易控制网平差

平差易(Power Adjust,PA),是在 Windows 系统下用 VC 开发的控制测量的数据处理软件。它采用了 Windows 风格的数据输入技术和多种数据接口,同时辅以网图动态显示,实现了从数据采集、数据处理和成果打印的一体化。成果输出丰富强大、多种多样,平差报告完整详细,报告内容也可根据用户需要自行定制,另有详细的精度统计和网形分析信息等。其界面友好,功能强大,操作简便,是控制测量理想的数据处理工具。

7.2.1 平差易导线网平差

1. 建立数据文件

在进行平差之前,必须准备好控制网观测文件。观测文件采用网点数据结构,除包含控制网的所有已知点、未知点和观测值信息外,还隐含了控制网的拓扑信息。

1) 数据文件格式

平差易平差数据的录入分为数据文件读入和直接键入两种。

第一种:平差易平差数据文件的编辑。

平差易软件有其自己的专用平差数据格式，为此，在采用打开方式或向导平差方法进行平差时，必须完成其观测值数据文件的编辑工作。其文件格式是.txt，为纯文本文件，可以用记事本打开并编辑此文件。

文件格式具体如下所示：

[NET]　　——文件头，保存控制网属性
Name：　　——控制网名
Organ：　　——单位名称
Obser：　　——观测者
Computer：　　——计算者
Recorder：　　——记录者
Remark：　　——备注
Software：南方平差易 2005　　——计算软件
[PARA]　　——文件头，保存控制网基本参数
MO：　　——验前单位权中误差
MS：　　——测距仪固定误差
MR：　　——测距仪比例误差
DistanceError：　　——边长中误差
DistanceMethod：　　——边长定权方式
LevelMethod：　　——水准定权方式
Mothed：　　——平差方法(0 表示单次平差，1 表示迭代平差)
LevelTrigon：　　——水准测量或三角高程测量
TrigonObser：　　——单向或对向观测
Times：　　——平差次数
Level：　　——平面网等级
Level1：　　——水准网等级
Limit：　　——限差倍数
Format：　　——格式(1 边角网；2 测角网；3 测边网；4 水准网；5 三角高程网)
[STATION]　　——文件头，保存测站点数据
测站点名，点属性，X，Y，H，仪器高，偏心距，偏心角
[OBSER]　　——文件头，保存观测数据
照准点，方向值，观测边长，高差，斜距，垂直角，偏心距，偏心角，零方向值

注意：[STATION]中的点属性表示控制点的属性，00 表示高程、坐标都未知的点，01 表示高程已知坐标未知的点，10 表示坐标已知高程未知的点，11 表示高程、坐标都已知的点。

在输入测站点数据和观测数据时,中间空的数据用“,”分隔,如果在最后一个数据后面已没有观测数据,可以省略“,”。例如观测数据“A, ,100,1.023”表示照准点是A点,观测边长为100m,观测高差为1.023m。可以看出,观测高差后的其余观测数据省略,而方向值用“,”分隔。

按此格式完整编辑好的数据文件读入PA2005后,即可直接进行平差。用户也可不编辑[NET]和[PARA]的内容,只编辑[STATION]和[OBSER]的内容,将数据读入PA2005中后,在PA2005中进行诸如网名、平差次数等参数的设置,设置完后再进行平差计算。

第二种:平差易控制网平差数据的手工输入。

可以使用系统菜单中“文件”栏下拉“新建”子菜单项或单击工具栏左边第一个快捷键建立平面观测文件。

平差易控制网的数据包括两个部分,即测站信息区和观测信息区,其结构如图7.14所示。

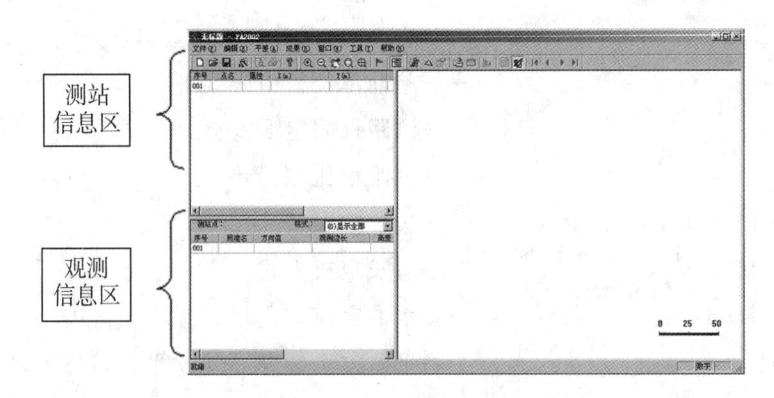

图7.14 平差计算成果表

第一部分:测站信息区,如表7.3所示。

表7.3 测站信息区

序号	点名	属性	X(m)	Y(m)	H(m)	仪器高	偏心距	偏心角

第二部分:观测信息区,如表7.4所示。

表7.4 观测信息区

测站点点号:											
序号	照准名	方向值	观测边长	高差	垂直角	觇标高	偏心距	偏心角	零方向角	温度	气压

2)数据文件实例

如任务 7.1 中平面控制网图 7.1 及已知数据和观测数据表 7.1 所示,计算 2、3、4 点的坐标平差值及点位精度。

3)数据文件说明

该文件分为两部分:

(1)第一部分为控制网测站信息,包括序号、点名、属性、坐标、高程、仪器高以及偏心元素。

测站信息包含以下内容:

序号:已输测站点个数,它会自动叠加。

点名:已知点或测站点的名称。

属性:用以区别已知点与未知点,即 00 表示该点是未知点,10 表示该点是有平面坐标而无高程的已知点,01 表示该点是无平面坐标而有高程的已知点,11 表示该已知点既有平面坐标也有高程。

X、Y、H:分别指该点的纵、横坐标及高程(X,纵坐标;Y,横坐标)。

仪器高:该测站点的仪器高度,它只有在三角高程的计算中才使用。

偏心距、偏心角:该点测站偏心时的偏心距和偏心角。(不需要偏心改正时则可不输入数值。)

测站信息录入:

如图 7.15 所示,在测站信息区中输入 A、B、2、3、4 号测站点,其中 A、B 为已知坐标点,其属性为 10,其坐标如"原始数据表";2、3、4 点为待测点,其属性为 00,其他信息为空。如果考虑温度、气压对边长的影响,就需要在观测信息区中输入每条边的实际温度、气压值,然后通过概算来进行改正。

序号	点名	属性	X(m)	Y(m)	H(m)	仪器高	偏心距	偏心角	
001	A	10	2272.0450	5071.3300					
002	B	10	2343.8950	5140.8820					
003	2	00							
004	3	00							
005	4	00							

图 7.15　测站信息数据输入

(2)第二部分是控制网观测信息,包括观测的边长、方向、高差、觇标高、偏心元素、温度和气压等。

观测信息与测站信息是相互对应的,当某测站点被选中时,观测信息区中就会显示当该点为测站点时所有的观测数据。故当输入了测站点时需要在观测信息区的电子表格中输入其观测数值。第一个照准点即为定向,其方向值必须为 0,而且定向点必须是唯一的。

观测信息包含以下内容:

照准名:照准点的名称。

方向值:观测照准点时的方向观测值。

观测边长:测站点到照准点之间的平距。(在观测边长中只能输入平距。)

高差:测站点到观测点之间的高差。

垂直角:以水平方向为零度时的仰角或俯角。

觇标高:测站点观测照准点时的棱镜高度。

偏心距、偏心角、零方向角:该点照准偏心时的偏心距和偏心角。(不需要偏心改正时不输入数值。)

温度:测站点观测照准点时的当地实际温度。

气压:测站点观测照准点时的当地实际气压。(温度和气压只参入概算中的气象改正计算。)

观测信息录入:

首先,根据控制网的类型选择数据输入格式,此控制网为边角网,选择边角格式,如图7.16所示。

测站点: A　　格式: (1)边角

序号	照准名	方向值	观测边长	

图7.16　选择格式

B号点作为定向点,它没有设站,所以无观测信息,但在测站信息区中必须输入它的坐标。然后,在观测信息区中输入每一个测站点的观测信息。

以A号点为测站点、B号点为定向点时(定向点的方向值必须为零),照准2号点和4号点的数据输入如图7.17"测站点A的观测信息"所示。

测站点: A　　格式: (1)边角

序号	照准名	方向值	观测边长	
001	B	0.000000	0.0000	
002	2	92.494300	805.1910	
003	4	130.265400	441.5960	

图7.17　测站点A的观测信息

以2为测站点、以A号点为定向点时,照准3号点的数据输入如图7.18"测站点2的观测信息"所示。

测站点: 2　　格式: (1)边角

序号	照准名	方向值	观测边长	
001	A	0		
002	3	316.4358	269.486	

图7.18　测站点2的观测信息

以3号点作为测站点时,以2为定向点,照准4号点的数据输入如图7.19"测站点3的观测信息"所示。

以4号点为测站点,以3号点为定向点时,照准A号点的数据输入如图7.20"测站点4的观测信息"所示。

测站点： 3　　格式： (1)边角

序号	照准名	方向值	观测边长	
001	2	0.000000	0.0000	
002	4	205.081600	272.7180	
003				

图 7.19　测站点 3 的观测信息

测站点： 4　　格式： (1)边角

序号	照准名	方向值	观测边长	
001	3	0.000000	0.0000	
002	A	235.443800	441.5960	

图 7.20　测站点 4 的观测信息

以上数据输入完后，点击菜单“文件|另存为”，将输入的数据保存为平差易数据格式文件。

2. 平差过程

用平差易做控制网平差的过程包含控制网数据录入、坐标推算、坐标概算、选择计算方案、闭合差计算与检核、平差计算、平差报告的生成和输出七个步骤。为了便于理解，给出了作业流程图 7.21。下面将依据这七个步骤进行操作示范。

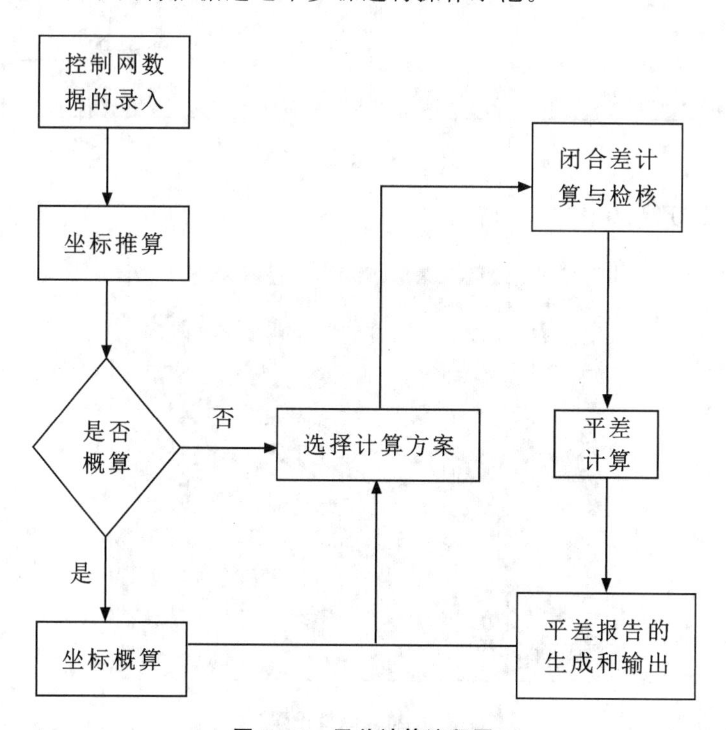

图 7.21　平差计算流程图

(1)数据录入，编写控制网属性，如图 7.22 所示。

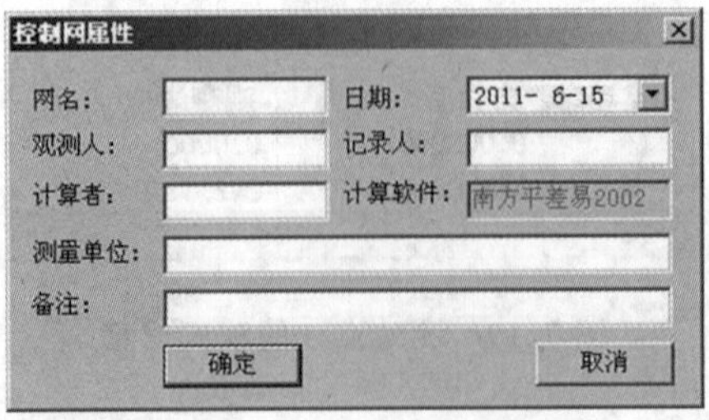

控制网属性

网名：　日期：2011- 6-15

观测人：　记录人：

计算者：　计算软件：南方平差易2002

测量单位：

备注：

确定　取消

图 7.22　控制网属性录入

(2)坐标推算,如图 7.23 所示。

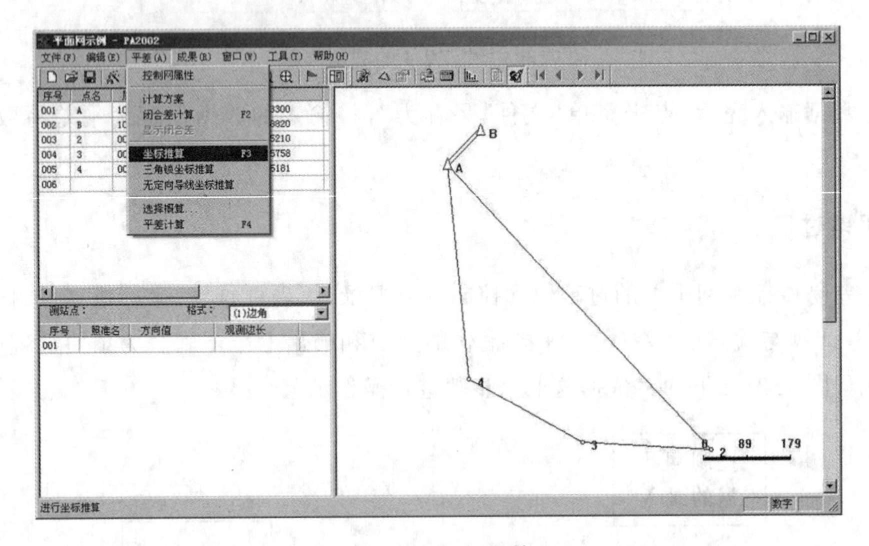

图 7.23　坐标推算

(3)坐标概算设置,如图 7.24 所示。

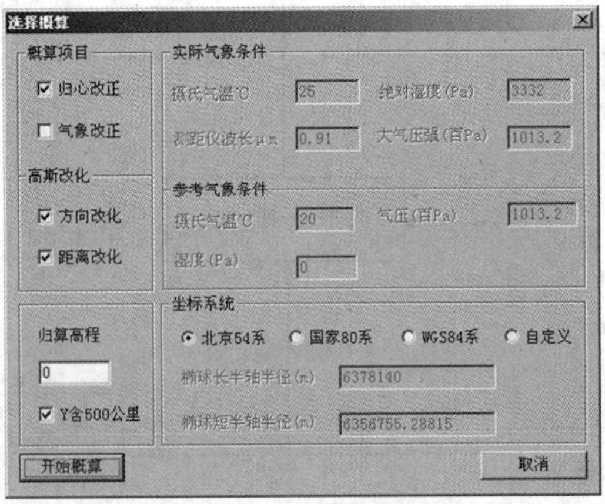

选择概算

概算项目

☑ 归心改正

☐ 气象改正

高斯改化

☑ 方向改化

☑ 距离改化

实际气象条件

摄氏气温℃　25　绝对湿度(Pa)　3332

测距仪波长μm　0.91　大气压强(百Pa)　1013.2

参考气象条件

摄氏气温℃　20　气压(百Pa)　1013.2

湿度(Pa)　0

归算高程

0

☑ Y含500公里

坐标系统

⊙ 北京54系　○ 国家80系　○ WGS84系　○ 自定义

椭球长半轴半径(m)　6378140

椭球短半轴半径(m)　6356755.28815

开始概算　取消

图 7.24　概算设置

(4)选择计算方案,如图 7.25 所示。

(5)闭合差计算与检核,如图 7.26 所示。

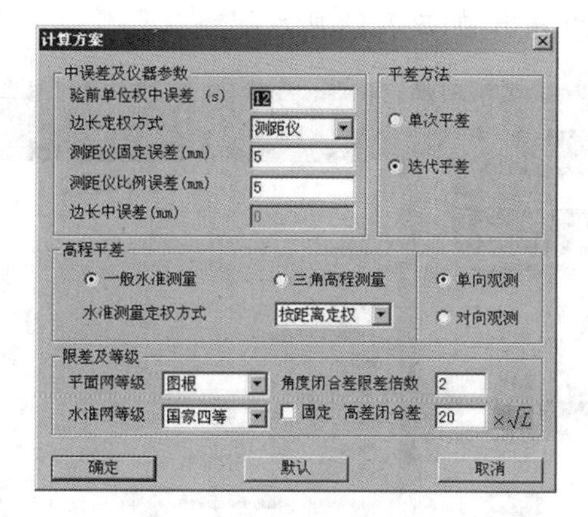

图 7.25　计算方案选择

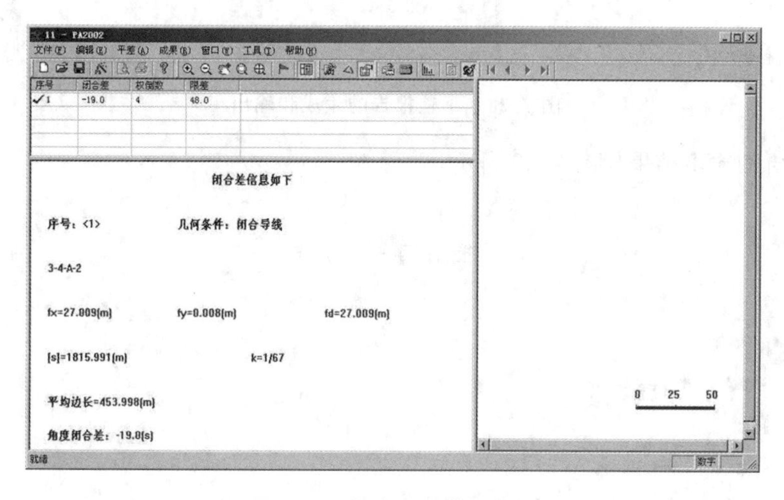

图 7.26　闭合差计算与检核

(6)平差计算，如图 7.27 所示。

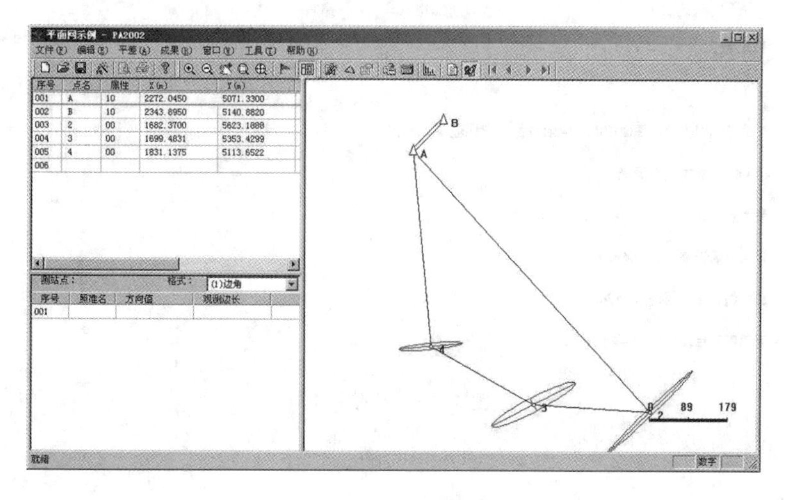

图 7.27　平差计算

(7)平差报告的生成和输出,如图 7.28 所示。

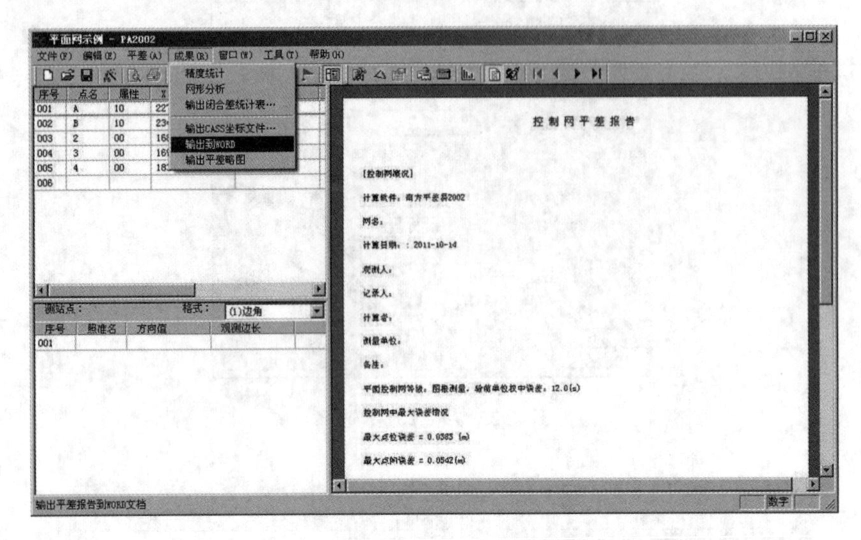

图 7.28　平差报告的生成和输出

平差报告的输出结果如图 7.29 所示。

控制网平差报告

[控制网概况]

计算软件：南方平差易2002

网名：

计算日期：：2011-06-15

观测人：

记录人：

计算者：

测量单位：

备注：

平面控制网等级：平面控制，验前单位权中误差：3.5(s)

控制网中最大误差情况

最大点位误差 = 0.0327 (m)

最大点间误差 = 0.0462(m)

最大边长比例误差 = 49489

平面网验后单位权中误差 = 6.57 (s)

图 7.29　平差报告

[方向观测成果表]

测站点	照准点	方向值(dms)	改正数(s)	平差值(dms)	备注
A	B	0.000000			
A	2	92.494300	1.23	92.494423	
A	4	130.265400	-1.23	130.265277	
2	A	0.000000			
2	3	316.435800	1.93	316.435993	
3	2	0.000000			
3	4	205.081600	6.25	205.082225	
4	3	0.000000			
4	A	235.443800	8.35	235.444635	

[距离观测成果表]

测站点	照准点	距离(m)	改正数(m)	平差值(m)	方位角(dms)	备注
A	2	805.1910	0.0022	805.1932	136.535241	
A	4	441.5960	-0.0015	441.5945	174.310094	
2	3	269.4860	-0.0013	269.4847	273.375233	
3	4	272.7180	-0.0017	272.7163	298.461459	
4	A	441.5960	-0.0015	441.5945	354.310094	

[平面点位误差成果表]

点名	长轴(m)	短轴(m)	长轴方位(dms)	点位中误差(m)	备注
2	0.0322	0.0058	46.013533	0.0327	
3	0.0253	0.0063	63.082125	0.0261	
4	0.0176	0.0055	84.271904	0.0185	

[点间误差成果表]

点名	点名	MT	MD	MD/D	T	D	备注
A	2	0.0327	0.0058	139540	46.013533	805.1932	
A	4	0.0185	0.0055	80141	84.271904	441.5945	
2	A	0.0327	0.0058	139540	46.013533	805.1932	
2	3	0.0139	0.0054	49489	88.592277	269.4847	
3	2	0.0139	0.0054	49489	88.592277	269.4847	
3	4	0.0138	0.0053	51244	87.251290	272.7163	
4	3	0.0138	0.0053	51244	87.251290	272.7163	
4	A	0.0185	0.0055	80141	84.271904	441.5945	

[控制点成果表]

点名	X(m)	Y(m)	H(m)	备注
A	2272.0450	5071.3300		已知点
B	2343.8950	5140.8820		已知点
2	1684.1435	5621.5191		
3	1701.2111	5352.5753		
4	1832.4710	5113.5251		

闭合差统计报告

几何条件:闭合导线
路径: [3-4-A-2]
角度闭合差=-19(s),限差=48(s)
fx=0.009(m),fy=0.008(m),fd=0.012(m)
[s]=1794.408(m),k=1/149303,平均边长=448.602(m)
==

续图 7.29

7.2.2 平差易高程网平差

1. 建立数据文件

1)数据文件组织

平差易中高程网的数据文件录入方法与平面网的相同,只需选择高程格式即可。

2)数据文件示例

同任务 7.1.3 中的图 7.8,已知数据和观测值如表 7.2 所示,计算 C、D、E 和 F 点的高程值及高程精度。

测站信息录入:

如图 7.30 所示,在测站信息区中输入 A、B、C、D、E 和 F 号测站点,其中 A、B 号点为已知高程点,其属性为 01,其高程如"水准原始数据表";C、D、E、F 号点为待测高程点,其属性为 00,其他信息为空。因为没有平面坐标数据,故在平差易软件中没有网图显示。

序号	点名	属性	X(m)	Y(m)	H(m)	仪器高	偏心距	偏心角
001	A	01			31.1			
002	B	01			34.165			
003	C	00						
004	D	00						
005	E	00						
006	F	00						
007								

图 7.30 测站信息数据输入

观测信息录入:

首先,根据控制网的类型选择数据输入格式,此控制网为水准网,选择水准格式,如图 7.31 选择格式所示。

图 7.31 选择格式

注意:在"计算方案"中要选择"一般水准",而不是"三角高程"。

"一般水准"所需要输入的观测数据为:观测边长和高差。

"三角高程"所需要输入的观测数据为:观测边长、垂直角、觇标高、仪器高。

在一般水准的观测数据中输入了测段高差就必须要输入相对应的观测边长,否则平差计算时该测段的权为零,会导致计算结果错误。

在观测信息区中输入每一组水准观测数据。

测段 A 号点至 F 号点的观测数据输入(观测边长为平距)如图 7.32"A→F 观测数据"所示。

测段 C 号点至 D 号点的观测数据输入如图 7.33"C→D 观测数据"所示。

测段 D 号点至 B 号点的观测数据输入如图 7.34"D→B 观测数据"所示。

测站点：	A		格式：	(4)水准
序号	照准名	观测边长	高差	
001	F	1.0000	1.0010	

图 7.32　A→F 观测数据

测站点：	C		格式：	(4)水准
序号	照准名	观测边长	高差	
001	D	2.0000	0.0600	

图 7.33　C→D 观测数据

测站点：	D		格式：	(4)水准
序号	照准名	观测边长	高差	
001	B	2.5000	1.0000	

图 7.34　D→B 观测数据

测段 E 号点至 C、D 号点的观测数据输入如图 7.35“E→C 和 E→D 观测数据”所示。

测站点：	E		格式：	(4)水准
序号	照准名	观测边长	高差	
001	C	2.0000	0.5040	
002	D	2.5000	0.5600	

图 7.35　E→C 和 E→D 观测数据

测段 F 号点至 C、D、E 号点的观测数据输入如图 7.36“F→C、F→D 和 F→E 观测数据”所示。

测站点：	F		格式：	(4)水准
序号	照准名	观测边长	高差	
001	C	2.0000	1.0020	
002	D	2.0000	1.0640	
003	E	1.0000	0.5000	

图 7.36　F→C、F→D 和 F→E 观测数据

以上数据输入完后，点击菜单“文件|另存为”，将输入的数据保存为平差易数据格式文件。

2. 高程网平差操作

高程网平差操作同平面控制网的平差操作。

3. 平差报告的生成和输出

高程网平差报告的生成和输出操作同平面网的，输出结果如图 7.37 所示。

控制网平差报告

[控制网概况]

计算软件：南方平差易2002

网名：

计算日期：：2011-06-15

观测人：

记录人：

计算者：

测量单位：

备注：

高程控制网等级：国家四等

每公里高差中误差 = 35.63 (mm)

起始点高程

A = 31.1000(m)　　B = 34.1650(m)

[高差观测成果表]

测段起点点号	测段止点点号	测段距离	测段高差(m)	备注
A	F	1.0000	1.0010	
C	D	2.0000	0.0600	
D	B	2.5000	1.0000	
E	C	2.0000	0.5040	
E	D	2.5000	0.5600	
F	C	2.0000	1.0020	
F	D	2.0000	1.0640	
F	E	1.0000	0.5000	

[高程平差结果表]

点号	高差改正数(m)	改正后高差(m)	高程中误差(m)	平差后高程(m)	备注
A	0.0003	1.0013	0.0000	31.1000	已知点
F			0.0007	32.1013	
C	-0.0002	0.0598	0.0010	33.1044	
D			0.0008	33.1642	
D	0.0008	1.0008	0.0008	33.1642	
B			0.0000	34.1650	已知点
E	-0.0013	0.5027	0.0009	32.6017	
C			0.0010	33.1044	
E	0.0025	0.5625	0.0009	32.6017	
D			0.0008	33.1642	
F	0.0011	1.0031	0.0007	32.1013	
C			0.0010	33.1044	
F	-0.0011	1.0629	0.0007	32.1013	
D			0.0008	33.1642	
F	0.0004	0.5004	0.0007	32.1013	
E			0.0009	32.6017	

图 7.37　高程网平差报告

[控制点成果表]

点名	X(m)	Y(m)	H(m)	备注
A			31.1000	已知点
B			34.1650	已知点
C			33.1044	
D			33.1642	
E			32.6017	
F			32.1013	

续图 7.37

项目小结

(1) 两种平差软件的使用方法。

(2)科傻软件平差数据文件的建立和平差过程。

(3)南方平差易软件平差数据文件的录入和平差步骤。

思考与训练题

1. 如图 7.38 所示的二级附合导线，A、B、C、D 为已知点，$P_1 \sim P_3$ 为待定点，观测了 5 个左角和 4 条边长，已知数据及观测值均见于表 7.5 中。观测值的测角中误差 $m_\beta = 5.0''$，边长中误差 $m_{s_i} = 0.2\sqrt{s_i(m)}$ mm。试分别用科傻和平差易进行平差。

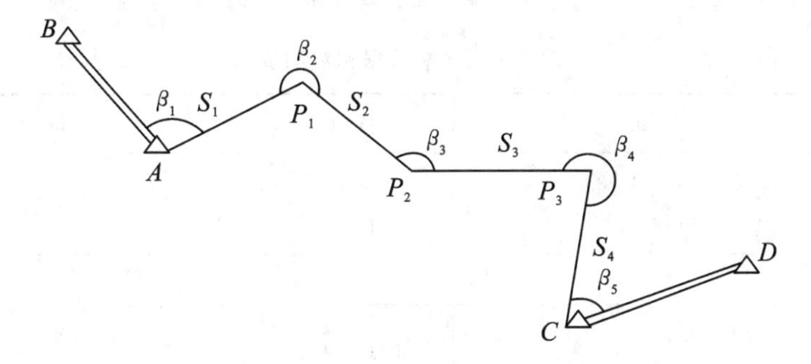

图 7.38　二级附合导线

表 7.5　已知数据和观测值

已知点	X(m)	Y(m)
A	599.951	224.856
B	704.816	141.165
C	747.166	572.726
D	889.339	622.134

续表

β_i	观测角 (° ′ ″)	S_i	观测边长(m)
1	74 10 30		
2	279 05 12	1	143.825
3	67 55 29	2	124.777
4	276 10 11	3	188.950
5	80 23 46	4	117.338

2.如图7.39所示的单一附合四等闭合导线，A、B为已知点，P_2、P_3、P_4为待定导线点，已知数据和观测值见表7.6，试分别用科傻和平差易平差。

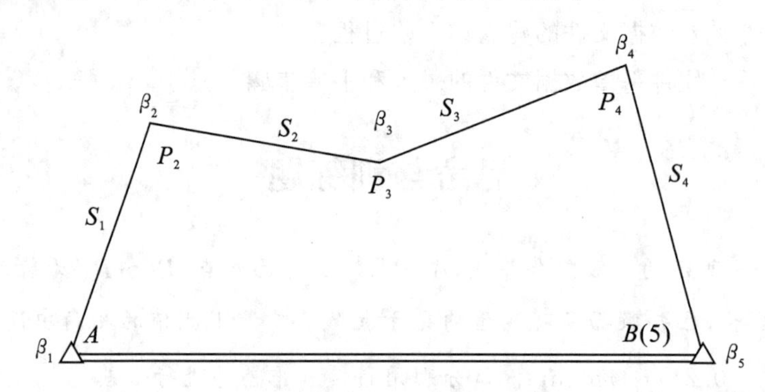

图7.39 单一附合四等闭合导线

表7.6 已知数据和观测值

<table>
<tr><td>已知点</td><td colspan="2">X(m)</td><td>Y(m)</td><td>备　注</td></tr>
<tr><td>A
B</td><td colspan="2">6556.947
8748.155</td><td>4101.735
6667.647</td><td>观测值中误差</td></tr>
<tr><td>已知方向</td><td colspan="3">$\partial_{AB}=49°30'13.4''$</td><td rowspan="3">$m_\beta=\pm3''$
$m_{S_i}=$
$\pm\sqrt{5^2+(5\times S_{i(\mathrm{km})}\times10^{-6})^2}$ (mm)</td></tr>
<tr><td>β_i</td><td>观测角
(° ′ ″)</td><td>S_i</td><td>观测边长(m)</td></tr>
<tr><td>1
2
3
4
5</td><td>291 45 27.8
275 16 43.8
128 49 32.3
274 57 18.2
289 10 52.9</td><td>1
2
3
4</td><td>1628.524
1293.480
1229.421
1511.185</td></tr>
</table>

3.有图7.40所示的三等水准网，已知A点高程$H_A=31.1000$m，观测高差和路线长度见表7.7，试分别用科傻和平差易平差。

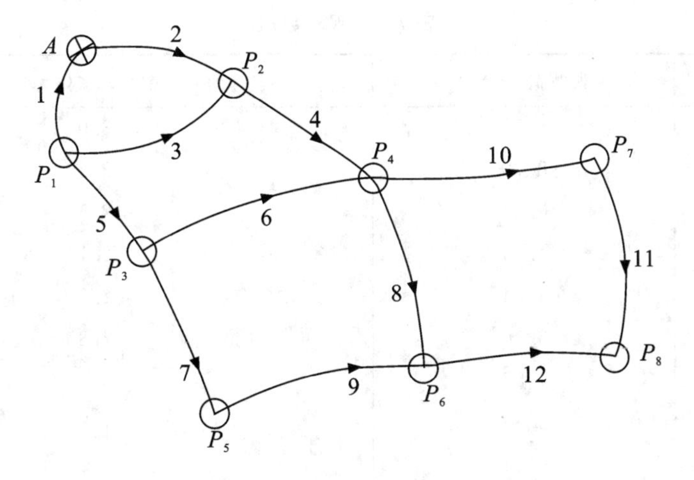

图 7.40　三等水准网

表 7.7　观测数据

编号	观测高差(m)	路线长度(km)
1	+0.893	15
2	+9.125	20
3	+10.012	10
4	+2.640	30
5	+6.193	25
6	+6.481	20
7	+6.999	20
8	+1.712	15
9	+1.212	5
10	+126.214	30
11	+39.844	10
12	+164.388	25

4. 如图 7.41 所示的三角高程测量控制网，已知数据 $H_A=138.56\text{m}$，$H_B=147.62\text{m}$，观测高差和路线长度见表 7.8，试分别用科傻和平差易平差。

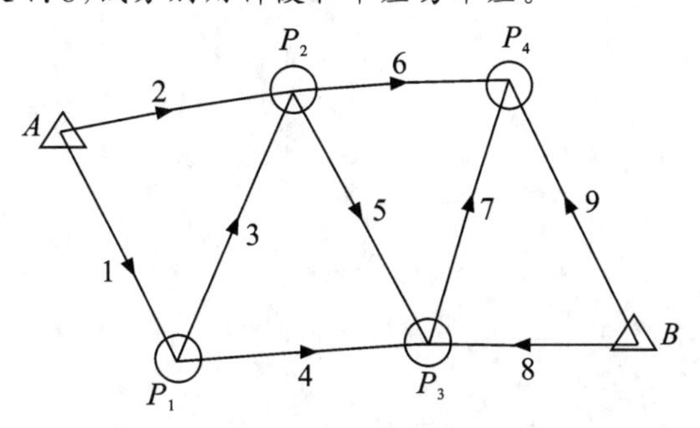

图 7.41　三角高程测量控制网

表 7.8 观测数据

编号	观测高差(m)	路线长度(km)
1	8.57	3.0
2	8.70	2.2
3	0.34	2.5
4	4.54	2.1
5	4.04	2.7
6	5.76	2.8
7	1.57	6.1
8	3.86	1.8
9	6.54	2.2

附录 A　MATLAB 在测量平差中的应用

测量平差的解算，主要是基于矩阵的运算，所以在测量平差的计算中，采用 MATLAB 来进行计算是非常方便的。编写相关的平差程序，不仅使计算更为简洁，而且使对平差原理的理解和掌握变得更容易。

1. 用 MATLAB 进行条件平差计算

对于一个平差问题，可以应用不同的平差方法，各种平差的具体解算公式在本书各项目内容中都已经给出。分析各种平差方法的计算可以看出，对于测量平差的计算，主要是对矩阵的运算，这些计算公式若采用 MATLAB 进行手算或采用程序设计，会大大减少计算时间。当采用编程计算时，编写的程序和平差原理的解算过程类似，非常容易理解与掌握。下面以条件平差的计算为例，说明 MATLAB 的平差计算过程。

采用条件平差进行平差解算时，主要矩阵公式如下：

条件方程：$\boldsymbol{AV}+\boldsymbol{W}=\mathbf{0}$

法方程式：$\boldsymbol{NK}+\boldsymbol{W}=\mathbf{0}$

其解为：$\boldsymbol{K}=-\boldsymbol{N}^{-1}\boldsymbol{W}$

观测值改正数：$\boldsymbol{V}=\boldsymbol{P}^{-1}\boldsymbol{A}^{\mathrm{T}}\boldsymbol{K}$

观测值平差值：$\hat{\boldsymbol{L}}=\boldsymbol{L}+\boldsymbol{V}$

平差值权函数式：$V_F=f_1\mathrm{d}\hat{L}_1+f_2\mathrm{d}\hat{L}_2+\cdots+f_n\mathrm{d}\hat{L}_n$，$f_i=\left(\dfrac{\partial\phi}{\partial\hat{L}_i}\right)_{\hat{L}_i=L_i}$

单位权方差的估值：$m_0=\sqrt{\dfrac{[pvv]}{n-t}}$

平差值函数的方差：$m_F^2=m_0^2Q_{FF}=m_0^2\boldsymbol{f}^{\mathrm{T}}(\boldsymbol{P}^{-1}-\boldsymbol{P}^{-1}\boldsymbol{A}^{\mathrm{T}}\boldsymbol{N}^{-1}\boldsymbol{AP}^{-1})\boldsymbol{f}$

☞**【例 1】** 设某水准网如附图 A.1 所示，其中 A、B 为已知高程水准点，P_1、P_2 和 P_3 点是所求点。A 和 B 点的高程、观测高差和相应的水准路线长度见附表 A.1。求：

(1)各所求点的最或然高程；

(2)P_1 至 P_2 点间最或然高差的中误差。

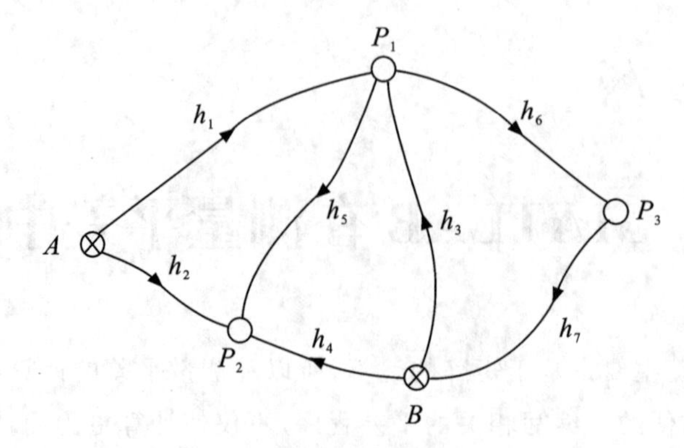

附图 A.1　水准网

附表 A.1　观测数据

路线号	观测高差(m)	水准路线长度(km)	已知高程(m)
1	+1.359	1.1	$H_A=5.016$ $H_B=6.016$
2	+2.009	1.7	
3	+0.363	2.3	
4	+1.012	2.7	
5	+0.657	2.4	
6	+0.238	1.4	
7	−0.595	2.6	

解　本题有 7 个观测值,必要观测数为 3,水准网条件方程个数为 4,由图列立条件方程如下:

$$\begin{cases} v_1-v_2+v_5+7=0 \\ v_3-v_4+v_5+8=0 \\ v_3+v_6+v_7+6=0 \\ v_2-v_4-3=0 \end{cases}$$

将上述条件方程用矩阵表达为:

$$\boldsymbol{A}=\begin{pmatrix} 1 & -1 & 0 & 0 & 1 & 0 & 0 \\ 0 & 0 & 1 & -1 & 1 & 0 & 0 \\ 0 & 0 & 1 & 0 & 0 & 1 & 1 \\ 0 & 1 & 0 & -1 & 0 & 0 & 0 \end{pmatrix},\boldsymbol{W}=\begin{pmatrix} 7 \\ 8 \\ 6 \\ -3 \end{pmatrix}$$

执行 MATLAB,在命令窗口输入下列矩阵:

条件方程系数:　A=[1−1 0 0 1 0 0;0 0 1−1 1 0 0;0 0 1 0 0 1 1;0 1 0−1 0 0 0]

常数项:　W=[7;8;6;−3]

权系数:　f=[0;0;0;0;1;0;0]

水准路线长度(S):　S=[1.1 1.7 2.3 2.7 2.4 1.4 2.6]

高差观测值:　L=[1.359;2.009;0.363;1.012;0.657;0.238;−0.595]

以下为计算过程：

将水准路线长度向量变成权逆对角阵(P^{-1})：

Q=diag(S)

```
1.1000  0       0       0       0       0       0
0       1.7000  0       0       0       0       0
0       0       2.3000  0       0       0       0
0       0       0       2.7000  0       0       0
0       0       0       0       2.4000  0       0
0       0       0       0       0       1.4000  0
0       0       0       0       0       0       2.6000
```

法方程系数阵：　　N=A*Q*A'

```
 5.2000   2.4000        0  -1.7000
 2.4000   7.4000   2.3000   2.7000
      0   2.3000   6.3000        0
-1.7000   2.7000        0   4.4000
```

解联系数：　　K=-inv(N)*W

```
-0.2206
-1.4053
-0.4393
1.4589
```

求改正数：　　V=Q*A'*K

```
-0.2427
2.8552
-4.2427
-0.1448
-3.9021
-0.6151
-1.1423
```

求平差值：　　LL=L+V/1000

```
1.3588
2.0119
0.3588
1.0119
0.6531
0.2374
-0.5961
```

最或然高程值：　　Hp1=5.016+1.3588

```
6.3748
```

```
Hp2=5.016+2.0119
        7.0279
Hp3=6.016+0.5961
        6.6121
```

单位权中误差：　m0=sqrt(V' * inv(Q) * V/4)

　　2.2248

平差值函数中误差：　m=m0 * sqrt(f' * (Q-Q * A' * inv(N) * A * Q) * f)

　　2.2080

2. 用 MATLAB 进行间接平差计算

采用间接平差进行平差解算时，主要矩阵公式如下：

误差方程：$\boldsymbol{V}=\boldsymbol{B}\boldsymbol{\delta}_X-\boldsymbol{l}$

法方程式：$\boldsymbol{N}\boldsymbol{\delta}_X-\boldsymbol{U}=\boldsymbol{0}$

解未知数：$\boldsymbol{\delta}_X=\boldsymbol{N}^{-1}\boldsymbol{U}$

未知数的值：$\boldsymbol{X}=\boldsymbol{X}^0+\boldsymbol{\delta}_X$

观测值平差值：$\hat{\boldsymbol{L}}=\boldsymbol{L}+\boldsymbol{V}$

未知数协因数矩阵：$\boldsymbol{Q}_{XX}=\boldsymbol{N}^{-1}=(\boldsymbol{B}^{\mathrm{T}}\boldsymbol{P}\boldsymbol{B})^{-1}$

单位权方差的估值：$m_0=\sqrt{\dfrac{[pvv]}{n-t}}$

未知数函数的方差：$m_F^2=m_0^2Q_{FF}=m_0^2\boldsymbol{f}^{\mathrm{T}}\boldsymbol{N}^{-1}\boldsymbol{f}$

【例 2】 水准网如附图 A.1，试根据间接平差法求：

(1)各所求点的最或然高程；

(2)P_1 至 P_2 点间最或然高差的中误差。

解：必要观测数为 3，设 P_1、P_2 和 P_3 高程平差值分别为 $\hat{x}_1$、$\hat{x}_2$ 和 $\hat{x}_3$，近似高程计算如下：

$$x_1^0=H_A+h_1=6.375\mathrm{m}$$
$$x_2^0=H_A+h_2=7.025\mathrm{m}$$
$$x_3^0=H_B-h_7=6.611\mathrm{m}$$

列立误差方程如下：

$$\begin{cases}v_1=\delta x_1 & & & +0\\ v_2= & \delta x_2 & & +0\\ v_3=\delta x_1 & & & -4\\ v_4= & \delta x_2 & & -3\\ v_5=-\delta x_1+\delta x_2 & & & -7\\ v_6=-\delta x_1 & & \delta x_3 & -2\\ v_7= & & \delta x_3 & +0\end{cases}$$

上述误差方程的矩阵表达式为：

$$\boldsymbol{B}=\begin{pmatrix}1&0&0\\0&1&0\\1&0&0\\0&1&0\\-1&1&0\\-1&0&1\\0&0&1\end{pmatrix},\boldsymbol{l}=\begin{pmatrix}0\\0\\4\\3\\7\\2\\0\end{pmatrix}$$

启动 MATLAB，在命令窗口输入下列矩阵：

误差方程系数：　　B=[1 0 0;0 1 0;1 0 0;0 1 0;−1 1 0;−1 0 1;0 0 1]

常数项：　　l=[0;0;4;3;7;2;0]

权系数：　　f=[−1;1;0]

水准路线长度：　　S=[1.1 1.7 2.3 2.7 2.4 1.4 2.6]

高差观测值：　　L=[1.359;2.009;0.363;1.012;0.657;0.238;−0.595]

以下为计算过程：

将水准路线长度向量变成权逆对角阵(P^{-1})：

```
Q=diag(S)
    1.1000  0       0       0       0       0       0
    0       1.7000  0       0       0       0       0
    0       0       2.3000  0       0       0       0
    0       0       0       2.7000  0       0       0
    0       0       0       0       2.4000  0       0
    0       0       0       0       0       1.4000  0
    0       0       0       0       0       0       2.6000
```

法方程系数阵：　　N=B'*inv(Q)*B

```
     2.4748   -0.4167   -0.7143
    -0.4167    1.3753         0
    -0.7143         0    1.0989
```

法方程常数项：　　U=B'*inv(Q)*l

```
    -2.6061
     4.0278
     1.4286
```

解微系数：　　dX=inv(N)*U

```
    -0.2427
     2.8552
     1.1423
```

求改正数：　　V＝B * dX－l

－0.2427
2.8552
－4.2427
－0.1448
－3.9021
－0.6151
－1.1423

求平差值：　　LL＝L＋V/1000

1.3588
2.0119
0.3588
1.0119
0.6531
0.2374
－0.5961

最或然高程值：　　x1 ＝6.375－0.2427/1000

6.3748

x2＝7.025＋2.8552/1000

7.0279

x3＝6.611＋1.1423/1000

6.6121

单位权中误差：　　m0＝sqrt(V' * inv(Q) * V/4)

2.2248

平差值函数中误差：　　m＝m0 * sqrt(f' * inv(N) * f)

2.2080

上述算例分别用两种不同的平差方法进行计算,其结果是一致的。通过计算过程可以看出,应用 MATLAB 进行平差计算,可以非常清晰地展现平差计算的基本原理,所有平差的原理公式可以很好地实现,计算思路清晰,一目了然,非常适合初学者学习测量平差的基本理论。

3. 简便的绘图功能

在研究偶然误差的规律性中,可以很方便地实现频率直方图的绘制。利用附表 A.2 中的数据,可以直接绘制出频率直方图。

附表 A.2　绘制频率直方图的数据

误差区间 (″)	Δ 为负值			Δ 为正值			备注
	个数 v_i	频率 $\frac{v_i}{n}$	$\frac{v_i}{n}/\mathrm{d}\Delta$	个数 v_i	频率 $\frac{v_i}{n}$	$\frac{v_i}{n}/\mathrm{d}\Delta$	
0.00～0.20	45	0.126	0.630	46	0.128	0.640	
0.20～0.40	40	0.112	0.560	41	0.115	0.575	
0.40～0.60	33	0.092	0.460	33	0.092	0.460	
0.60～0.80	23	0.064	0.320	21	0.059	0.295	dΔ＝0.20″等于区间左端值的误差算入该区间内
0.80～1.00	17	0.047	0.235	16	0.045	0.225	
1.00～1.20	13	0.036	0.180	13	0.036	0.180	
1.20～1.40	6	0.017	0.085	5	0.014	0.070	
1.40～1.60	4	0.011	0.055	2	0.006	0.030	
1.60 以上	0	0	0	0	0	0	
和	181	0.505		177	0.495		

具体操作：启动 MATLAB，在命令窗口中输入下述变量的值。

```
x =-1.7 : 0.2 : 1.7
y = [0 0.055 0.085 0.180 0.235 0.320 0.460 0.560 0.630
     0.640 0.575 0.460 0.295 0.225 0.180 0.070 0.030 0]
bar ( x , y ,1 ,'b')
```

绘制出的频率直方图见附图 A.2。

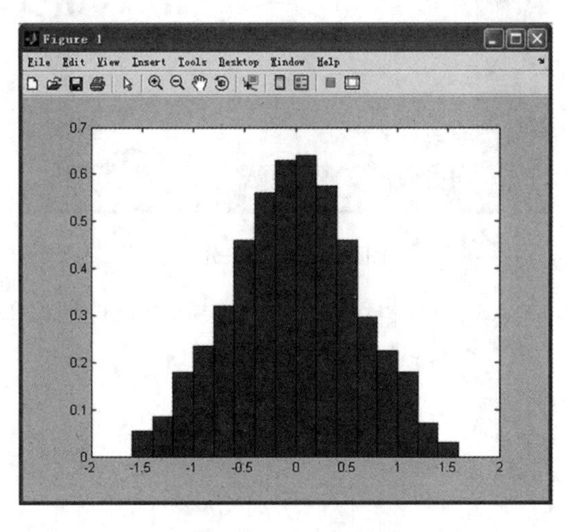

附图 A.2　频率直方图

当误差个数 $n\to\infty$，而且误差区间的间隔无限缩小时，各个长方条的顶边折线将变成一条光滑的曲线。根据高斯的推证，偶然误差 Δ 是服从均值为零的正态分布的随机变量，其概率密度函数为

$$f(\Delta)=\frac{1}{\sqrt{2\pi}\sigma}e^{-\frac{\Delta^2}{2\sigma^2}}$$

根据偶然误差Δ服从$\Delta\sim N(0,\sigma^2)$,可以应用MATLAB绘制出均方差为$\sigma=1$,$\sigma=2$的正态分布概率密度函数的误差分布曲线,具体操作为

```
x =- 4 : 0.1 : 4;
y1 = normpdf ( x ,0 ,1) ;
y2 = normpdf ( x ,0 ,2) ;
hold on
plot(x , y1 , 'r')
plot(x , y2 , 'b')
hold off
```

运行结果为附图A.3所示,从均方差为1和2时理论误差分布的图形,可以容易地看出误差曲线与方差之间的关系,更形象地展示方差为什么能反映观测值的密集与离散程度。所以,MATLAB的绘图功能,可以让我们对偶然误差的规律性有更深刻的认识,更好地理解方差作为衡量精度指标的理论依据。

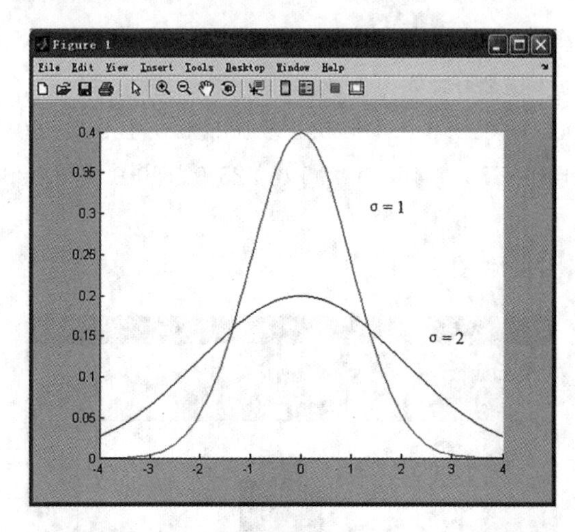

附图A.3　正态分布

在测量平差中,应用MATLAB也可以方便地绘制出点位的误差曲线图、误差椭圆等。

附录B　测量误差与数据处理学习领域(课程)标准

学习领域(课程)名称:测量误差与数据处理

学习领域(课程)编号:

学习领域(课程)类别:专业学习领域

适用专业与学制:工程测量技术专业(三年制)

一、学习领域(课程)描述

1. 学习领域(课程)性质

"测量误差与数据处理"是工程测量技术专业课程体系中的专业核心课程之一,它是在明确了专业定位以及该专业人才培养目标和专业核心技术领域就业岗位的任职要求后,以学生职业能力培养和职业素养养成为重点的一门集教、学、做于一体的课程,主要培养学生对测量数据进行误差分析和评定,以及常规测量控制网平差计算的能力。

课程以常规控制网外业观测后的数据为对象,融入了测量误差与精度指标、测量误差传播、高程控制网数据处理、平面控制网数据处理、GNSS网数据处理、误差椭圆、测量平差软件应用等相关知识点的运用,结合当前生产项目设计教学内容,并按基于工作过程的六个步骤实施。通过本课程的学习,学生应达到工程测量工中级或以上资格证书中相关技术考证的基本要求。

本课程的前导课是"测量基础""控制测量"等,后续课程是"工程测量"。

本课程基本学时48学时,其中理论30学时,训练18学时,学分3.0学分,安排在第4学期开设。

2. 学习领域(课程)要求

1)对学生已有知识、技能的要求

本课程对学生已有知识、技能的要求如下:

(1)具备一定的微积分、线性代数和数理统计等数学基础知识;

(2)具备一定的计算机操作和软件使用能力;

(3)具备建立高程网、平面网、GNSS网等常规控制网的基础知识;

(4)具备正确熟练使用常用测量仪器设备的能力。

2)对教师资格要求

本课程每40名学生配1名实习指导教师,每作业小组安排4～6名学生为宜。本课程的任课教师应满足以下要求:

(1)获得高校教师资格证(专任教师);

(2)具有基于工作过程为导向的教学法的能力;

(3)具备熟练操作各类测量仪器和测量软件应用的能力;

(4)累计具有2年以上实际工作经历,有一定的生产实践经验。

3. 职业行动领域(典型工作任务)描述

分析控制网外业测量数据误差并评定测量数据精度、测量数据概算、计算闭合差并检核、控制网平差是工程测量技术人员岗位对数据处理方面的工作内容。在生产单位作业技术人员完成控制测量外业观测后,工程测量技术人员应根据控制网网形和测量的等级,按照数据处理的工作过程,依次对外业测量数据进行概算、闭合差验算、控制网平差计算和成果质量分析,最后编写控制网平差计算报告。

4. 学习领域(课程)目标

该课程的学习能使学生理解观测误差的定义、观测误差产生的原因和性质,了解数据处理的作用;熟悉控制网数据处理的工作过程;能应用平差计算软件对一般中、小型工程控制网测量项目进行外业观测数据分析、观测数据精度评定、控制网平差计算等,并具有一定的创新能力。同时,通过小组协作完成项目任务的学习方式,培养学生解决问题的方法能力、团队协作能力。

1)专业能力目标

(1) 能够从给定的工程项目技术要求中提出测量精度指标及等级,按照规范编写控制网数据处理方案;

(2)熟悉规范,能够理解相关精度指标和要求;

(3)能正确使用各类控制网平差计算软件对测量数据进行正确处理,并具有正确分析成果的能力;

(4)能按要求编写控制网平差计算报告。

2)方法能力目标

(1)在学生自主探究学习过程中,培养学生学习兴趣,具备能利用各种信息媒体获取新知识、新技术的能力;

(2)通过任务引导,培养学生勤于思考的良好作风,具有合理制订工作计划(方案)的能

力,同时培养学生分析问题、解决实际问题的能力;

(3)在学生进行误差分析和平差计算过程中,注重培养学生创造性思维,使学生具有创新精神。

3)社会能力目标

(1)通过小组合作的方式,培养学生与人沟通的能力及团队协作精神;

(2)培养学生社会责任心,具有质量意识和安全意识;

(3)培养学生良好的职业道德和敬业精神,能吃苦耐劳;

(4)培养严谨踏实的工作态度,养成按技术规程及相关规范要求进行工作的习惯;

(5)具有现场组织协调能力。

5. 工作与学习内容

工作对象:工作人员在具体工作项目和工作过程中的行动,包括工作对象及工作中要做的事。 (1)与相关人员沟通,接受控制网数据处理任务; (2)编写控制网数据处理方案; (3)控制测量网图绘制和数据准备; (4)专用机房上机计算; (5)总结与评价。	工具: (1)观测记录手簿; (2)控制网图表; (3)专业计算机; (4)控制网平差软件说明书; (5)工程测量规范。 工作方法:包括学习层面、组织层面和技术层面的方法。 (1)数据处理方案编制方法; (2)平差软件安装和使用方法; (3)平差计算和成果分析方法; (4)平差计算报告编写方法。 劳动组织方式: (1)接受任务,并根据任务要求制订计算方案; (2)列出计算机和专业软件,准备测量数据; (3)计算完成后进行成果分析; (4)提交控制网平差计算报告。	工作要求:企业的要求、技术标准、法律法规、顾客的要求、从业者的利益、职业资格。 (1)必须能进行熟练的工作沟通; (2)必须要遵守劳动纪律,严密数据安全; (3)必须熟悉平差计算软件,掌握计算方法; (4)必须熟悉规范,掌握数据质量标准; (5)应能正确分析成果质量,明辨是否符合技术标准要求; (6)应有严谨的工作态度和一丝不苟的工作作风,有良好的职业道德和敬业精神。

二、学习项目设计

学习项目	学习目标	学习内容	教学建议与说明	学时
项目1:观测误差与精度指标	1.知识目标 (1)掌握观测误差的概念,理解误差产生的原因和性质; (2)掌握偶然误差的概念及其分布特性; (3)理解误差密度函数和误差分布曲线的形状和作用; (4)掌握方差与中误差的定义和计算方法。 2.能力目标 (1)具有误差性质分析和误差控制的能力; (2)能根据一组独立偶然误差计算方差与中误差。 3.素质目标 (1)培养学生遵守职业道德、实事求是的精神; (2)培养学生计算严谨、细致、认真的工作态度; (3)培养学生独立分析问题和解决问题的能力; (4)培养学生自主学习能力。	(1)观测值与观测误差; (2)偶然误差的统计规律; (3)衡量精度的指标,即方差和中误差、相对精度指标; (4)有效数字及运算规则; (5)测量数据处理的研究对象和任务。	(1)在教学中,贯彻“学生主体、教师主导,知识传授与能力培养并重”的原则; (2)通过日常测量工作中常见的重复测量数据之间的差值、三角形闭合差值等引出观测值、观测误差等概念; (3)精度是衡量一组误差大小的绝对指标,不是指单个误差的大小。	6

续表

学习项目	学习目标	学习内容	教学建议与说明	学时
项目2:误差传播与最小二乘法原理	1.知识目标 (1)掌握方差-协方差(阵)、协因数(阵)和权的定义; (2)掌握方差-协方差(阵)、协因数(阵)的计算和常用定权方法; (3)掌握误差传播律的具体内容和计算方法; (4)理解最小二乘法原理。 2.能力目标 (1)具有方差-协方差、协因数的计算和测量中常用定权能力; (2)具有根据误差传播律计算间接观测值(观测值函数)精度的能力; (3)能够根据观测值函数的真误差计算观测值中误差; (4)初步具有最小二乘法原理简单应用能力。 3.素质目标 (1)培养学生遵守职业道德、实事求是的精神; (2)培养学生计算严谨、细致、认真的工作态度; (3)培养学生独立分析问题和解决问题的能力; (4)培养学生自主学习能力。	(1)方差与协方差传播律; (2)权与定权的常用方法; (3)协因数与协因数传播律; (4)由真误差计算中误差; (5)MATLAB软件; (6)最小二乘法原理。	(1)在教学中,贯彻“学生主体、教师主导,知识传授与能力培养并重”的原则; (2)抓住由直接观测值的精度如何求间接观测值(或直接观测值的函数)的精度。	10

续表

学习项目	学习目标	学习内容	教学建议与说明	学时
项目3:高程网数据处理	1.知识目标 (1)掌握高程控制网数据处理的基本内容和基础知识; (2)掌握高程控制网几何图形条件闭合差验算的基本方法; (3)理解条件平差法和间接平差法基本原理; (4)掌握高程控制网平差的基本方法。 2.能力目标 (1)能进行高程控制网几何图形条件闭合差验算和外业观测数据质量评判; (2)借助 MATLAB 软件,初步具备高程控制网按条件平差法和间接平差法平差; (3)理解并初步能够计算单位权中误差和高程中误差。 3.素质目标 (1)培养学生遵守职业道德、实事求是的精神; (2)培养学生计算严谨、细致、认真的工作态度; (3)培养学生独立分析问题和解决问题的能力; (4)培养学生自主学习能力。	(1)高程网数据处理概述; (2)基于闭合差条件的条件平差; (3)水准网条件平差案例; (4)基于参数方程的间接平差; (5)水准网间接平差案例。	(1)在教学中,贯彻“学生主体、教师主导,知识传授与能力培养并重”的原则; (2)通过高程网的几何图形闭合差引出条件平差的概念; (3)通过设定待定点的高程作为未知数的方法引出间接平差的概念。	6

续表

学习项目	学习目标	学习内容	教学建议与说明	学时
项目4:平面网数据处理	1.知识目标 (1)掌握平面网条件平差法和间接平差法的基本知识; (2)理解平面网几何条件闭合差计算方法; (3)熟悉平面网条件平差法基本计算过程; (4)熟悉平面网间接平差法基本计算过程; (5)熟悉点位误差曲线和误差椭圆要素计算方法。 2.能力目标 (1)具有平面网几何条件闭合差计算和闭合差分析的能力; (2)能够对简单平面网进行条件平差法计算; (3)能够对简单平面网进行间接平差法计算; 3.素质目标 (1)培养学生遵守职业道德、实事求是的精神; (2)培养学生计算严谨、细致、认真的工作态度; (3)培养学生独立分析问题和解决问题的能力; (4)培养学生自主学习能力。	(1)平面网数据处理概述; (2)单一附合导线条件平差案例; (3)单一附合导线间接平差案例。	(1)在教学中,贯彻“学生主体、教师主导,知识传授与能力培养并重”的原则; (2)通过平面网的几何图形闭合差引出条件平差的概念; (3)通过设定待定点的坐标作为未知数的方法引出间接平差的概念。	6

续表

学习项目	学习目标	学习内容	教学建议与说明	学时
项目5：GNSS网数据处理	1.知识目标 (1)掌握GNSS网数据处理的基本内容和基础知识； (2)掌握GNSS网几何图形条件闭合差验算的基本方法； (3)理解GNSS网无约束条件平差法和间接平差法的基本原理； (4)掌握GNSS网无约束条件平差法和间接平差方法。 2.能力目标 (1)能进行GNSS网几何图形条件闭合差验算和外业观测数据质量评判； (2)借助MATLAB软件,初步具备GNSS网按条件平差法和间接平差法平差的能力； (3)理解并初步能够计算单位权中误差和点位中误差。 3.素质目标 (1)培养学生遵守职业道德、实事求是的精神； (2)培养学生计算严谨、细致、认真的工作态度； (3)培养学生独立分析问题和解决问题的能力； (4)培养学生自主学习能力。	(1)GNSS网数据处理概述； (2)基于基线闭合差条件的条件平差； (3)GNSS网条件平差案例； (4)基于坐标未知参数方程的间接平差； (5)GNSS网间接平差案例。	(1)在教学中,贯彻“学生主体、教师主导,知识传授与能力培养并重”的原则； (2)通过GNSS网的几何图形闭合差引出条件平差的概念； (3)通过设定待定点的坐标作为未知数的方法引出间接平差的概念。	6

续表

学习项目	学习目标	学习内容	教学建议与说明	学时
项目6:误差椭圆	1.知识目标 (1)掌握平面网点位真误差、点位中误差、点位任意方向位差、误差曲线和误差椭圆的基本知识; (2)理解任意方向位差及其计算方法; (3)掌握点位误差极大值、极小值的计算方法; (4)熟悉点位误差曲线和误差椭圆要素的计算方法。 2.能力目标 (1)具有点位中误差和任意方向位差的计算能力; (2)具有点位误差极大值和极小值的计算能力; (3)具有误差椭圆要素计算和点位误差曲线绘制的能力。 3.素质目标 (1)培养学生遵守职业道德、实事求是的精神; (2)培养学生计算严谨、细致、认真的工作态度; (3)培养学生独立分析问题和解决问题的能力; (4)培养学生自主学习能力。	(1)点位真误差及点位误差; (2)误差曲线与误差椭圆; (3)相对误差椭圆。	(1)在教学中,贯彻“学生主体、教师主导,知识传授与能力培养并重”的原则; (2)平面误差曲线是全面描述点的平面误差最直观的方式; (3)误差椭圆是误差曲线的一种简化方法。	4

续表

学习项目	学习目标	学习内容	教学建议与说明	学时
项目7:测量平差软件应用	1.知识目标 (1)掌握科傻平差软件应用的知识; (2)掌握南方平差易平差软件应用的知识; (3)初步掌握平差计算成果质量分析方法。 2.能力目标 (1)掌握科傻平差软件基本操作,初步具有各类型控制网平差计算的能力; (2)掌握南方平差易平差软件基本操作,初步具有各类型控制网平差计算的能力; (3)能进行控制网几何图形条件验算并进行质量评判; (4)能进行平差成果的质量分析。 3.素质目标 (1)培养学生遵守职业道德、实事求是的精神; (2)培养学生计算严谨、细致、认真的工作态度; (3)培养学生独立分析问题和解决问题的能力; (4)培养学生自主学习能力。	(1)科傻平差软件界面菜单基本操作,数据文件格式,数据文件录入,平差设置,闭合差计算,平差计算,图形绘制,平差报告输出,质量分析; (2)南方平差易平差软件界面菜单基本操作,数据文件格式,数据文件录入,平差设置,闭合差计算,平差计算,图形绘制,平差报告输出,质量分析。	(1)在教学中,贯彻“学生主体、教师主导,知识传授与能力培养并重”的原则; (2)给学生提供相关软件的学习资料,如武汉大学科傻(COSA)平差软件说明书、南方平差易(PA2005)平差软件说明书等。	10

三、课业设计

学习项目	项目1:观测误差与精度指标	教学时间	6
工作项目描述	针对一组三角形闭合差数据,要求内业人员分析这组观测误差的性质,并计算出这组观测数据的精度指标。		
学习任务	(1)通过统计分析、频率直方图等方法分析该组误差的性质; (2)计算出该组观测数据的中误差。		
与其他学习项目的关系	本学习项目是其他学习项目的基础,为学习其他学习项目作铺垫。		
学习目标	1.知识目标 (1)掌握观测误差的概念,理解误差产生的原因和性质; (2)掌握偶然误差的概念及其分布特性; (3)理解误差密度函数和误差分布曲线的形状和作用; (4)掌握方差与中误差的定义和计算方法。 2.能力目标 (1)具有误差性质分析和误差控制的能力; (2)能根据一组独立偶然误差计算方差与中误差。 3.素质目标 (1)培养学生遵守职业道德、实事求是的精神; (2)培养学生计算严谨、细致、认真的工作态度; (3)培养学生独立分析问题和解决问题的能力; (4)培养学生自主学习能力。		
学习内容	(1)观测值与观测误差; (2)偶然误差的统计规律; (3)衡量精度的指标; (4)有效数字及运算规则; (5)测量数据处理的研究对象和任务。		
教学条件	信息化教室授课,具备黑板、计算机及投影设备。		
教学方法与组织形式	教学方法: 采用讲授法、任务驱动法、引导文法、案例教学法、小组讨论法。 组织形式: 两人为一组,根据教师提供的一组三角形闭合差数据,进行认真讨论。		

续表

学习项目	项目1:观测误差与精度指标	教学时间	6
教学流程	任务1.1:观测值与观测误差(2课时) 分析测量过程,引出观测值(直接观测值和间接观测值、同精度观测值和不同精度观测值、独立观测值与相关观测值)与观测误差的概念;在此基础上进一步分析测量误差产生的原因,并对观测误差分类(偶然误差、系统误差和粗差)。 任务1.2:偶然误差的统计规律(1课时) 对一组三角形闭合差进行统计分析、频率直方图分析后得出偶然误差的4个统计特性,理解测量误差在数理统计上属正态分布。 任务1.3:衡量精度的指标(1课时) 观测值的数学期望与方差是两个重要的统计量,一个描述了观测值的中心位置,另一个描述了平均偏离中心位置的程度;借用这两个概念,引出了衡量精度的指标——方差和中误差,计算出该组观测值的中误差。 任务1.4:有效数字及运算规则(1课时) 了解有效数字的概念和运算规则,掌握测量中的有效数字的取位要求。 任务1.5:测量平差的研究对象和任务(1课时) 了解测量数据处理的内容,了解测量平差的主要任务。		
学业评价	主要从态度和实践操作两部分来考核,其中态度占40%,实践操作占60%: 态度包括仪态着装(5%),出勤、纪律(20%),学习态度、主动性和积极性(20%),作业(15%),分组讨论情况(40%),其中每一项都进行量化;实践操作占60%,分项目量化。		

学习项目	项目2:误差传播与最小二乘法原理	教学时间	10
工作项目描述	(1)已知某直接观测值的绝对精度(方差或中误差),求该直接观测值的某个函数的绝对精度(方差或中误差); (2)已知某直接观测值的相对精度(权或协因数),求该直接观测值的某个函数的相对精度(权或协因数)。		
学习任务	(1)由直接观测值的方差或中误差,求间接观测值的方差或中误差; (2)确定观测值之间的相对精度——权; (3)由直接观测值的相对精度,求间接观测值的相对精度; (4)由一组观测值的真误差计算观测值的中误差; (5)MATLAB基本操作。		
与其他学习项目的关系	本学习项目在学习完“观测误差与精度指标”内容后进行,学生已具备观测误差、精度等知识,以及中误差计算技能基础。		

续表

学习项目	项目2:误差传播与最小二乘法原理	教学时间	10
学习目标	1.知识目标 (1)掌握方差-协方差(阵)、协因数(阵)和权的定义; (2)掌握方差-协方差(阵)、协因数(阵)的计算和常用定权方法; (3)掌握误差传播律的具体内容和计算方法; (4)理解最小二乘法原理。 2.能力目标 (1)具有方差-协方差、协因数的计算和测量中常用定权能力; (2)具有根据误差传播律计算间接观测值(观测值函数)精度的能力; (3)初步具有最小二乘法原理简单应用能力; (4)能够根据观测值函数的真误差计算观测值中误差。 3.素质目标 (1)培养学生遵守职业道德、实事求是的精神; (2)培养学生计算严谨、细致、认真的工作态度; (3)培养学生独立分析问题和解决问题的能力; (4)培养学生自主学习能力。		
学习内容	(1)方差与协方差传播律; (2)权与定权的常用方法; (3)协因数与协因数传播律; (4)由真误差计算中误差; (5)MATLAB软件学习; (6)最小二乘法原理。		
教学条件	信息化教室授课,具备黑板、计算机及投影设备。		
教学方法与组织形式	教学方法: 采用讲授法、任务驱动法、引导文法、案例教学法、小组讨论法。 组织形式: 两人为一组,根据教师提供的直接观测值的绝对精度(方差或中误差)、相对精度(权或协因数)及其函数,进行认真分析讨论,求出其函数的绝对精度(方差或中误差)、相对精度(权或协因数)。		

续表

学习项目	项目 2:误差传播与最小二乘法原理	教学时间	10
教学流程	任务 2.1:方差与协方差传播律(2 课时) 分析用一钢尺丈量了 N 个尺段,如果每个尺段测量精度相同,总长为 N 个尺段和的精度是多少,通过设问引导学生认真思考。 任务 2.2:权与定权的常用方法(2 课时) 分析水准测量中,每个测段的高差与路线长度是不同的,如何比较每个测段高差的精度高低,以此引出相对精度指标——权的定义和权的计算。 任务 2.3:协因数与协因数传播律(2 课时) 协因数也是一种相对精度指标,它是通过权的概念引出来的,比权的使用更广泛。 任务 2.4:由真误差计算中误差(1 课时) 分析一组三角形闭合差,如何求出三角形角度的中误差。 任务 2.5:MATLAB 软件学习(1 课时) MATLAB 软件的基本操作及矩阵的输入和运算。 任务 2.6:最小二乘法原理(2 课时) 调整三角形每个角度的改正数,使其满足闭合差为零的同时,其改正数的平方和为最小。		
学业评价	主要从态度和实践操作两部分来考核,其中态度占 40%,实践操作占 60%: 态度包括仪态着装(5%),出勤、纪律(20%),学习态度、主动性和积极性(20%),作业(15%),分组讨论情况(40%),其中每一项都进行量化;实践操作占 60%,分项目量化。		

学习项目	项目 3:高程网数据处理	教学时间	6
工作项目描述	外业作业人员提供一水准测量控制网,要求内业人员根据规范要求进行几何图形闭合差验算,并分别按条件平差和间接平差进行计算。		
学习任务	(1)由外业数据对水准网几何图形进行验算; (2)根据最小二乘法原理按条件平差法进行平差计算; (3)根据最小二乘法原理按间接平差法进行平差计算。		
与其他学习项目的关系	本学习项目在学习完"误差传播与最小二乘法原理"内容后进行,学生已具备权的基础知识和最小二乘法的基本应用技能。		

续表

学习项目	项目3:高程网数据处理	教学时间	6
学习目标	1. 知识目标 (1)掌握高程控制网数据处理的基本内容和基础知识; (2)掌握高程控制网几何图形条件闭合差验算的基本方法; (3)理解条件平差法和间接平差法基本原理; (4)掌握高程控制网平差的基本方法。 2. 能力目标 (1)能进行高程控制网几何图形条件闭合差验算和外业观测数据质量评判; (2)借助 MATLAB 软件,初步具备高程控制网按条件平差法和间接平差法平差; (3)理解并初步能够计算单位权中误差和高程中误差。 3. 素质目标 (1)培养学生遵守职业道德、实事求是的精神; (2)培养学生计算严谨、细致、认真的工作态度; (3)培养学生独立分析问题和解决问题的能力; (4)培养学生自主学习能力。		
学习内容	(1)高程网数据处理概述; (2)基于闭合差条件的条件平差; (3)水准网条件平差案例; (4)基于参数方程的间接平差; (5)水准网间接平差案例。		
教学条件	普通或多媒体教室授课,具备黑板、计算机及投影设备。		
教学方法 与组织形式	教学方法: 采用讲授法、任务驱动法、引导文法、案例教学法、小组讨论法。 组织形式: 两人为一组,根据教师提供的水准网外业观测数据,进行认真分析讨论,对其进行条件平差和间接平差。		
教学流程	任务3.1:高程网数据处理概述(1课时) 分析高程控制网,引导学生学习高程网数据处理相关基础知识。 任务3.2:闭合差与限差计算(1课时) 分析测量精度与限差及高差闭合差与限差。 任务3.3:高程网条件平差(2课时) 几何图形闭合差计算,以图形闭合差计算式作为条件方程,根据最小二乘法求解高差改正数,根据高差平差值求出待定点高程。		

续表

学习项目	项目3:高程网数据处理	教学时间	6
教学流程	任务3.4:水准网条件平差技能训练(课外练习) 通过生产项目案例教学。 任务3.5:高程网间接平差(2课时) 将待定点高程作为未知数,列立误差方程,根据最小二乘法组成法方程,求解未知数(高程)。 任务3.6:水准网间接平差技能训练(课外练习) 通过生产项目案例教学。		
学业评价	主要从态度和实践操作两部分来考核,其中态度占40%,实践操作占60%: 态度包括仪态着装(5%),出勤、纪律(20%),学习态度、主动性和积极性(20%),作业(15%),分组讨论情况(40%),其中每一项都进行量化;实践操作占60%,分项目量化。		

学习项目	项目4:平面网数据处理	教学时间	6
工作项目描述	外业作业人员提供一单一导线测量控制网,要求内业人员根据规范要求进行几何图形闭合差验算,并分别按条件平差和间接平差进行计算。		
学习任务	(1)角度闭合差、坐标增量闭合差计算及导线全长相对闭合差计算; (2)单一附合导线按条件平差计算; (3)单一附合导线按间接平差计算。		
与其他学习项目的关系	本学习项目在学习完前述两个学习项目内容后进行,学生已具备最小二乘法应用技能基础。		
学习目标	1.知识目标 (1)掌握平面网条件平差法和间接平差法、点位误差曲线和误差椭圆的基本知识; (2)理解平面网几何条件闭合差计算方法; (3)熟悉平面网条件平差法基本计算过程; (4)熟悉平面网间接平差法基本计算过程; (5)熟悉点位误差曲线和误差椭圆要素计算方法。 2.能力目标 (1)具有平面网几何条件闭合差计算和闭合差分析的能力; (2)能够对简单平面网进行条件平差法计算; (3)能够对简单平面网进行间接平差法计算; (4)具有点位误差曲线和误差椭圆要素计算的能力。		

续表

学习项目	项目4:平面网数据处理	教学时间	6
学习目标	3.素质目标 (1)培养学生遵守职业道德、实事求是的精神; (2)培养学生计算严谨、细致、认真的工作态度; (3)培养学生独立分析问题和解决问题的能力; (4)培养学生自主学习能力。		
学习内容	(1)平面网数据处理概述; (2)单一附合导线条件平差; (3)单一附合导线条件平差案例; (4)单一附合导线间接平差; (5)单一附合导线间接平差案例。		
教学条件	普通或多媒体教室授课,具备黑板、计算机及投影设备。		
教学方法与组织形式	教学方法: 采用讲授法、任务驱动法、引导文法、案例教学法、小组讨论法。 组织形式: 两人为一组,根据教师提供的水准网外业观测数据,进行认真分析讨论,对其进行条件平差和间接平差。		
教学流程	任务4.1:平面网数据处理概述(1课时) 分析一平面控制网,引导学生学习平面网数据处理基础知识。 任务4.2:闭合差与限差计算(1课时) 分析测量精度与限差及闭合差与限差。 任务4.3:单一附合导线条件平差(2课时) 通过角度闭合差、坐标增量闭合差计算式,引出单一导线条件方程式的列立,按最小二乘法求出角度和边长改正数,根据平差后的角度和边长计算导线点的坐标。 任务4.4:单一附合导线条件平差技能训练(课外练习) 通过生产项目案例教学。 任务4.5:单一附合导线间接平差(2课时) 通过设导线点坐标为未知数,列立误差方程,按最小二乘法组成法方程,求解未知数(坐标)。 任务4.6:单一附合导线间接平差技能训练(课外练习) 通过生产项目案例教学。		
学业评价	主要从态度和实践操作两部分来考核,其中态度占40%,实践操作占60%: 态度包括仪态着装(5%),出勤、纪律(20%),学习态度、主动性和积极性(20%),作业(15%),分组讨论情况(40%),其中每一项都进行量化;实践操作占60%,分项目量化。		

续表

学习项目	项目5:GNSS网数据处理	教学时间	6
工作项目描述	外业作业人员提供一GNSS网,要求内业人员根据规范要求进行几何图形闭合差验算,并分别按条件平差和间接平差进行计算。		
学习任务	(1)由外业数据对GNSS网几何图形进行验算; (2)根据最小二乘法按条件平差法平差计算; (3)根据最小二乘法按间接平差法平差计算。		
与其他学习项目的关系	本学习项目在学习完“误差传播与最小二乘法原理”内容后进行,学生已具备权的基础知识和最小二乘法的基本应用技能。		
学习目标	1.知识目标 (1)掌握GNSS网数据处理的基本内容和基础知识; (2)掌握GNSS网几何图形条件闭合差验算的基本方法; (3)理解GNSS网无约束条件平差法和间接平差法的基本原理; (4)掌握GNSS网平差的基本方法。 2.能力目标 (1)能进行GNSS网几何图形条件闭合差验算和外业观测数据质量评判; (2)借助MATLAB软件,初步具备GNSS网按条件平差法和间接平差法平差的能力; (3)理解并初步能够计算单位权中误差和坐标中误差。 3.素质目标 (1)培养学生遵守职业道德、实事求是的精神; (2)培养学生计算严谨、细致、认真的工作态度; (3)培养学生独立分析问题和解决问题的能力; (4)培养学生自主学习能力。		
学习内容	(1)GNSS网数据处理概述; (2)基于基线闭合差条件的条件平差; (3)GNSS网条件平差案例; (4)基于坐标未知参数方程的间接平差; (5)GNSS网间接平差案例。		
教学条件	信息化教室授课,具备黑板、计算机及投影设备。		
教学方法与组织形式	教学方法: 采用讲授法、任务驱动法、引导文法、案例教学法、小组讨论法。 组织形式: 两人为一组,根据教师提供的GNSS网外业观测数据,进行认真分析讨论,对其进行条件平差和间接平差。		

续表

学习项目	项目5:GNSS网数据处理	教学时间	6
教学流程	任务5.1:GNSS网数据处理概述(1课时) 分析GNSS基线网,引导学生学习GNSS网数据处理相关基础知识。 任务5.2:基线闭合差与限差计算(1课时) 分析复测基线较差与限差、几何条件闭合差与限差、基线改正数与限差。 任务5.3:GNSS网间接平差(2课时) 将待定点坐标作为未知数,列立误差方程,根据最小二乘法组成法方程,求解未知数。 任务5.4:GNSS网间接平差技能训练(课外练习) 通过生产项目案例教学。 任务5.5:GNSS网条件平差(2课时) 几何图形闭合差计算,以图形闭合差计算式作为条件方程,根据最小二乘法求解基线改正数,根据基线平差值求出待定点坐标。 任务5.6:GNSS网条件平差技能训练(课外练习) 通过生产项目案例教学。		
学业评价	主要从态度和实践操作两部分来考核,其中态度占40%,实践操作占60%: 态度包括仪态着装(5%),出勤、纪律(20%),学习态度、主动性和积极性(20%),作业(15%),分组讨论情况(40%),其中每一项都进行量化;实践操作占60%,分项目量化。		

学习项目	项目6:误差椭圆	教学时间	4
工作项目描述	根据平面控制网相邻两点的协因数阵,分别计算出每个点的误差曲线要素,绘出误差椭圆;分别计算出相邻两点的相对误差曲线要素,绘出相对误差椭圆。		
学习任务	(1)计算平面点位误差和任意方向位差; (2)误差曲线要素计算,绘制误差曲线和误差椭圆; (3)相对误差曲线要素计算,绘制相对误差曲线和相对误差椭圆。		
与其他学习项目的关系	本学习项目在学习完前面所有学习项目内容后进行,学生已具备协因数、平面控制网平差计算的基础。		
学习目标	1.知识目标 (1)掌握平面网点位真误差、点位中误差、点位任意方向位差、误差曲线和误差椭圆的基本知识; (2)理解任意方向位差及其计算方法; (3)掌握点位误差极大值、极小值的计算方法; (4)熟悉点位误差曲线和误差椭圆要素的计算方法。 2.能力目标 (1)具有点位中误差和任意方向位差的计算能力;		

续表

学习项目	项目6:误差椭圆	教学时间	4
学习目标	(2)具有点位误差极大值和极小值的计算能力; (3)具有误差椭圆要素计算和点位误差曲线绘制的能力。 3.素质目标 (1)培养学生遵守职业道德、实事求是的精神; (2)培养学生计算严谨、细致、认真的工作态度; (3)培养学生独立分析问题和解决问题的能力; (4)培养学生自主学习能力。		
学习内容	(1)点位真误差及点位误差; (2)误差曲线与误差椭圆; (3)相对误差椭圆。		
教学条件	普通或多媒体教室授课,具备黑板、计算机及投影设备。		
教学方法与组织形式	教学方法: 采用讲授法、任务驱动法、引导文法、案例教学法、小组讨论法。 组织形式: 两人为一组,根据教师提供的控制网平差数据,进行认真分析讨论,对其进行误差曲线要素计算,绘制误差椭圆。		
教学流程	任务6.1:点位真误差及点位误差(1课时) 分析点位误差产生的原因,回顾点位误差的计算方法。 任务6.2:误差曲线与误差椭圆(2课时) 任意方向位差、误差曲线要素计算,误差曲线绘制。 任务6.3:相对误差椭圆(1课时) 相邻两点误差曲线要素计算,相对误差曲线绘制。		
学业评价	主要从态度和实践操作两部分来考核,其中态度占40%,实践操作占60%: 态度包括:仪态着装(5%),出勤、纪律(20%),学习态度、主动性和积极性(20%),作业(15%),分组讨论情况(40%),其中每一项都进行量化;实践操作占60%,分项目量化。		

学习项目	项目7:测量平差软件应用	教学时间	10
工作项目描述	由教师提供各作业单位生产项目实测数据,要求学生按生产单位及规范要求进行控制网平差计算,并提交平差计算报告。		
学习任务	(1)利用科傻(COSA)平差软件计算高程网和导线网; (2)利用南方平差易平差软件计算高程网和导线网。		

续表

学习项目	项目7:测量平差软件应用	教学时间	10
与其他学习项目的关系	本学习项目在学习完前面所有学习项目内容后进行,学生已具备高程网和平面网平差计算基础。		
学习目标	1.知识目标 (1)掌握科傻、南方平差易平差软件应用的知识; (2)初步掌握平差计算成果质量分析方法。 2.能力目标 (1)掌握科傻、南方平差易平差软件基本操作,初步具有各类型控制网平差计算的能力; (2)能进行控制网几何图形条件验算并进行质量评判; (3)能进行平差成果的质量分析。 3.素质目标 (1)培养学生遵守职业道德、实事求是的精神; (2)培养学生计算严谨、细致、认真的工作态度; (3)培养学生独立分析问题和解决问题的能力; (4)培养学生自主学习能力。		
学习内容	1. 科傻(COSA)平差软件 (1)界面菜单基本操作;(2)数据文件格式;(3)数据文件录入;(4)平差设置;(5)闭合差计算;(6)平差计算;(7)图形绘制;(8)平差报告输出;(9)质量分析。 2. 南方平差易平差软件 (1)界面菜单基本操作;(2)数据文件格式;(3)数据文件录入;(4)平差设置;(5)闭合差计算;(6)平差计算;(7)图形绘制;(8)平差报告输出;(9)质量分析。		
教学条件	普通或多媒体教室授课,具备黑板、计算机及投影设备。		
教学方法与组织形式	教学方法: 采用讲授法、任务驱动法、引导文法、案例教学法、小组讨论法。 组织形式: 公布项目任务,教师协调,学生自愿分组,明确分工;提出资讯建议,提供获取资讯的方法与途径信息;重视编程特点分析。		
教学流程	任务7.1:科傻控制网平差(2课时) 介绍软件界面菜单和软件基本操作,对提供的控制网数据进行上机操作计算。 任务7.2:南方平差易控制网平差(2课时) 介绍软件界面菜单和基本操作,对提供的控制网数据进行上机操作计算。 上机练习(6课时) (1)教师提供生产项目实例,由学生上机操作练习; (2)以两人为一组进行分析、讨论、计算并进行对比。		

续表

学习项目	项目7:测量平差软件应用	教学时间	10
学业评价	主要从态度和实践操作两部分来考核,其中态度占40%,实践操作占60%: 态度包括仪态着装(5%),出勤、纪律(20%),学习态度、主动性和积极性(20%),作业(15%),分组讨论情况(40%),其中每一项都进行量化;实践操作占60%,分项目量化。		

四、质量监控与评价

1. 质量监控

为了保证课程的教学质量,必须强化对课程教学的监控与评价。

(1)教学质量监控、评价的常规主体:教学管理职能部门,包括教务处、科研督导处、系和教研室。一是要按要求遴选符合要求的课程主讲教师;二是要严格按照相关制度进行日常的教学管理与监控,以及期初、期中和期末等阶段的教学检查,通过听课、资料查阅、教学纪律检查等方面对教师的教学基础资料、教学实施过程等方面进行客观评价。

(2)教学质量监控、评价的学生主体:学生主体对教学质量的监控、评价主要通过三个方面来进行:一是通过各班级学习委员如实填写"班级信息员反馈表",对教师的课堂及实习教学的教学纪律、教学内容、教学进度、作业布置及课后辅导等常规性教学环节进行记录,使教学管理部门及时而全面地掌握教师的课堂教学状况和教师对课程教学标准、授课计划等教学文件的执行情况;二是通过学生座谈会来对教师做出某些方面的评价;三是通过学生对班级任课教师的测评来对教师的教学进行综合评价。

(3)教学质量监控、评价的社会主体:用人单位与社会有关标准。一是将课程教学与国家职业技能标准考试相联系,并作为课程教学水平和成绩的检验标准之一。二是走出校园,深入用人单位,了解企业对学生综合职业技能的评价。

2. 教学评价

教学评价主要包括对学生学习效果的评价和教师教学工作过程的评价。

1)对学生的评价

借鉴英国BTEC评价体系,构建开放式的课程评价体系,将结果考核转化为过程考核,将学习过程中的行为表现量化成指标,从而激发学生的学习热情和动力,提高学生的自信心,提高课程的教学质量。

教学中要关注学生综合素质的养成和可持续发展潜能的培养,对在学习和应用上有创新的学生、对参与技能竞赛并取得较好成绩的学生应给予加分奖励。

2)对教师的评价

对教师教学的评价由教务处、科研督导处及系部实施,按学校的相关规定进行操作,其评价结果应与课酬、年终考核等联系起来。

3. 学业评价及标准

1)考核方式与成绩构成

学业评价按百分制进行考核。根据课程的特点，在课程总成绩评定中，阶段性考核占60%，期末考核占40%。

阶段性考核：每一学习项目为一阶段，每一阶段考核的内容包括态度(40%)、实践活动(操作)(60%)。每一学习项目所占比重不同。

期末考核：由两部分组成，即笔试考核和现场操作考核。笔试考核占40%，考试题型包括判断题、选择题、问答分析题、案例分析题；现场操作考核占60%，试题随机抽取，企业专家参与评分。

2)考核标准及成绩认定

(1)态度(40%)：

序号	考核内容	成绩认定					考核人员
		A	B	C	D	E	
1	仪态着装	5	4	3	2	1	授课教师+小组成员+学生自评
2	出勤、纪律	20	16	14	12	10	
3	学习态度、主动性和积极性	20	16	14	12	10	
4	作业	15	12	10	8	6	
5	分组讨论情况	40	30	25	20	10	

(2)实践活动(60%)：

项目	序号	技术要求	配分	评分标准	得分
平差计算方案编写(20%)	1	方案格式正确	10	不规范每处扣1分	
	2	语句通畅、图表完整	5	不合理每处扣1分	
	3	可操作性强	5	不合理每处扣1分	
平差软件计算(25%)	4	软件选择、安装正确	5	不正确每处扣1分	
	5	平差参数设置正确	10	不正确每处扣1分	
	6	软件操作规范	5	不规范每处扣1分	
	7	成果输出完整	5	不正确每处扣1分	
成果质量分析(15%)	8	单位权中误差符合要求	5	不合格每处扣1分	
	9	平差值精度符合要求	10	不合格每处扣1分	
平差报告编写(25%)	10	平差报告格式正确	10	不正确每处扣1分	
	11	语句通畅、图表完整	5	不正确每处扣1分	
	12	质量分析统计具体	10	不正确每处扣1分	

续表

项目	序号	技术要求	配分	评分标准	得分
相关知识及职业能力(15%)	13	数据处理基础知识	5	教师抽查	
	14	自学能力	2	教师观察、与学生交流，酌情扣分	
		沟通能力	2		
		团队精神	2		
		吃苦精神	2		
		表达与组织管理	2		

(3)各教学项目的权重分布：

项目	项目1	项目2	项目3	项目4	项目5	项目6	项目7
权重	0.5	1.5	1.0	1.0	1.0	0.5	1.5

(4)期末笔试考核：

在试题库中，按照试卷标准组卷。按照评分标准，由教师对试题完成评分。

(5)期末操作考核：

在试题库中，抽题进行现场操作，由指导教师打分评定。

(6)学生最终成绩认定：

阶段(项目)考核成绩＝态度×40%＋实践活动考核成绩×60%；

总成绩＝{[(项目1×0.5＋项目2×1.5＋项目3×1.0＋项目4×1.0＋项目5×1.0＋项目6×0.5＋项目7×1.5)/7]×60%＋(期末笔试考核×40%＋期末操作考核×60%)×40%}。

五、实施说明

1.教材选用与编写

1)教学选用与编写原则

教材应充分体现任务引领、工作过程导向的课程设计思想，以岗位作业为基础，上述教学内容应占教材篇幅的80%以上。

教材内容应突出职业性，将职业项目分解成若干典型活动，按完成工作项目的要求和岗位操作程序，结合职业资格证书的考核要求组织教材内容。

教材应以学生为主，内容展现应图文并茂，文字表达应简明扼要，并配有大量实例，以提高学生的学习兴趣，使学生更容易理解和掌握。

2)推荐教材

《测量误差与数据处理》，武汉大学出版社。

3)教学参考资料

(1)工程测量规范。

(2)科傻 COSA 平差软件说明书,武汉大学测绘学院,1998 年。

(3)南方平差易 PDA2005 操作手册,广州南方测绘科技股份有限公司,2005 年。

2. 学材的研制

为了帮助学生完成学习任务,教师必须从学生学习的角度编写学材,学材的内容应与教学项目相配合,具体由任务、资讯、计划、决策、实施、检查评价、思考练习等几个部分组成。

在任务部分,应给出控制网的外业测量数据,明确任务完成的形式,并提出学习的要求,包括课题学习的目标(知识、技能及态度),引导学生学习的方向。

在资讯部分,主要介绍学习内容,即完成此项任务所需要的知识和技能。

在计划和决策部分,主要告诉学生如何进行平差计算方案的制订,使学生明确操作步骤,培养学生正确的作业思路。另外,还应给出经常或可能出现的问题,引导学生减少不必要的失误。也可给出教师参考结果,目的是让学生进行比对。

在实施部分,主要给学生归纳出控制网平差计算的操作步骤及需要特别注意的事项。

在检查评价部分,主要介绍本项目的评价标准和评分等级,含专业能力和关键能力,让学生了解需要加强和改进的方向。

在思考练习部分,主要给学生提供一些学习的建议,同时精心筛选出一批习题,供不同层次的学生练习,以便其检验学习效果。

3. 教学组织与设计

采取任务驱动的教学模式,以来自生产实践的项目任务为课题,引导学生进行自主学习及实际操作。教学中通过创设项目,主要采用六步教学法(资讯、计划、决策、实施、检查、评价)实施理论实践一体化教学,并针对不同阶段采用不同教学方法,引导学生逐步完成工作任务。

• 任务布置阶段:引导文教学法——给学生布置训练任务,下达任务书;讲演教学法——就训练中的知识、技能点做出讲解与示范。

• 讨论分析与决策阶段:分组讨论教学法——根据任务要求,小组各成员设计出方案,经小组讨论与答辩,最终形成小组数据处理方案。

• 任务实施阶段:角色分工法——学生以两人为一组,分别扮演计算员和检查员角色,并在每次任务时轮换。

• 检查评价阶段:师生角色互换法——每组选派一名组员对任务实施的整个过程进行总结,其内容应包括方案设计、任务完成情况、出现的问题以及解决的办法,组员可进行补充。学生讲完后,由其他团队的学生进行点评。每组总结及点评控制在每组 3～5 分钟,最后由教师对各组进行点评,指出优点及存在的不足,对表现优秀团队给予表扬。

4. 教学资源的使用与建设

(1)有效利用校内外实训基地。课程教学必须与生产实践相结合,一方面要开放校内的实验实训室,多为学生提供技能训练的时间;另一方面要积极组织学生到校外实训基地参观、实习,了解熟悉生产现场的真实工作情景及工作过程。

(2)注重课业文本的设计及资料的整理,以用作校本教材编写的参考,并注重知识的更新。

(3)加强课程教学资源库的建设。多方收集多媒体课件、各类软件的安装及操作演示录像、控制网平差计算模拟案例、平差计算报告等,并充分利用已经开发的试题库、技能操作题库等教学资源,提供给学生课外学习,以促进学生对知识的理解和对技能的掌握。

(4)积极开发和利用网络课程资源。充分利用学院的数字化教学综合服务平台,建立课程网站,全方位展示各类教学资源。开设网络论坛,构筑网络学习交流平台,促使教学活动从信息的单向传递向双向交换转变,形成良好的师生互动及同学互动的学习氛围,拓展学习活动的空间。

5. 综合职业能力培养途径

(1)完善实训条件,夯实课程教学环节。按照校企合作模式,加快校内生产性实训基地建设步伐,为顺利开展实践教学提供坚实的物质基础。同时,规范实践教学的组织、管理、运行、监控、评价,为实践教学开展提供制度保障。

(2)创新教学模式,改进教学方法。本课程必须实施理实一体化教学,师生双方都要明确各自的角色与任务,各尽其职。为保证教学效果,要以工作任务来引领,采用多种教学方法,以提升学生的学习兴趣,激发学生的成就动机。

(3)实施实训中心开放化。学生接受职业培养不是单纯的计划内教学所能够完成的,应为学生提供一个开放式的学习环境,使之能够利用业余时间有效使用实验实训设备,通过“外来加工”方式,创造性地开展内容先进的业余实训项目。

(4)以赛代练,提升职业技能。教学中应经常性地组织开展职业技能比赛活动,在学生中掀起比、学、赶、帮、超的热潮。同时选拔一批优秀学生,组织参加校外的相关创新设计大赛,培养学生的责任意识和创新意识。

(5)教学与生产相结合。对外承接生产任务,让学生以员工的身份参加生产,感受企业的真实氛围,增强责任感和质量意识,锻炼职业岗位综合能力。

(6)加强素质教育,提升职业化素养。鼓励学生多参加集体活动,比如演讲比赛、辩论比赛、素质拓展训练等,培养学生与人沟通交流的能力、团结协作的能力等,还可以在组织活动的过程中培养计划(方案)的编制、现场的组织与管理能力,这些对职业素养的形成具有非常重要的意义。

参 考 文 献

[1] 陈传胜. 测量误差与数据处理[M]. 北京:测绘出版社,2015.

[2] 曹元志. 误差理论与测量数据处理原理及方法[M]. 成都:西南交通大学出版社,2020.

[3] 刘仁钊. 测量误差与数据处理[M]. 武汉:武汉大学出版社,2013.

[4] 武汉大学测绘学院测量平差学科组. 误差理论与测量平差基础[M]. 3 版. 武汉:武汉大学出版社,2014.

[5] 武汉大学测绘学院测量平差学科组. 误差理论与测量平差基础习题集[M]. 2 版. 武汉:武汉大学出版社,2015.

[6] 靳祥升. 测量平差[M]. 郑州:黄河水利出版社,2005.

[7] 薛山. MATLIB 基础教程[M]. 5 版. 北京:清华大学出版社,2022.